画说农业

刘正辉　王文吉◎编著

中国农业出版社

前　言

　　农业是经济发展、社会稳定的基石，在我国现代化建设中起着关键的支撑作用。进入21世纪以来，我国经济持续、高速发展，城镇化进程不断推进，农村劳动力大量涌向城市，农业人口比例持续减少。农业从业人员比重不断下降，由1952年的85.3%降至2016年底的22.8%。劳动力结构老龄化，科技素质、管理水平偏低，农业尤其是传统的种植业发展面临后继乏人的挑战。

　　高等农业院校、科研院所是培养高素质农业人才的基地。我国现有高等农业院校82所（含高职专科40所），在校学生人数约100万人，培养了数千万的优秀人才，遍布农业及相关行业，推动了现代农业科技传播，为我国农业长期稳定发展提供了智力支撑。近年来，高等农业院校农村户籍学生的比例不断下降，少数大学甚至降为30%左右。缺少农村生活和农业实践，多数学生对农业的认识较为肤浅，缺乏对农村、农民的了解和理解，致使学习目标不明确，动力不足，学农、爱农、为农的归属感和职业意识不强。

　　我国正处在经济腾飞、社会转型的关键时期，城市高速发展，农村日渐落伍，农业后劲不足，城乡之间、农业与非农产业之间的不均衡发展已成为制约全面小康的一个重要问题。加强农业科学知识普及，让更多的人了解农业，关心农业，热爱农业，甚至投身农业，则是解决这一问题的一个有效途径。

　　农民画兴起于20世纪50年代，是我国特有的新兴民间艺术形式。农民画家一手拿着锄头，一手拿起画笔，秀美如画的田园山水，热火朝天的劳作场景，底蕴深厚的民风民俗，周围的一切皆入画中来。色彩绚丽，活泼热烈，充满朝气，积极向上，恰如发自内心的感恩之心、快乐之情和拼搏之志，充分展现了新中国成立后农民群众丰富多彩的情感世界。农业是农民画的主要题材，农民画艺术再现了农业生产场景、科学知识和发展历史，富有乡土风情和民间风格，充满艺术美和感染力，是农业科普的最佳载体。农民画作为农业科普媒介具有以下三个方面的优势。

　　(1) 农业知识的模型化。农民画家超越空间和时间，把农人、动物、植物、土地、劳动工具等对象汇聚在方寸之间，加以再创造，借助粗放的但高度凝练的线条、色彩，再现其最主要、最显著的特征。以简练的线条准确勾勒出对象关键特征的过程，也是农业知识的模型化过程，所产生的精炼准确且有艺术品位的农业画作无疑为农业科普提供了最佳素材。而以户县为代表的农民画因其工笔写实特点，保证了农业活动细节描绘的真实性和准确性，精确记录了新中国农业科技的发展历程。

　　(2) 农业历史的形象化。在彩色相机尚未普及的20世纪下半叶，尤其是50年代到改革开放前这一传统农业向现代农业转变的关键时期，色彩绚烂的农民画弥补了彩色相机的缺位。农民画体量巨大，题材丰富多样，蕴藏着大量描述不同时期农业生产风貌的优秀作品，系统、动态、形象地描绘了动植物生产的变迁、生态环境的变化以及劳动者的精神风貌，与同一时期的黑白影像互补，生动再现了我国农业由传统农业向现代农业的伟大转变，为新中国农业史研究提供了独一无二的、系统化的彩色画卷，是研究我国农业发展史的珍贵图像资料。从中回顾昔日的奋斗历程，会使我们深刻理解当今农业伟大成就的来之不易；而重拾其蕴涵的昨日光荣传统，则是明天农业更加辉煌的精神依托。

（3）农业生产的艺术化。 农民画家的主体是在农业生产一线的农民。农作物、牲畜和家禽是他们长年累月操劳的对象，解决温饱小康的物质基础，更是家庭收入的一个主要来源，再熟悉不过，且有很深的情感寄托。经年日久的农村生活、劳作，农民画家逐渐积累了对农业生产的感性认识，这些认识在脑海中酝酿，被其自身的艺术素养、道德标准、价值体系所评判、过滤，最终从笔端流出，以主题鲜明、简洁畅快的艺术形式再现了他们心中的农业印象。在这种意义上，农民画倾注了农民淳朴厚重的思想情感，折射出农民热情奔放的天赋禀性，读懂了农民画，也就读懂了农民的内心世界。

本书借助农民画这一科普媒介，以农业基础知识体系为骨架，以精选不同时期农民画作及其解读为血肉，通过对农业基础知识的系统介绍及相关代表画作的科学、文学解读，旨在为高等农业院校学生，农业科研、教学、生产和管理工作者，以及关心三农的各界人士提供一本知识性、艺术性兼备的科普资料。本书由农业基础知识和农民画作解读两部分构成。

（1）农业基础知识。 本书将农业基础知识梳理成植物生产（第2章）、动物生产（第3章）、农业资源与环境（第4章）、农业科技（第5章）和农业未来（第6章）五个部分。其逻辑关系是基于对农业生产的系统认识，即农业生产是由生物（植物、动物）与环境构成的农业生态系统，而农业科技则是人类对这一系统的认识并据此改变它的主要技术手段；在科学认识农业生产系统的基础上，才能更好地展望农业未来。在章节内容上，参考高等农业院校各门专业、学科的骨干教材，查阅农业科技文献和国内外专业网站，从贴近读者需求的角度精选了农业生产、农业科技以及农业政策、法律等方面的基础知识，合计58个话题（节）。同时，根据自身教学、科研实践，对不同来源的信息、知识进行甄选，力求科技术语、数据事实准确专业，框架结构严谨新颖，以构建完整的农业科普知识体系，而具备一定的学术价值。

在确保农业知识专业性、科学性的基础上，采用以下方法增强可读性：①从古典文学中汲取营养。全书共引用了唐诗、宋词和现代诗122处，散见于各个话题，闪现着古圣先贤的智慧光芒，洋溢着传统文化的醇厚魅力。同时，将所选诗词出处列于书后，供进一步赏析。②联系生活实际而多举案例。例如，为具体说明水稻的经济价值，列举了新疆手抓饭、扬州炒饭、过桥米线、秦镇米皮、鄠县黄酒等由不同种水稻制成的美食；再如，在植物生产方面推介了漳浦红蜜薯、陕北小米、中卫硒砂瓜、兰州黑瓜子、富平尖柿、户太葡萄、韩城大红袍花椒等地方名特产品。③对标发达国家找差距。注重描述世界动植物生产、农业科技的整体风貌，并与发达国家比较，既突出我国农业的成就，也点出与世界先进水平的差距，以扩展国际视野，增强责任心和紧迫感。

（2）农民画作解读。 按照农业基础知识体系，对户县农民画作品进行系统归纳和整理，精选出169幅作品，目的在于以跨越时空、全景覆盖的代表性农民画作为载体，辅以科学解读和文学说画，生动形象、准确通俗和意蕴深长地画说农业知识。

"农民画作解读"由三部分构成：①农民画作。所选画作力求代表性和科学价值，以加深对农业基础知识的理解；同时，还具备一定的艺术价值，构图饱满，线条优美，内容丰富，并力争同一话题所选画作在构图、色彩、风格上做到和谐、平衡，增强视觉效果。②科学解读。以看图说话的方式，对农民画中描述的或蕴含的植物生产、动物生产、农业环境、农业科技等相关知识进行科学品读。采用解剖麻雀式的方法，以户县为典型案例，通过具体的事实和数据，精细再现我国农业发展过程和场景，增加历史的纵深感。③文学说画。选取49个与画作有关的文学段落、诗词名篇，既有唐诗宋词的千古名篇，吴伯萧、柳青、汪曾祺、管桦、陈忠实、叶广芩、贾平凹、李佩甫、高建群等大家的经典名作，也有乡村中学教师的散文随笔，更有青春少年的高考作文，旨在多层次、多感官品味画作背后深厚的农耕文化底蕴。

以上三部分内容编排在一页，力图实现经典画作的艺术品质，农业知识的科学品读，农耕文明的文学品味等三方面的有机整合。画作中丰收的庄稼，可爱的动物，田园诗般的风景，热火朝天的劳作，以及勤劳、朴实的农民等人、物和场景，传递着农民画家也是农民的情感和价值，与柳青、陈忠实等大家的名作相互激发和烘托，营造出温暖、亲切的文化氛围，增添乡土气息和家国情怀，赋予原本单调干枯的农业科学知识以血肉和活力，增加本书的温度和张力。

值此书稿将成之际，向四年来予以无私帮助和热情鼓励的众位良师益友表示衷心感谢。感谢雒志俭、仝延魁、樊志华、曹全堂、张青义、王乃良、刘沣涛、潘晓玲、李广利、朱丹红、傅蕊霞、郭玲、陈秋娥、黄菊梅、高蓉、张战岗、马雪凤、白瑞雪、金秋艳、李淑婵等农民画家的鼎力支持。感谢耿朝晖、崔晓峰、刘瑞兆、齐长民、李春利、赵成林、李永堂等师友在画作征集中的无私帮助。感谢陈佩度、杨建昌、彭少兵、张国平、贾志宽、丁艳锋、王绍华、陈忠明、程方民、张卫建、王秀娥、韩清芳、席建超、姚霞、李刚华等专家学者对文稿的宝贵建议。感谢周勇、薛青、杨世军在画作翻拍、图片处理和文稿印刷中的专业奉献。感谢毛卫华、刘亮、庄森、陶书田、卢勇、张海成、李向拓、冯永忠、袁冬贞、宋振伟、杨平、王彬、王化鹏、李轶冰、吴超等好友的热情鼓励。感谢肖枫、陶洋、安璐和徐宏发等研究生在文稿校对中的帮助。感谢爱人王海燕女士的理解和支持。真诚感谢中国农业出版社编辑郭银巧女士的热情鼓励、细致编审和宝贵建议。最后，特别感谢导师刘大钧先生的精神指引。为刘先生呈献有价值的学术作品，一直是，也永远是学生不断前行的一个动力和目标。

农业问题是至关治国安邦的大问题，上承五千年农耕文明风云，外接国际化汹涌大潮，牵涉众多，影响深广，复杂万端。写作本书的过程也是向专家、向农民画家、向农民、向关心三农的各界朋友学习、提高的过程，从中受益良多，不仅刷新了个人的知识视界，更培养了对农民的深厚感情。但限于时间和学识，本书定会存在不少缺憾，恳请读者朋友不吝指正。

刘正辉

2019 年 10 月 22 日于南京

目　录

第1章
农民画与农业

　　农业是利用动物、植物、真菌等生物体生产人类所需的食品、纤维、生物燃料、药物等产品的部门。农民画是在剪纸、刺绣、布玩具、炕围画等民间艺术基础上发展起来的新兴民间艺术。农业是农民画的主要题材，农民画艺术再现了农业生产场景、科技知识和发展历史，富有乡土风情和民间风格，充满艺术美和感染力。

　　本章主要介绍农业、农民画的基础知识，以及两者之间的关系。第1节介绍农业基础知识和农业历史。强调农业功能的多重性，即除了保障优质足量农产品供给的经济功能外，还具有重要的社会、生态和文化功能。同时，重点介绍我国农业科技的辉煌历史及现代农业的伟大成就。第2节介绍农民画的历史演变、艺术特征、文化价值和主要题材。第3节以户县农民画为例，阐述农民画在历史学、社会学、文学和自然科学上的重要价值。

　　本章共有22幅农民画精品。其中，19幅画从"田园风光""民间风俗""传统美德"和"时代精神"等四个方面，展现了农民画五彩绚烂的艺术神韵和深厚宽广的精神世界；另外3幅作品则反映了户县的历史文化、风土人情和农民画家群体，有助于从天时、地利、人和的角度探求农民画的艺术来源和人文底蕴，理解其在农业史研究和农业科普上的特有价值。选择其中9幅画做了文学解读，借助宋词、楹联、柳青、陈忠实、贾平凹等经典作品，以及高考满分作文，品读文学作品中的农耕文化传统，深入农民画作的精神世界。

第1节　农业概说

农业是利用动物、植物、真菌[①]等生物体生产人类所需的食品、纤维、生物燃料、药物等产品的部门。农业按生产对象可以分为植物生产和动物生产。在经济学上，广义的农业包括种植业、林业、畜牧业和渔业；狭义农业仅指种植业，即大田作物和园艺作物的生产部门。

农业是第一产业[②]，提供人类赖以生存的衣、食等基本生活资料，是人类社会最古老、最基本的物质生产部门。重农固本，乃安民之基。农业是经济发展、社会稳定的基石，粮食安全是国民经济平稳较快发展、应对各种挑战的物质基础。农业生产吸纳了约1/3的劳动力，是我国社会就业和保障的主要渠道。农业还是生态文明和传统文化的载体，在山川秀美和农耕文化传承中居于核心位置。

基本特征

农业生产的本质是自然再生产过程和经济再生产过程的有机交织，由此衍生出以下三个基本特征。

（1）**土地的特殊重要性**。土地是不可替代的、最基本的生产资料。在工业等其他部门的生产过程中，土地仅仅是劳动的场所。在农业生产中，土地不仅是劳动场所，更为作物生长发育提供环境条件，满足其水分和养料需求。"万物土中生，有土斯有粮。"土地的数量、质量和位置是制约农业生产水平的核心因素。正因如此，保护耕地被列为我国的基本国策之一。

（2）**自然环境的强大影响**。农业生产主要在广阔、开放的田野上进行，动植物的生长发育和产品形成过程受制于土壤、光照、温度和降水等自然条件。不同的气候、地形、土壤和植被条件，产生不同的作物、畜禽种类，耕作制度，栽培管理，饲养方式和放牧制度，使农业生产呈现明显的地域特征。旱、涝、寒、热等灾害天气常导致作物产量的年际变化，使农业生产呈现出较大的波动性而具有一定的自然风险。

（3）**要素投入的季节性**。动植物生长发育受温、光、水、气等自然条件的周期性、季节性波动影响，不同农业生产部门各有其适宜的时间窗口，农民的劳作时间往往集中在关键的农忙时节。因此，农业生产中劳动力、生产资料、资金等要素投入具有季节性和周期性，收益回报具有滞后性，具有一定的经济风险。另一方面，劳动力的季节性集中使用也为农民在农闲期外出务工提供了条件。

基本功能

随着国民经济持续快速增长，农业的GDP贡献率持续走低。改革开放之初的1978年，农业总产值（1 397亿元）占全国（3 679亿元）的38.0%。到2015年，农业总产值翻了7倍，达到107 056亿元，在国民经济中的比重却下降到15.5%[③]。相应地，直接从事农业的人口从3.06亿降至2.19亿，近1亿劳动力转移到工业和第三产业。但是，我国农业在结构上发生了深刻变化，功能上实现了质的提升，从食物保障、原料供给和就业增收等传统经济范畴，向更广泛的生态保护、休闲观光、文化传承等领域拓展。

（1）**经济功能**。可以归结为农业在产品、市场、要素和外汇四个方面的贡献。产品贡献是最基本的功能，即提供食物和工业原料。市场贡献指作为国内市场的主体，农业部门对工业产品的市场需求。要素贡献指随着农业占国民经济的比重不断下降，劳动力、资金等农业生产要素向其他部门的转移。外汇贡献指农业在平衡国际收支方面的作用。扩大农产品的出口或者减少农产品的进口以平衡国际收支，是许多发展中国家的主要选择。

（2）**社会功能**。指农业作为社会生产部门，能容纳劳动力就业和提供生活保障。我国城市和工业吸纳农村人口、农业劳动力的能力终究有限，而农业、农副产品加工、储藏、运输和销售是劳动密集型的产业，容纳隐性失业的能力强，可以有效缓冲工业波动带来的失业问题。另一方面，政府、商业机构在养老、医疗卫生、救灾、扶贫济困等方面很难提供足够的社会保障，仍要依赖农业的支撑。在大量农村人口进城谋生的背

[①]常见真菌有香菇、草菇、金针菇、双孢蘑菇、平菇、木耳、银耳、竹荪、羊肚菌等。

[②]根据社会生产活动历史发展的顺序对产业结构的划分，产品直接取自自然界的部门称为第一产业（农业），初级产品进行再加工的部门称为第二产业（工业），为生产和消费提供各种服务的部门称为第三产业。

[③]本书数据来源于国家统计局、农业农村部及联合国粮农组织等官方数据，统计时间以2015年为主。

景下，自家的一亩三分地，仍然是他们的最后退路和心安所在。

（3）**生态功能。**农业具有保持水土、涵养水源、净化污染、调节气候和保护生物多样性等生态功能。按照科学的、可持续的理念经营农业，维系农业生态功能的正常发挥，对于抵御自然灾害，改善居住环境，以及缓冲、消解工业污染等均具有积极作用。反之，以化肥、农药、兽药等高投入为特征的掠夺式农业发展方式则会导致生态调节功能的整体丧失，产生土壤退化、水土流失、水体污染等生态、环境问题；同时，带来高农药残留，重金属、抗生素超标等食品安全问题，直接危害居民生活质量和身体健康。

（4）**文化功能。**农业不仅是一种生产方式，也是一种生活方式，具有传承农耕文化、保护文化多样性、为都市人提供休闲服务等文化功能。通过生动、感性的农业旅游活动展示、阐发农业文化功能，可使聚居在钢筋混凝土丛林中的都市人得到情绪的舒缓和心灵的放松，增强环保意识，加深对农村、农民和农业的理解，并建立对传统文化、农耕文明的情感归属，培养民族自信和文化自信。

多功能性表明农业是一个特殊的重要产业。对于2亿多从事生产经营的农民来说，务农收入是他们日常开销、子女教育、医疗卫生等支出的最主要来源，增强农业经济功能依然是贫困地区脱贫致富的重要依靠。随着国民经济向高阶发展，农业的社会、生态和文化功能凸显，农业与工业、服务业之间的产业融合程度加深，正演变为一个具有社会意义的公共部门。因此，农业问题已不仅属于微观经济范畴，更是一个重要的宏观经济社会问题，需要全社会的关注、扶持。

世界农业历史

世界农业的发展经历了原始农业、传统农业、近代农业和现代农业等四个主要阶段。每个阶段都是前一个阶段综合发展的结果，是生产力水平、生产关系形态等方面逐步向高级演化的阶段性成果，体现出人类认识、利用和改造自然的深度和广度在不断扩展。

（1）**原始农业（距今1万年前至铁制农具出现）。**距今约1万年前，人类开始从坐享大自然恩赐的食物采集者、渔猎者转变为摆脱大自然束缚、掌握自己命运的食物生产者。这一原始农业的肇始过程，标志着农业的起源，人类社会借此实现了由"攫取经济"跨入"生产经济"的转变，具有划时代的重要意义。原始农业历经6 000～7 000年，推动了远古文明在两河流域（底格里斯河和幼发拉底河）、尼罗河、印度河和黄河等大河流域兴起、繁盛，为人类历史发展奠定了基础。原始农业的技术进步主要有：①生产工具。从旧石器时代粗制的棍棒、石器发展为新石器时代精心打磨过的石制、骨制和木制工具，还出现了极少量的青铜制工具。②耕作方法。从只会采集野生植物发展到刀耕火种、锄耕火种，出现了原始的烧垦制。③野生动植物驯化。由单纯猎取野生动物，采集野生植物的籽粒，发展到对某些野生动植物进行驯化、饲养或种植。当前世界农业生产的主要动植物种类，如小麦、水稻、玉米三大粮食作物，猪、马、牛、羊、狗、鸡等"六畜"大多在4 000年以前就已基本完成驯化，这是原始农业的最大成就。

（2）**传统农业（铁制农具大量使用至19世纪中叶）。**传统农业是使用铁制、木制农具，利用人力、畜力、水力、风力和自然肥料，凭借直接经验从事生产活动的农业，以铁制农具为标志，历经奴隶社会和封建社会。传统农业的技术进步表现在：①铁制农具。大约在公元前800至前600年，中国、印度等地开始用铁来制造锄、斧、犁等农具，用于砍伐森林，开垦荒山荒地，推动农业向更广阔的地区发展。例如，我国农业在铁制农具的推动下由黄河流域向南发展，推进到原本森林繁茂的长江流域。②水利系统。人类从台原高地迁往平原低地的过程中，为了解决灌溉和洪涝等问题，开发出了先进的水利系统。例如，埃及尼罗河流域的淤灌法，在汛期引河水浸泡两岸土地，并借此淤积肥沃的河泥，其后排干，播种作物，然后休闲至新的汛期。③耕作制度。由原始的烧垦撂荒制过渡到轮荒轮作制，开发出了整地播种、育苗移栽、中耕除草、灌溉和施肥等生产技术。例如，我国主要实行土地连种制，欧洲采用休闲、轮作并兼有放牧的二圃[①]、三圃以及四圃耕作制。

（3）**近代农业（19世纪中叶至20世纪中叶）。**近代农业是传统农业向现代农业的过渡阶段，也是现代农业的起步阶段，历时约百年。近代农业产生的前提是农业资本化，以英国"圈地运动"为代表。圈地使自耕农大多沦为无产者，少数则成为了农场主，这样既为化肥、农药、农机等涉农工业发展提供了廉价劳力，也

[①]二圃制是指把土地分为两个区，一个区种麦类作物，一个区休闲、放牧，次年调换，以恢复地力，保持水土。三圃制和四圃制是在二圃制基础上的发展。

促进了土地规模的集聚，为集约化、机械化生产创造了条件。1843年英国洛桑试验站的建立标志着现代农业科学的诞生，农业技术得以在科学理论的指导下飞速发展，进而推动农业生产水平不断登上新台阶。近代农业的技术进步表现在：①农业机械。从最初的条播机、马拉收割机、谷物脱粒机、拖拉机，到后来更高级的联合收割机，现代农业机械正式走向生产舞台。美国从1910年开始，历时30多年基本实现了农业机械化，解放了农业劳动力，促进了工商业发展。②生产资料。物理学、化学、生物学等研究成果开始应用于农业，提高生产资料的科技内涵。例如，哈珀的氨合成法使廉价、大量生产氮肥成为现实；李比希的矿质营养学说推动了磷、钾肥料的生产与应用；化学工艺发展促进了波尔多液、巴黎绿、DDT、六六六[1]、2,4-D等合成农药在作物生产上的应用。

（4）现代农业（20世纪中叶至今）。现代农业以农业科技为指导，以商品生产为目的，以现代机械装备和经营管理为技术手段。二战后科技与经济的高速发展，加速了传统农业向现代农业的转变。现代农业的技术进步主要表现在：①生产工具。农业机械集成化、智能化，操作简便，作业高效。例如，联合收获机能一次性完成收割、脱粒、分离茎秆、清除杂物等工序，从田间直接获取谷粒。一台机器每天可收割小麦600亩[2]，相当于500人手工割麦的劳动量。当代最先进的大型拖拉机、联合收割机搭载了GPS卫星定位、激光制导等信息系统，能精确实施耕种、施肥、植保和收获等田间作业。②高新技术。生物技术、信息技术等高新技术方兴未艾，深刻改变了农业科研、生产方式。以生物技术为例，发酵工程、基因工程、细胞工程等高新技术在优良动植物品种培育、脱毒种苗繁殖、疫苗生产以及粪便、秸秆等农业废弃物综合利用等方面展现出了强大优势。③现代管理。借鉴工业中的标准化生产模式经营管理农业，规范有序，高产高效。例如，大型养鸡场、养猪场和养牛场的各个生产环节、流程，从给料、饮水、清粪、舍内温度、通风、湿度、光照等环境控制，到蛋、奶等产品收集、包装、运送都实现了标准化和最优化控制。

中国农业历史

中国是一个历史悠远、底蕴深厚的农业古国。农业生产不仅为中华民族的繁衍生息提供了丰富多样的衣食产品，所衍生的农耕文明更是中华五千年历史发展的文化基础。距今一万年前，我国进入原始农业阶段，历经夏商、西周，"五谷"已然出现，"六畜"均已饲养，精耕细作开始萌芽。春秋战国时期，随着铁制农具的使用，进入了传统农业阶段。秦汉时期，确立了铁犁牛耕在传统农具与动力中的主导地位。魏晋、南北朝时期，北方旱地农作技术体系逐渐成型。隋唐、宋元时期，南方水田耕作体系也趋于成熟，经济重心逐渐从黄河流域转移到了长江流域。明清时期，多熟种植在水热条件充足的南方（麦棉套种、稻麦两熟、稻油两熟、双季稻、再生稻等）和黄河流域（谷-麦-豆等两年三熟、粮菜间作套种等）普遍推广，引种了甘薯、玉米、马铃薯等美洲作物，促进了农业稳步发展，当时以农业为主的中国经济位居世界首位。

近代以后，西方列强和日本的侵入加剧了"男耕女织"传统农业经济的解体，农业生产受到严重破坏。虽然引进了西方农业技术，创办了农业研究和教育机构，但整体上处在现代科技发展的起步阶段。中华人民共和国成立以来，我国农业开启了新篇章，完成了由传统农业向现代农业的伟大转变，重返世界舞台并占有重要位置。现代农业科技和装备广泛应用，推动了农业生产不断攀登新台阶，主要农产品已经由长期短缺到总量平衡、丰年有余。粮食总产由新中国成立之初的1亿吨增加到目前的6亿吨以上，依靠自己的力量，用不到世界1/10的耕地生产了世界1/4的粮食，养活了占世界近1/5的人口。2015年，我国耕地总面积为1.35亿公顷，作物播种面积为1.66亿公顷[3]，生产了6.21亿吨粮食、560万吨棉花、3 537万吨油料、12 500万吨食糖、78 526万吨蔬菜、27 375万吨水果。同时，还生产了8 625万吨肉类、2 999万吨禽蛋、3 755万吨牛奶和6 700万吨水产品。肉类、禽蛋、蔬菜、水果和水产品等产量稳居世界第一，除牛奶外其他主要农产品人均占有量超过世界平均水平。农业的快速、健康发展，为中华民族的复兴伟业提供了物质保障。

农学与中医学、天文学、算学并称中国古代成就最辉煌的四大学科，发展水平长期领先于世界。《氾胜之书》《齐民要术》《陈敷农书》《王祯农书》《农政全书》等古代农书代表了传统农业的最高成就。南北朝农学

---

[1] DDT、六六六等农药对人、畜有毒性，在自然环境下不易降解，自20世纪70年代末已逐渐停止生产或禁止使用。

[2] 亩为非法定计量单位，1亩≈667平方米。余同。——编者注

[3] 华北、长江中下游、华南等地区一年播种两季作物，即1亩田可当2亩田种，故播种面积大于实际耕地面积。

家贾思勰基于老农访谈中获得的生产知识，以及自身务农的实践经验，对秦汉以来北方农业科学技术进行系统整理，编撰成了著名古代农学经典——《齐民要术》。全书提炼了以耕、耙、耱为中心的旱地耕作技术，以及轮作倒茬、种植绿肥、良种选育、播种技术、田间管理等作物栽培技术，还对园艺、蚕桑、畜牧、林业、养鱼，以及酒、醋、酱酿造等农产品加工技术做了梳理，涵盖了农业科技各个方面，成为指导农业生产的经验宝典；同时，构建了较为完整的农业科学体系，为后世各类农书编撰奠定了蓝本。《齐民要术》等古农书中闪耀着先民智慧的光芒，其蕴含的传统农业精华，包括精耕细作、集约经营、地力常新壮等理论与技术，以及将生物、人和环境视为一个互作整体的"三才"思想①，对于解决当下的能源危机、资源耗竭和环境恶化等世界难题具有重要的启示意义。

第2节　农 民 画

农民画是在剪纸、刺绣、布玩具、年画、箱画、壁画、木版画、炕围画等民间艺术形式基础上发展起来的新兴民间艺术。自20世纪50年代问世以来，我国农民画不断发展、壮大，形成了户县、邳州、金山、嵊州、安塞、湟中、东丰、舞阳、青州、六合、秀洲、龙门等著名农民画乡。农民画植根于悠久的民族、民间艺术沃土，吸收现代派艺术之长，现实主义和浪漫主义相结合，以其独特的艺术思维、浓厚的生活气息、神奇的构图色彩、淳朴的艺术境界，成为现代美术大家庭中独具风情的一员。

历史演变

农民画产生于20世纪50年代末期，为配合生产运动，全国上下兴起壁画热潮，农民一手拿锄头，一手执画笔，把自己对新社会的赞美、对美好生活的憧憬用最简单的图案表现出来，具有鲜明的浪漫主义色彩。60年代，部分优秀画家脱颖而出，将以墙壁为载体的壁画转变成以纸张为依托的艺术形式，农民画这一新的艺术形态开始萌芽、生长。70年代，农民画作者满怀豪情绘画家乡发展变化的墙报画、生活画、劳动画。80年代以后，各地注重发掘民间美术资源，回归民间艺术传统，培育出具有地域特色的众多农民画创作群体，使农民画成为一定意义上的艺术品。近年来，民族文化、民间文化呈现强力复兴势头，为农民画带来了新的发展机遇。但随着农村青年涌入城市，作者群体日渐老化、萎缩，农民画发展后继乏人，其传承和创新成为亟待解决的问题。

艺术特色

农民画是中国传统思维、造型、技巧、色彩与现代绘画意识掺揉变化的艺术形态。在题材上，既有古老的民间习俗、神话故事和民间传说，也有极具时代气息的农村生活，更有对美好生活的憧憬。深厚的生活背景使农民画自带泥土的芳香和生命的热力，焕发出持久的艺术感染力。在构图上，以情为主，以神为美，不受透视原理约束，平视与俯视结合；且不留任何空间，就像农民对每一寸土地的珍爱与利用，饱满丰盛，厚重沉实。在色彩上，强烈、明快、和谐、鲜活，富有装饰性，充满喜庆欢乐，基调和情绪健康朴实，昂扬向上。在手法上，大胆地运用夸张变形，虚中见实，土中见雅，拙中见美，民族风格鲜明，乡土气息浓郁。与文人画和其他专业画相比，农民画具有技法和审美上的朴素性，更少文化规范约束，更本色反映了农村精神文明和农民精神世界。

文化价值

农民画艺术风格有别于专业画，富有浓厚的生活气息，传递着人情之美、乡土之美、民俗之美。作为民间艺术的一部分，它所蕴藏的文化远远超出它的画面内容。它扎根于人民群众生活劳作之中，以浓墨重彩渲染出节庆喜事、特色民俗和田间劳动等场景故事，深刻反映了农民画家对乡土风情、乡村生活的深情厚爱，对自然和社会的思考理解。自20世纪50年代以来，它伴随着中国农村发展历程一路走来，生动记录了农村发展变化的历史脉络，为社会学、经济学和农业史研究提供了鲜活、多彩的珍贵档案。"画中有戏，百

---

① 三才，中国传统哲学的一种宇宙模式，把天、地、人看成是宇宙组成的三大要素。《吕氏春秋·审时》提出"夫稼，为之者人也；生之者地也；养之者天也"，将生物体（稼）及其赖以生存的环境（地和天），还有农业生产的主体（人）视为一个相互依存的农业生态系统。

看不腻。"农民画是我国劳动人民人生志趣和生活憧憬的结晶，蕴含着丰富的审美价值和精神内涵，具有独特的文化价值。

下面，将从"田园风光""民间风俗""传统美德"和"时代精神"四个方面，一窥中国农民画五彩绚烂的艺术神韵和深厚宽广的精神世界。

（一）田园风光

田园风光泛指乡村的自然风光和人文风情。小桥、流水、人家，乡村保持了传统的农业生产方式和农村生活场景，民风淳朴厚重，民俗丰富多彩，生活安逸平和，心绪踏实自在。田园自产的粮食果蔬，安全营养，风味纯正，新鲜脆嫩；举目皆是碧水青山，空气甜美，山泉澄澈，环境舒展宜人。相比之下，繁杂喧闹、污染严重的城市环境，快速繁忙的生活工作节奏，奢华迷乱的消费主义热潮，不断升级的科技产品，使得久居其中的都市人疲于应付，而精神越来越贫瘠，心智逐渐碎片化、机械化，缺少灵慧和诗意。古朴闲适的乡村，像磁石一样吸引着他们回归乡里，寻根寻梦，在大自然中恢复体力，蓄积精神，而焕然一新，再度出发。于是，"采菊东篱下，悠然见南山"[①]等古代诗人笔下自在、闲适的生活方式，得到了都市人积极回应，倡导"诗意栖居"，追求"诗和远方"，并激发了农业旅游产业的蓬勃发展。

田园如诗

乡村是中国人生活的家园、生命的故乡，是历代诗人咏歌的对象。"昔我往矣，杨柳依依。今我来思，雨雪霏霏。"田园诗歌发源于古老的《诗经》，成长于魏晋，在唐宋臻于完美纯熟。它以自然风光、农村景物、隐逸生活等为题材，诗境清新闲雅，空灵淡泊，富有韵味。"树绕村庄，水满陂塘。倚东风、豪兴徜徉。小园几许，收尽春光。有桃花红，李花白，菜花黄。远远围墙，隐隐茅堂。飏青旗、流水桥旁。偶然乘兴，步过东冈。正莺儿啼，燕儿舞，蝶儿忙。"春到人间，万紫千红，秦观乘兴出游，但见桃李争妍，莺歌燕舞，不觉心旷神怡，于是以多彩的画笔描绘出一幅春意盎然的田园风光图，给人以赏心悦目的美感享受。"斜阳照墟落，穷巷牛羊归。野老念牧童，倚杖候荆扉。雉雊麦苗秀，蚕眠桑叶稀。田夫荷锄至，相见语依依。即此羡闲逸，怅然吟式微。"王维描绘了一幅恬然自乐的田家暮归图，表现出对田园生活的无限向往和思归之情。田园诗字里行间洋溢着优美、明朗和健康的格调，显现出潇洒高蹈的生命意义，以其意境美和人文情，引导着奔波劳碌的都市人在故园乡土中寻找心灵的归宿和宁静。

农业旅游

农业旅游是农事活动与旅游相结合的新兴旅游产业。它利用农村自然和人文风光作为旅游资源，提供必要的生活设施，让游客从事农耕、收获、采摘、垂钓、饲养等活动，融农业生产、观光、修身、体验、习农、品尝、购物、娱乐、度假等为一体。"桃红复含宿雨，柳绿更待朝烟。""漠漠水田飞白鹭，阴阴夏木啭黄鹂。"秀美如画的田园风光，激发出对美好生活的热爱，令人流连忘返，沉醉其中而若有所思。"乡村四月闲人少，才了蚕桑又插田。""力尽不知热，但惜夏日长。"紧张艰苦的劳作场景，朴实厚道的劳动人民，更能带来精神的净化和提振。都市人在乡野环境中休闲，不仅可以陶冶性情，舒缓快节奏都市工作、生活带来的压力、焦虑和浮躁；还可以在潜移默化中认识自然，了解人与自然的关系，增强生态意识和环保观念，珍爱赖以生存的大地家园。

农业旅游能充分发挥农业促进农民增收的经济功能、带动就业的社会功能、保护传承农耕文明的文化功能、美化乡村环境的生态功能，促使农区变景区、田园变公园、空气变人气、劳动变运动、农产品变商品，让农村闲置的土地利用起来，让富余的劳动力流动起来，让传统的文化活跃起来，是推动农业结构变革、功能提升的重要力量。

[①] 本书引用的诗词及其他古代文学作品，主要采用"百度汉语（hanyu.baidu.com）"和"古诗文网（www.gushiwen.org）"的版本。

庄稼地，朴实大气。

庄稼的美，在于气势，如威武的军阵，整齐森然，蓄势待发。庄稼的美，在于气质，朴实无华，无婀娜身姿，无奇异形态，无醉人芬芳。它不事雕琢而自有风味，内蕴丰盛而养育万物，是人类赖以生存的衣食之源。

庄稼化身为农民。他们不太会说话，衣着老土，观念传统，但坚忍，勤劳，朴实，甘做城市发展、工商业繁荣的基石，是今日幸福生活的根本。

春风送暖　　王文吉 ▶

庄稼汉，踏实豪迈。

劳动是最美的，劳动者心里是最踏实的。丰收之年，茶余饭后，吼上一曲老腔。自家的木凳，自制的琴弦，口耳相传了千年的唱词唱腔，这种土得掉渣的老腔，刚直高亢，自在随兴，畅快淋漓，颇有关西大汉咏唱大江东去的豪迈气概。

唯有一身正气，靠勤劳双手吃饭的庄稼汉，才能吼出如此浑厚磅礴、气壮山河的大秦老腔。

大秦老腔　　王文吉 ▶

庄稼院，温馨静谧。

柿子树下，银发老人坐在门前聚精会神地读报。小花狗亲密依傍在脚下。羽白冠红的大公鸡在树下游荡，搜寻食物。洁白的小羊正踏上门槛，向院里张望。挂满木桩的玉米探出墙头来，透露出秋天农院的气息。

这是一个典型的庄稼院，似乎千百年来未曾变过，一直就在那里。它是游子的心灵居所，永不荒芜。"野老念牧童，倚杖候荆扉。"别忘了，有个叫老家的地方在等你归来。

霜叶红于二月花　　王文吉 ▶

曾经落后的山区如今成为令人向往的地方。不说优质甜美的空气，清澈见底的山溪，风味浓郁的山珍，悠然自得的垂钓，淳朴厚道的民风，单说夏日傍晚凉爽的山风就足以将都市热岛里的市民吸引过来。

生活水平的提高，人们对休闲度假有更迫切的愿望，而私家车的普及，在一小时内就能由燥热的繁华都市切换到清新的山村田园，更为满足这种愿望的山村旅游提供了腾飞动力，生态环境优越的山村借此快步走在了幸福的大道上。

山村农家　　曹全堂 ▶

文学说画

踏 莎 行

张 抡

秋入云山，物情潇洒。百般景物堪图画。丹枫万叶碧云边，黄花千点幽岩下。

已喜佳辰，更怜清夜。一轮明月林梢挂。松醪常与野人期，忘形共说清闲话。

赏析：这首词写的是山中秋景。上片以清疏的语言和潇洒的笔调描绘出一幅色彩斑斓的云山秋意图。下片叙述作者与乡野父老月下饮酒，得意忘形地谈论家常闲话，反映了山野人家的闲适生活。

（二）民间风俗

民间风俗，简称民俗，指由广大民众创造、享用和传承的生活文化。它起源于人类社会群体生活的需要，在特定的民族、时代和地域中形成、扩大和演变，为民众的日常生活服务。它属于人民大众文化中最贴近身心和生活的一种文化，是来自于民众，传承于民众，规范民众，又深藏在民众行为、语言和心理中的基本力量。人们置身其间却不为其所累，甘愿接受这种模式性规范的保护。

我国56个民族在服饰饮食、婚丧嫁娶、待客礼仪、节庆游乐、民族工艺、建筑形式等方面各有特色，形成了丰富多彩的民族民俗文化景观。维吾尔族和回族的开斋节、藏族的沐佛会、蒙古族的那达慕、壮族的三月三歌会、傣族的泼水节、彝族的火把节、哈萨克族的纳吾鲁孜节等民族节日庆典，内容丰富，气氛热烈，风情浓郁，吸引着大量的国内外游客，构成民俗旅游开发的丰厚资源。

民俗分类

民俗涉及的内容很多，研究范围仍在不断拓展。民俗通常包含以下八大部分：①生产劳动民俗。如农业民俗、牧业民俗、渔业民俗、林业民俗、养殖民俗、手工业民俗、服务业民俗、江湖习俗等。②日常生活民俗。如服饰民俗、饮食民俗、居住民俗、交通与行旅民俗等。③社会组织民俗。如血缘组织民俗、地缘组织民俗、会社组织民俗等。④岁时节日民俗。如二十四节气、端午、七夕、中秋、重阳、春节等与天时、物候周期性转换有关的特定时日。⑤人生礼仪。如诞生礼、成年礼、婚礼、葬礼、祝寿仪式和生日庆贺等。⑥游艺民俗。如扭秧歌、踩高跷、背社火、赛龙舟、抖空竹、踢毽子、打陀螺、舞狮、舞龙、杂技、跳绳、斗鸡、斗牛、斗蛐蛐等。⑦民间观念。如生活禁忌、民间诸神和俗信（贴春联、贴门神）等。⑧民间文学。如神话传说、故事笑话、史诗民歌、谚语谜语，以及民间说唱和民间戏曲等。

传统节日

盛唐是我国古代文化充分发育成熟的时代，岁时节日风俗大致定型。元日、寒食、清明、端午、七夕、中秋、重阳、腊日（腊八）等兴起于唐的重要节日，包含祭祖、祀神、祝寿、祈福、驱邪、兴农、休息、娱乐、交往等多种意义，串联起来构成了一幅丰富多彩、意蕴深厚的历史文化长卷。其中，元日即后来的春节。"爆竹声中一岁除，春风送暖入屠苏。千门万户曈曈日，总把新桃换旧符。"在除夕夜人们守岁达旦，燃放爆竹，门上悬挂桃木板，以辟邪取吉祥意；在元日清晨，全家祭祖，饮屠苏酒，意在祛除瘟疫。"中庭地白树栖鸦，冷露无声湿桂花。今夜月明人尽望，不知秋思落谁家。"王建的《十五夜望月寄杜郎中》生动抒发了中秋赏月时的思乡情怀。"腊日常年暖尚遥，今年腊日冻全消。侵陵雪色还萱草，漏泄春光有柳条。"杜甫在《腊日》敏锐感知到了今年春来早的气息。

古时谈论节俗，总关乎伦理道德，强调其教化功能，意在弃恶扬善，激浊扬清，使人们在节日中感受传统道德的力量，心灵得以净化，境界得以升华。传统节日集中体现了中华民族的传统信仰、伦理道德、价值观念和行为规范等。敬畏天地、纪念圣贤、追思先祖、孝敬长辈、和谐团圆等理念经由节日仪式而彰显、传承，潜移默化地塑造着中华民族的精神世界，成为民族悠久历史的宝贵精神遗产。如今，在从农耕文明转向工业文明过程中，传统节日的氛围已不如以前浓烈，但总体上依然顽强地体现出固有的氛围，展示出文化的力量。重新捡拾、发掘传统节日内涵，传承、创新过节仪式、习俗，充分彰显其蕴含的民族情感和精神内涵，是弘扬中华传统文化的新课题。

乡情　谭永利

有着丰厚历史文化积淀的陕西关中地区，沿袭历史民俗，形成了生动有趣"八大怪"，以其"古风古韵古长安"的独特魅力，成为游人探寻的一大热点和乐趣。"碗盆分不开"就是一个颇显关中人性情的风俗。

关中地区把饭碗叫老碗，是碗中"老大"的意思。老碗产地耀县，属于青花粗瓷，骨子里透着关中人的朴实憨厚。正宗的老碗，深而圆，容量起码有一般吃饭用的小碗七八个之多，甚至比小盆还大，往往碗盆难分。关中人吃饭，无论男女老幼，一律都用老碗，就图省事，一次盛够，无需再来。而且特好热闹，喜欢扎堆儿吃饭，即"老碗会"。常见一群人蹲在大门外，各自捧着老碗，一边晒着暖洋洋的太阳，一边天南地北谝着闲传，乐哉悠哉。

文学说画

这是20世纪70～80年代家家户户都用的碗，这是盛放了父亲的记忆的碗。

据销售人员介绍，这蓝边碗在传统蓝边碗上加以细节上的改良与创新。我拿起一只仔细端详，发现手感极好，分量厚重让人踏实。底足的角度略微加大，让碗显得端庄典雅不失大气。而且这碗极易打理，深受妈妈们喜欢。

蓝边碗没有繁复精致的花纹修饰，没有绚丽的色彩，没有复杂的工艺。可当你凝视它，就会情不自禁地想起一家人围在一起乐呵呵地吃热腾腾的饭菜的情景；就会想起苦日子里生活的精打细算的不易；就会想起寻常百姓家人间烟火的温度……

一件物品使用久了，就会产生难以割舍的情感，对我来说，蓝边碗亦是如此。每日捧着这只蓝边碗吃饭，不但手感好，我仿佛能听到它无声的诉说，谆谆教诲我认真踏实地生活的真谛，这才是它的精魂。

（王知南《烟火蓝边碗》）

注：这是2016年江苏高考满分作文的节选，作者为海安高中王知南。在有限的应试时间内传递出了对传统文化的细腻感知和真诚牵挂，让人动心动情，在未来一代身上看到了中华文化传承发扬的希望和光明。

▲ **秦风之锅盔像锅盖**　　陈秋娥

　　锅盔是用面粉制成面坯，在铁炉上烙烤而成的一种饼子，既是陕西人的主食，又是外出时随身携带的干粮。陕西人做锅盔，将面和得很硬，甚至用手都揉不动，只能借助木杠子，用全身的力量来压揉。压成圆饼以后，放在铁锅里，用麦秸火慢慢烙烤。这样，锅盔外脆里酥、清香可口，即便放上十几天也不会变味。陕西农村的铁锅都很大，直径一般都在2尺[①]以上，烙出的锅盔又大又厚，很像锅盖。

文学说画

　　鹿兆鹏身为十五师联络科长，是和首批强渡渭河的四十八团士兵一起涉过古都西安的最后一道天然水障的。出发前一刻，他肚子里填塞了整整一个小锅盔，这使他联想起锅盔这种秦人食品的古老的传说。这种形似帽盔的食品，正是适应古代秦军远征的需要产生的，后来才普及到普通老百姓的日常生活里。它产生于远古的战争，依然适应于今天的战争。渭北原地无以数计的村庄里数以千万计的柴禾锅灶里，巧妇和蠢妇一齐悉心尽智在烙锅盔，村村寨寨的街巷里弥漫着浓郁的烙熟面食的香味。分到鹿兆鹏手里的锅盔已经切成细长条，完全是为了适应战士装炒面的细长布袋；而这种食品的传统刀法是切成大方块，可以想见老百姓的细心。那些细长的锅盔条上，有的用木梳扎下许多几何图案，有的点缀着洋红的俏饰，有的好像刻着字迹，不过都因切得太细太碎而难以辨识。鹿兆鹏掬着分发到手的锅盔细条时，深为惋惜，完整的锅盔和美丽的图案被切碎了，脑子里浮现出母亲在案板上放下刚刚出锅的锅盔的甜蜜的情景。

（陈忠实《白鹿原》）

　　[①]尺为非法定计量单位，3尺=1米。余同。——编者注

▲ **山区大舞台**　　雒志俭　张青义

　　秦腔是中国梆子戏的鼻祖，也是京剧的老祖先。秦腔的唱腔，宽音大嗓，直起直落，既有浑厚深沉、悲壮高昂、慷慨激越的风格，同时又兼有缠绵悱恻、细腻柔和、轻快活泼的特点，凄切委婉，优美动听。它根植于黄土地，表演朴实粗犷，富于夸张，细腻深刻，以情动人。

　　戏如人生。戏中的大忠大奸、君子小人、悲欢离合、爱恨情仇，与现实人生相映照，仿佛发生在身边，与内心形成强烈的共鸣。在高昂激越的伴奏中，仁义、忠孝、智勇等传统文化、精神乘借着感天动地的吼啸，跨越时空，激荡在固守传统的乡村上空。

　　人生如戏。蓦然回首，似乎一切早已注定，重复前人的故事，或按必然的剧本出演一部事先已经排好的戏。这场戏的主角是我们自己，其他人都是配角，起着或大或小的作用。只是，现实人生中的这场戏没有彩排，也没有脚本。未来仍是无法预见，有无限可能。我们要做的只是参考先人的剧本，演好自己的角色，演绎属于自己的精彩故事。

文学说画

　　　　　　　　奏京韵秦腔，座上疑为天上曲
　　　　　　　　演人情世态，台前亦有戏中人　　　　　　　（李家桥）

　　　　　　对错是非，糊涂放过，但上台时都叫好
　　　　　　忠奸善恶，仔细算来，当收场后总无差　　　　　（谷雨霞）

　　　　　台上形形色色人，可知晓哪人是我，哪人是你
　　　　　世间纷纷扰扰样，须思量怎样出场，怎样收场　　　（曾小云）

　　　　　　　莫痴迷旦净丑生，低眉品得戏中戏
　　　　　　　且穿透悲欢离合，昂首看来山外山　　　　　　（张志春）

▲ **正月十五**　　白绪号

农耕年代，生活的节奏不是早九晚五、双休日、小长假和大长假，而是按照作物的生育节律来的。冬天，白雪覆盖下的麦苗在酣睡，人自然也闲了下来。有了时间，春节的欢乐就持续更久。

外甥打灯笼——照旧（舅）。关中传统是正月初六由娃他舅给娃送元宵节的灯笼。鸡鸭鹅鱼，猪马牛羊，龙凤虎豹，样式各异，大小不同，火红热烈。元宵节那天最热闹，耍社火和鼓舞大会，似乎把所有人都吸引来了，填满县城的大街小巷。强健的庄稼汉将锣鼓敲得山响，整个小城都被震动得颠簸起来，似乎要把一年的辛劳和忧愁都抖落到这气势磅礴的锣鼓声里了，将春节的欢庆盛宴推向高潮。

当城市居民在慨叹年味越来越淡的时候，乡村仍然固守着旧时的风俗，更有中国味。现有节假日安排主要考虑城市工业文明的作息规律，不妨考虑一下元宵节，只是因农民、农村、农耕传统而为市民放一天假，度一日回到旧时的美好时光。

闹元宵　　任宝忠 ▶

▲ 看忙　王乃良

　　传统农业时代，麦收是关中地区一年最重要的农活，往往历时两个月有余，是农家生产、生活年度计划、安排中的关键时间节点，并演化出了在小麦收割前后的过会习俗。过会分"看忙会"和"忙罢会"。看忙会在麦收前的阴历三四月左右，女儿回娘家看望父母；忙罢会在麦收后的阴历六七月，娘家人看望出嫁的女儿。这一母慈女孝的传统，经由千百年的继承与弘扬而内化成民族的记忆，固化为特有的基因，世代传递，并不断进化出新的形式和内容，影响着今天的观念和生活。

文学说画

　　"麦梢黄，女看娘。"这是关中地区看忙头的习俗。关中平原，一马平川，盛产小麦，夏季麦收前夕，出嫁的女儿，一定要回娘家看望父母，这就是看忙头。

　　过了清明，大麦、小麦在田里成长，尚未成熟。此时，家家都开始为夏收做准备。磨镰刀，补麦包，修木锨、谷叉、晒耙，套好碌碡和钵柳等。这时候，出嫁女要回娘家看望父母，看看父母粮食够不够吃？身体是不是康健？因为此后将是忙碌的麦收时节，就顾不上回家看望父母了。女儿看望父母，一般都要提一笼花卷馍，花卷馍散发着淡淡的麦香和花椒叶的咸香；另有白糖、罐头、绿豆糕之类的吃食孝敬父母，感谢他们的养育之恩。如今，人们的日子富裕了，女儿多用烟、酒、茶、营养补品孝敬父母。问候爹娘起居，亲自斟茶倒水。而老人呢，看到女儿孝顺，日子过得不错，也会宽心、放心。

　　"场上卸钵柳，娘看小冤家。"这是关中看忙毕的习俗。当打麦场上开始卸碌碡上的钵柳时，母亲就要看望小冤家——女儿了。这是和"看忙头"相呼应的"看忙毕"，娘家人会礼尚往来地来一场娘看女的互访。相互沟通，彼此关怀。

　　娘家人看忙毕，既是回访女儿，也是拜望亲家。蒸了花馍，用梳子点了朱砂或印上其他红红绿绿的各式图案，多为喜鹊或老虎，有喜事连连、虎虎生威之意。除此之外，还有讲究：娘家人给女婿送汗衫，给外孙送裹兜（也叫肚兜，或叫捂腰）。旧时的孩子夏天睡觉，大都穿肚兜，凉快方便。手巧的会用七彩的丝线，在肚兜上绣上蜈蚣、蛇、蝎、壁虎、癞蛤蟆五毒图案，有的还在夹层填充香草，不仅避邪，还防蚊虫叮咬，保佑外孙健健康康。肚兜的手艺也是娘家人的面子，绣得好的，名声也就传出去了。

（李格珂《看忙头 看忙毕》）

（三）传统美德

传统美德是指中华民族在历史发展中形成的、至今仍然具有强大生命力的优秀道德理论、道德规范和道德行为的总和。它涵盖中华民族优秀的道德品质、优良的民族精神、崇高的民族气节、高尚的民族情感以及良好的民族习惯等方面，倡导"格物、致知、诚意、正心、修身、齐家、治国、平天下"这一实现人生理想的步骤和模式，是中华民族的根和魂，是中华民族生存发展的血脉与精神纽带。天下兴亡、匹夫有责的担当意识，精忠报国、振兴中华的爱国情怀，崇德向善、见贤思齐的社会风尚，孝悌忠信、礼义廉耻的荣辱观念，体现着中华民族评判是非曲直的价值标准，潜移默化地影响着国人的行为方式。

特别值得一提的是，我国历史上是以农民为主的农业国家，五千年灿烂的农耕文明塑造了众多属于农民的优秀道德、精神，包括勤劳坚韧、艰苦朴素、淳朴善良、安分守己、自立自强、知足常乐、隐忍负重等。这些优秀的农民品质培养出了规模庞大、世界独一无二的农民工队伍，支撑了我国经济三十多年的快速、稳定增长，成就了今天的幸福生活。

核心理念

"仁、义、礼、智、信"是中华民族传统美德的核心价值理念和基本要求。"仁"，指同情、关心和爱护等心态，即"仁爱之心"。"义"，指正当、正直和道义等气节，即"正义之气"。"礼"，指礼仪、礼貌和礼节等规矩，即"礼仪之规"。"智"，指辨是非、明善恶和知己识人等能力，即"智谋之力"。"信"，指诚实守信、坚定可靠、相互信赖等品行，即"诚信之品"。传统美德是中华民族特有的文化基因，在经济全球化程度加深，多种文化激荡碰撞背景下，更具有普世价值，是地球村居民和谐相处的基石。

乡村道德

与人口流动性强、职业种类多的城市不同，农村社会长期稳定，成员从事基本相同的职业（农业），具有相对一致的生活方式和风俗习惯，并由此产生地缘关系、认同意识和行为。农村社会成员之间不仅彼此熟悉，往往具有血缘关系，重视伦理、亲情等传统价值观念，因而道德、风俗和舆论对个体行为的规范力甚至强于法律、法规。在这种相对单一、稳定的条件下，农村社会孕育、发展并延续了以人情为价值基础的乡村道德。它以天人合一、忠孝诚信、邻里互助、谦和礼让、安居乐业等伦理道德为主要内容，以村庙信仰、风俗习惯、文体娱乐、生活方式为延续载体，最贴近农村生活，最为农民熟悉，最为农民认同。乡村社会借以形成了与城市比肩并行的、具有独特个性的文化习俗和价值观念。

乡村危机

近年来，我国乡村发生了巨大改变，农民生活水平得到整体改善，过上了吃穿不愁的小康生活。但在乡村社会内部，靠不成文的乡规民约、乡邻道德约束的"熟人圈子"里，正发生一场深刻变革。农业劳动力向城市的流动汇集，商业大潮下的重利轻义，以及城镇化生活方式的冲击，拆分、动摇了乡村社会结构，使得原本无处不在的乡村道德约束逐渐松弛、异化，传统道德文化遗产逐步丢失。在个别地区，赖以维系乡村秩序的传统伦理轰然崩塌，金钱至上、唯利是图、炫富摆阔、享乐主义等低俗、落后观念借机膨胀，主导了村民行为，带坏了社会风气，乃至出现了"造假村"等极端案例。乡村道德是乡土中国的价值核心，建立一种适应现代社会经济发展的生活方式和伦理价值，使乡村社会成为农民安居乐业的地方，农民过上有尊严、有操守、有品位的精神生活，是新时期乡村道德建设的重要目标。

▲ **夜曲**　　刘志德

　　著名农民画家刘志德借鉴剪纸艺术，以变形手法，用纯色深蓝底色，配以中蓝、浅蓝、留白，勾画了一位农家母亲的夜织图。夜已深，勤劳的母亲在忙碌了一天后仍不肯休息，坚持织完这一匹布，尽量多赚一些，补贴家用或供养孩子读书。吊灯下，摇篮中笑靥如花的宝贝，踢腾着莲藕般胖乎乎、肉墩墩、白嫩嫩的小腿，正给她带来不尽的欢喜、无穷的动力和美好的希望。

文学说画

　　如今，我一听见"嗡儿，嗡儿"的声音，脑子里便显出一弯残月来，黄黄的，像一瓣香蕉似的吊在那棵榆树梢上；院子里是朦朦胧胧的，露水正顺着草根往上爬；一个灰发的老人在那里摇纺车，身下垫一块蒲团，一条腿屈着，一条腿压在纺车底杆上，那车轮儿转得像一片雾，又像一团梦，分明又是一盘磁音带了，唱着低低的无穷无尽的乡曲……

　　这老人，就是我的母亲，一个没有文化的，普普通通的山地小脚女人。

　　……七年里，家里只有母亲，我，和一个弟弟、两个妹妹。没有了父亲的工资，我们兄妹又都上学，家里就苦了母亲。她是个小脚，身子骨又不硬朗，平日里只是洗、缝、纺、浆，干一些针线活计。现在就只有没黑没明地替人纺线赚钱了。……我瞧了母亲一天一天头发灰白起来，心里很疼，每天放学回来，就帮她干些活：她让我双手扩起线股，她拉着线头缠团儿；一看见她那凸起的颧骨，就觉得那线是从她身上抽出来的，才抽得她这么般的瘦；尤其不忍看那跳动的线团儿，那似乎是一颗碎了的母亲的心在颤抖啊！

　　我说："妈，你歇会儿吧。"她总给我笑笑，骂我一声："傻话！"夜里，我们兄妹一觉睡醒来，总听见那"嗡儿，嗡儿"的声音，先觉得倒中听，低低的，像窗外的风里竹叶，又像院内的花间蜂群，后来，就听着难受了，像无数的毛毛虫在心上蠕动。我就爬起来，说："妈，鸡叫二遍了，你还不睡？"她还是给我笑笑，说："棉花才下来，正是纺线的时候，前日买了五十斤苞谷，吃的能接上秋了，可秋天过去，你们又是一个新的学期呀……"

（贾平凹《纺车声声》）

▲ **收获**　　白绪号

　　勤劳是指辛勤地劳动，将劳动视为生活的源泉，也是人生最重要的价值体现。劳动不仅是生存的目的，而且是一种人生态度，是人的天职。我国人多地少，"强劲的体力多于良田"，更需要勤劳付出才能生存和积累财富。中国农民可以说是世界上最为勤劳的群体之一，他们推崇有劳有得，多劳多得，将勤扒苦做、起早贪黑视为高尚的、为人称道的行为；他们鄙视不劳而获，好逸恶劳，视游手好闲、好吃懒做、偷懒耍滑为耻辱。我国经济能保持三十多年的奇迹式高速发展，离不开政策的爽朗宏阔、资本的涌入扩增、科技的革新进步，而数以亿计的农民工也贡献卓著。在一定程度上，农民工的勤劳和付出构成了经济竞争力的一个主要来源。今天无比美好的幸福生活，离不开他们的吃苦耐劳、坚韧顽强和牺牲精神。哪有什么岁月静好，不过是有人为你负重前行。

文学说画

　　那是麦子扬花油菜干荚时节，刚交农历四月，节令正到小满，脱下棉衣棉裤换上单衣单裤的庄稼人仍然不堪燥热。午饭后，秉德老汉叮嘱过长工鹿三喂好牲口后晌该种棉花了，就躺下来歇息会儿。每天午饭后他都要歇息那么一会儿，有时短到只眨一眨眼睛眯盹儿一下，然后跳下炕用蘸了冷水的湿毛巾擦擦眼脸，这时候就一身轻松一身爽快，仿佛把前半天的劳累全都抖落掉了；然后坐下喝茶，吸水烟，浑身的筋骨就兴奋起来抖擞起来，像一匹一匹拧紧了发条的座钟；等得鹿三喂饱了牲口，他和他扛犁牵马走出村巷走向田野的时候，精神抖擞得像出征的将军。整个后晌，他都是精力充沛意志集中于手中的农活，往往逼得比他年轻的长工鹿三气喘吁吁汗流浃背也不敢有片刻的怠慢。他从来不骂长工更不必说动手动脚打了，说定了的身价工钱也是绝不少付一升一文。他和长工在同一个铜盆里洗脸坐一张桌子用餐。他用过的长工都给他出尽了力气而且成了交谊甚笃的朋友，满原都传诵着白鹿村白秉德的佳话好名。

（陈忠实《白鹿原》）

▲ **业大更勤俭**　张林

　　一群大黄牛，两只小牛犊，生产队老饲养员正传授编牛笼嘴手艺，身旁是编好的牛笼嘴和筛筐。生产队牲畜兴旺，家业宏大，但还不忘记勤俭节约、自力更生的传统。物质贫乏时代，就地取材，利用柳条、秸秆、谷穗和竹子，依靠灵巧的双手，制作出生产、生活工具，是再自然不过的事。物尽其用，不竭物力，勤俭持家，这对于物质极大丰盛，却因掠夺式开发而资源、环境承载逼近极限的今天，仍有很强的启示意义。俭可清心，使人不生贪念。俭可生勤，使人艰苦攀登。俭可致和，使人乐群爱众。

　　1984年夏天的一个傍晚，刘知贵在为老父亲洗脚。天气闷热，不多时便汗流浃背。这时，小儿子拿了一条毛巾，也学着他，为爸爸擦脊背。旁边，一只母鸡叨了小虫子在喂小鸡。这就是本幅画的生活来源。

　　富贵难过三代。仅传递物质财富给后代是短浅的，鲜有人能抵挡纸醉金迷的诱惑，再多钱财也会被挥霍。不如言传身教，传递诸如仁爱、孝顺、俭朴、勤劳等精神财富，浸染着后人向善向美，自强不息。精神财富的传承，显然比物质财富的传递更经久不衰。

◀ **爷儿孙仁**　刘知贵

（四）时代精神

时代精神是一个时代的人们在社会发展活动中体现出来的精神风貌和优良品质，是该时代特有的普遍精神实质。它蕴含着社会新的发展方向、新的价值追求和新的思维方式，是激励民族复兴、国家崛起的强大精神动力；而体现着时代精神的英雄们则主宰着同时代人民大众的视野。

在新民主主义革命时期，共产党人表现出了救亡图存的爱国主义精神，顾全大局的集体主义精神，全心全意为人民服务的奉献精神，理论联系实际、开拓创新的求真务实精神，奏出了救国图强的时代最强音。中华人民共和国成立后，我国人民继承和发扬了老一辈革命家的优良传统，涌现出大量模范人物，并积淀为中华民族的宝贵精神财富。当前，以改革创新为核心的时代精神正引领着民族复兴的伟大实践。

让我们回顾一下20世纪五六十年代的主要时代精神，在追忆英雄模范的丰功伟绩和高尚情操中重温中华人民共和国伟大的现代化征程，为实现中国梦的伟大实践注入精神力量。

（1）**北大荒精神**。20世纪50年代末，解放军10万转业官兵开赴北大荒[①]屯垦戍边。经过三代人的艰苦创业，建成了我国耕地规模最大、机械化程度最高的国营农场群，成为国家重要的商品粮基地、农产品加工出口基地，即举世闻名的"北大仓"。从中形成了"艰苦奋斗、勇于开拓、顾全大局、无私奉献"的北大荒精神。

（2）**红旗渠精神**。20世纪60年代，河南林州十万人民苦战十个春秋，在太行山悬崖峭壁上架设渡槽，开凿隧洞，修建各种建筑物12 408座，挖砌土石达2 225万立方米，修建了总干渠长70.6公里，干渠、分干渠长304.1公里的"人工天河"——红旗渠灌溉工程，结束了十年九旱、水贵如油的苦难历史，孕育出了"自力更生、艰苦创业、团结协作、无私奉献"的红旗渠精神。

（3）**大庆精神**。20世纪60年代初，我国在大庆开展艰苦卓绝的石油会战，仅用3年时间，建设成了世界级特大油田，一举甩掉了"贫油"的帽子，实现了原油自给。大庆精神的实质是：为国争光、为民族争气的爱国主义精神；独立自主、自力更生的艰苦创业精神；讲求科学、"三老四严"[②]的求实精神；胸怀大局、为国分忧的奉献精神。

（4）**雷锋精神**。雷锋（1940—1962），一个平凡而伟大的共产主义战士。雷锋精神的实质是：忠于共产主义和社会主义事业，毫不利己，专门利人，全心全意为人民服务，把有限的生命投入到无限的为人民服务之中去。周总理对雷锋精神作了精辟概括：憎爱分明的阶级立场，言行一致的革命精神，公而忘私的共产主义风格，奋不顾身的无产阶级斗志。

（5）**"两弹一星"**。在20世纪50年代，为打破超级大国的核讹诈、核垄断，党中央和毛主席果断决定研制"两弹一星"（原子弹、导弹和人造卫星）。经过几代人的不懈努力，中国已成为少数独立掌握核技术和空间技术的国家之一，极大激发了民族自信心和自豪感，鼓舞了建设社会主义强国的热情和斗志。在此过程中形成了"热爱祖国、无私奉献，自力更生、艰苦奋斗，大力协同、勇于登攀"的"两弹一星"精神。

---

①指20世纪50年代黑龙江北部的三江平原、黑龙江谷地、嫩江流域等广袤的荒芜地区。
②对待革命事业，要当老实人，说老实话，办老实事；对待工作，要有严格的要求，严密的组织，严肃的态度，严明的纪律。

▲ 老书记　　刘志德　　　　　　　　　　　▲ 女书记　　刘志德

　　新中国成立了，农民翻身解放，有了土地，成了掌管自己命运的主人。压抑千年的热情、创造力突然迸发，理想世界、美好家园的建设如火如荼。生活水平蒸蒸日上，精神面貌焕然一新。淳朴、厚道的农民自然饮水思源，不忘带路人。

　　《老书记》和《女书记》是描写党员先锋模范的姊妹篇。这两幅画作中，刘志德满怀深情和敬意，以细腻的笔触刻画了两位可亲可敬的党支部书记形象。一位是利用下工休息时间认真学习的老书记，一位是在刚竣工的泵站工地与群众研究下一个水利工程实施的女书记。画面朴实无华，饱满细腻，真实刻画了当时奋战在新中国各条战线上冲锋在前，与群众同甘共苦，带领群众改天换地的党员模范，在全国范围内引起强烈的共鸣，成为农民画的经典。

　　刘志德本身就是一位村党支部书记。他在回忆录中写道："在秦三任支部书记的14年里，我始终坚持白天和群众一起下地劳动，风里来雨里去，工闲、雨天、晚上加班加点搞创作。好多次为了构思一幅作品，直到晚上三四点才合眼，饿了啃几口馒头，渴了就喝点凉水，第二天早上五六点又从炕上爬起来，和群众一道拉石头修太河。"正是有了这样生产一线的亲历实践，刘志德才能准确把握对象的内心世界，表达出对党的基层干部拥戴热爱的真情实感。"老书记""女书记"既是他崇敬的领导形象，也是他心理历程的真实写照。

文学说画

　　披着灰制服棉袄站在这里的，是下堡乡一个棱角四方四正的共产党人，尽管他言谈举动不引人注目。即使在工作成功的时候，卢昌明也不赞成夸大个人的作用；在工作失败的时候，还在侈谈个人的作用，只有掩盖自己的缺点或错误的人，才这样做。作为中共下堡乡支部书记，接触的人多，他有观察这号人心理的经验。

　　卢昌明和郭振山一般年纪，比郭振山身量低，外表显得平常、渺小。支书穿着脱离生产干部的制服，也不能改变他庄稼人的体形——粗大的手，一尺的脚，出过力的胳膊和腿，微驼的背和被扁担压松弛的肩膀。中国有几百万、几千万这样的同志，他们穿上制服、毛呢料子衣服，还是那么和蔼可亲，平易近人，不会装腔作势。他们联系过和继续联系着不知其数的群众。

（柳青《创业史》）

出征 ▶
刘栓芹

治河大军 ▶
韩长水

　　中华人民共和国成立后一穷二白的家底，决定了在强国富民的征程中，必须苦干实干，拼命硬干。"世上无难事，只要肯登攀。""发扬一不怕苦二不怕死的革命精神。"时代需要英雄，时代造就英雄。巾帼不让须眉，在建设新家园的征途上，姑娘们也绝不甘人后，争做英雄模范。昂首阔步，自信潇洒，乐观开朗，活泼可爱。战天斗地出来的气质，岂是当下那些在男士面前矫揉造作、野蛮撒泼的所谓女汉子能比？时代英雄们留给后代的，不仅是旱涝保收的农田水利设施，还有集体至上、团结合作、乐于奉献的集体主义精神，以及迎难而上、英勇无畏、血战到底的拼搏实干精神，成为今日民族复兴、中国圆梦伟大实践的主要依靠。

▲ **团结战斗**　高智民　解昌昌

　　这幅画反映了20世纪六七十年代我国开展大规模水利建设的场景。画中共有722人，场面壮观，气氛热烈。清理河道，加固堤坝，车运人拉，肩挑手搬。不同工种各司其职，协同合作，井然有序，充分展示了集体的强大和优越性。

　　新中国成立之初，偌大的国土上只有22座大中型水库和一些塘坝、小型水库。1955年10月，农业合作化运动在农村迅速推进，使组织农民进行大规模农田水利建设成为可能。1970年，各地大兴农业学大寨运动，把水利建设与农田整治结合起来，再次掀起农田水利建设高潮。据统计，截至1979年，全国共建成了大中小型水库8万多座，开掘、兴建人工河道近百条，新建万亩以上灌区5 000多处，面积达到8亿亩，是1949年的3倍，至此基本建成了全国农田水利系统。

　　新中国成立后30年我国农田水利事业取得的巨大成就，源自人民公社"政社合一"的管理模式和集体经济所具备的强大人员发动能力，更与国家高度重视水利建设密不可分，是"集中力量办大事"的社会主义优越性的最佳体现之一。如今，这些主要靠肩挑人拉建设的水利设施仍在发挥巨大的作用，并将继续惠及子孙后代。

第3节　户县农民画

底蕴深厚

户县是西安西南一个人口近60万的郊县，历史悠久，文化厚重。天桥乡丈南村遗址出土的炭化粳稻，说明距今6 000年前先民已在此启动稻作文明，繁衍生息。夏为有扈氏国，商为崇国，周作丰邑于斯，秦改"扈"为"鄠"，秦孝公置县后历代相沿。1964年国务院批准改"鄠"县为"户"县，2016年改为"鄠邑区"。户县古称"陆海"，谓其自然资源丰富。地处古都长安近郊，为周秦汉唐京畿之地，秦汉时为皇家上林苑属地。文物古迹散布全境，有兆伦铸钱遗址、草堂寺鸠摩罗什舍利塔、公输堂、重阳宫祖庵碑林、化羊庙东岳献殿等5处全国重点文物保护单位。

户县背倚秦岭，境内风景如画，有紫阁峰、橡山、万花山、圭峰山、冰晶顶、高冠瀑布、彩虹瀑布等山川形胜，以及"渼陂泛舟""草堂烟雨"等古代长安的著名人文景观，吸引了李白、杜甫、白居易、岑参、贾岛、温庭筠、杜牧、韦庄、苏轼、程颢、王心敬等历代名士前来游玩，留下大量诗词名篇。"云淡风轻近午天，傍花随柳过前川。时人不识余心乐，将谓偷闲学少年。"这首《春日偶成》为宋代著名理学家、时任鄠县主簿的程颢在春日郊游时即景生情而作，是古时幼学启蒙诗歌读本《千家诗》的第一首，语调明快，畅爽清新，透露出平淡自然的务实精神和闲适恬静的高雅情怀。

画乡典范

户县是我国首批"中国现代民间绘画之乡"。户县农民画诞生于20世纪50年代末，得益于关中传统的剪纸、壁画、年画、刺绣、布艺、箱画、庙画等民间艺术滋养，不断提高、创新、升华、成熟，逐步走出户县，走向全国，走向世界，成为全国影响力最大的农民画乡之一，被视为中国农村文化建设的典型。

在户县2 300余名的农民画作者队伍中，骨干作者有300余人。先后涌现出了李凤兰、刘志德、刘知贵等一批著名农民画家，创作出了《老书记》《春锄》《公社鱼塘》《业大更勤俭》《顺风》《洗布》《吉日》和《看戏》等一批农民画精品。《老书记》《春锄》等6幅农民画作品制成邮票在全国发行，60多幅作品被制成挂历或印成画册、年画在全国发行，多幅农民画作品被编入美术教材。9 000多件应邀到日本、美国、澳大利亚、加拿大、英国、瑞典、法国、挪威、丹麦等68个国家和地区展出，被国际友人和国外博物馆收藏，还被作为礼品馈赠外国元首。这些成绩的取得，奠定了户县在全国民间绘画画乡的龙头地位。

发展历程

20世纪50年代末，户县文化馆先后举办了太平炼铁、甘峪水库等10期美术培训班，参加培训的农民近百名，标志着户县农民画从此诞生。该时期户县农民画艺术表现手法以漫画、单线平涂为主，构图饱满、色彩艳丽，人物造型淳朴稚拙，表现形式浪漫夸张，主题思想淳朴真挚。

1970年开始，户县农民画相继参加省市及全国美术展览。1973年12月开始305幅户县农民画先后在哈尔滨、合肥、上海等全国八大城市巡回展出，参观人数超过200万，为全国农民画发展起到了极大的推动作用。该时期户县农民画在美术专家的指导下，艺术风格基本界定在国画、年画、版画等专业范畴内，创作主题以为社会主义生产建设服务为主，画面追求人物造型准确精练。在"画记忆、画现实、画理想"的朴素理性指导下，农民画家以自身的民间艺术积淀，画出了有情节、有场景，反映农民生产生活，思想感情和理想追求的历史画卷，忠实记录了时代变迁。

1980年开始，户县农民画开始向民间美术学习，吸收剪纸、刺绣、布艺等民间艺术营养，提倡多种风格、多种形式的艺术表现，从此走向了现代民间艺术的发展道路。艺术风格主观色彩浓厚，造型夸张，画面稚拙欢快，更加注重表情达意，题材更加贴近生活，反映时代，在色彩、构图、内容和表现形式上都显得更丰富，更完美，更具有地方特色，彰显时代精神。

2013年以来，近300幅户县农民画被中宣部、中央文明办作为公益广告，以围挡、电子屏和广告牌等方式出现在全国各地的广场、机场、宾馆、地铁站、建筑工地。这些户县农民画的精选画作，以描绘讲文明树新风、社会主义核心价值观、"中国梦"为主题，带着浓墨重彩的地方特色，书写着进入21世纪以来我国农村的新生活、新气象，成为传播正能量、弘扬社会主义核心价值观的重要媒介。户县农民画以淳朴自然的农耕生活和道德风尚，在不经意间滋养了当代人的心田。

辅导老师

户县农民画的发展、壮大，与丁济棠、刘群汉、王志杰、刘志德、刘知贵、索志俊、印宗斌、雒志俭、仝延魁和王文吉等一大批辅导者的无私奉献密不可分。他们不仅在选材、构图、用笔、着色等方面予以具体指导，提高农民画家的绘画技艺；更以其高尚的人格和宽广的胸怀引导着农民画家将个人兴趣爱好与国家、社会需求紧密结合，丰富、完善他们的艺术人生。丁济棠先生等一大批乐于奉献、不辞劳苦的辅导者，引领了户县农民画在艺术道路上沿着正确的方向前进。但是，随着年龄的增长，老一代辅导者纷纷隐退，农民画在艺术道路上失去了引路人，艺术水平长期停滞不前，甚至出现了粗制滥造等问题。这也从一个侧面凸显了德艺双馨的辅导者在农民画发展中的关键作用。

独特价值

户县农民画根植于关中平原这一我国古代农耕文明的重要发源地，以其全景覆盖的三农题材，五色斑斓的艺术表达，绘就了一幅发生在典型农业大县土地上波澜壮阔而又细腻深情的历史长卷，具有独特的历史学、社会学、文学和科学价值。

（1）历史学价值。户县农民画具有工笔写实的艺术特点，用朴实的绘画语言生动记录了农村生活、农业生产和农民精神风貌的方方面面。作品繁多，时间跨度大，完整覆盖了中华人民共和国成立至今各个时期和发展阶段，具有十分珍贵的史料价值。特别是在20世纪60~70年代，黑白照相尚很少见，彩色照相机更加稀罕的情况下，五彩缤纷的农民画无疑为中国农村、农业历史研究提供了系统、鲜活的珍贵档案。

（2）社会学价值。户县所处的关中平原，是中华文明的发源地，历史积淀厚重，民风朴实醇厚，农耕文化发达，是我国农村社会的代表。另一方面，户县位于西安都市发展的辐射区，其农业发展受到工业化、城市化的强烈影响，农业发展方式、经营管理模式、农业劳动力转移、耕地保护利用和环境污染治理等问题较为突出，是研究新形势下城市与乡村、农业与其他产业之间关系的代表性样点。

（3）文学价值。户县农民画中的农耕文明历来也是重要的文学题材，见诸于《诗经》《史记》、唐诗宋词等古典文学作品，是《创业史》《白鹿原》等当代文学名著的精神内核，也是电视、平面和网络等各种媒体的热议话题。农民画与文学作品同样根植于传统文化，血脉相同，骨肉相连，具有内在的情感联属。画未尽意文来解，文嫌不足画可说。文与画彼此映衬，相互激发，能立体地、多层次地还原传统农耕的真实状态、风貌，深刻解读其现实意义。

（4）科学价值。户县位于我国南北气候的交界带，南方、北方农业生产方式在此汇聚、融合。既有南稻北麦、五谷杂粮，又有旱地水田、山林池沼，基本涵盖了我国农业生产的主要方面。户县更是农业生产大县、先进县和典型县，先后被国家授予"中国户太葡萄之乡""中国同兴西瓜之乡""全国粮食生产大县""全国瘦肉猪基地县"等荣誉称号。在一定程度上，户县是我国农业的缩影，极具代表性。以农民画呈现的户县农业生产为案例，开展"解剖麻雀式"的个案分析，是深入研究、理解我国农业科学技术的最佳窗口。

▲ **草堂烟雨**　　张青义

　　处于周秦汉唐等13个王朝京畿之地的户县，自古就是令人神往的旅游胜地，有"户县八景""甘亭十二景"之说。其中草堂烟雨最为著名，与华岳仙掌、骊山晚照、灞柳风雪、雁塔晨钟、曲江流饮、咸阳古渡和太白积雪并称为古代"长安八景"。

　　"烟雾空蒙叠嶂生，草堂龙象未分明。钟声缥缈云端出，跨鹤人来玉女迎。"清代诗人朱集义生动描绘了草堂烟雨这一奇观。草堂寺位于终南山太平峪口，周围稻田棋布，竹树茂密。每逢秋冬晨昏，水汽升腾，烟雾空濛；或遇冷风激荡，烟雨霏霏，终南诸峰，一片暝曚，似在虚无缥缈之中。草堂烟雨以其绮丽梦幻，妖娆秀美，成为古长安文人雅士向往的风景名胜。

　　"山近觉寒早，草堂霜气晴。树凋窗有日，池满水无声。果落见猿过，叶干闻鹿行。素琴机虑静，空伴夜泉清。"温庭筠曾游历的草堂古寺，还以鸠摩罗什译经地而著名。鸠摩罗什是我国历史上著名的高僧和翻译家。后秦弘始三年（401年），他自西域龟兹来到草堂寺，汇集3 000余人大规模校译梵文经典。这是我国第一次用汉字大规模翻译佛经，共译出97部，计427卷。其中，《维摩诘经》简洁晓畅，妙义自然，被认为是中国文学的瑰宝之一；《金刚经》《心经》《妙法莲华经》等经典，深受信众喜爱而流传至今，极大推动了佛教传播。时至今日，在东方世界，据说没有一场佛教仪式中不使用鸠摩罗什所译的经文。

20世纪70年代的户县农民画以写实为主要特征，在刘文西、王有政、亢珑、高民生、郭全忠、程征等专业画家的指导下，农民画作者的技艺得到显著提升，造型更加准确精练。在"画记忆、画现实、画理想"的朴素理念指导下，创作出了《农村供销社》等一大批反映当时农村生活、农业生产和农民精神面貌的佳作，全方位、多角度真实记录了尚处传统农业阶段的中国农村面貌，为后世研究提供了珍贵的素材。

▲ 农村供销社　　葛正民

文学说画

　　农历三月三日逢着庙会的漕渠村，展示着一个纯粹属于农民的世界。……绝大多数尤其是中年以上的农民，几乎没有任何修饰，与拥挤着的同类在街巷里拥挤。在这里，没有谁会在乎衣服上的泥巴和皱褶，没有谁会讥笑一个中老年人脸上的皱纹、蓬乱的头发和荒芜的胡须。女人们总是要讲究一些的，中老年女人大都换上了一身说不上时髦却干净熨帖的衣裤。偶尔可见描了眉涂了唇甚至在黑发上染出几缕黄发的女孩子，尽管努力模仿城市新潮女孩的妆饰打扮，结果仍然让人觉得还是乡村女孩。无论男人或女人，无论年龄长者或年轻后生，无论修饰打扮过或不修边幅的，他们都很兴奋，又都很从容自信，在属于他们的这个世界里，丝毫也看不到他们进入城市在霓虹灯下、在红地毯上、在笔挺的西装革履面前的拘束和窘迫。他们如鱼得水。他们坦荡自在。他们构成他们自己的世界。

　　我在这条长长的街道里和支支岔岔的小巷里随着拥挤的人流漫步。我的整个身心都在感受着这种场合里曾经十分熟悉而毕竟有点陌生了的气氛。这种由纯粹的农民汇聚起来的庞大的人群所产生出来的无形的气氛和气场，我可以联想到波澜不兴却在涌动着的大海。我自然联想到我的父辈和爷辈就是构成这个世界的一员或一族。我向来不羞于我来自这个世界、属于这个世界、壮大于这个世界，说透了就是吮吸着这个世界的气氛感应着这个世界的气场生长的一族。我现在混杂在他们之中，和他们一起在漕渠村的大街小巷里拥挤，尽管我的穿着比他们中的同龄人稍微齐整一点，这个气场对我的浸淫和我本能似的融入，引发了我心里深深的激动。这一刻，我便不由自主地自我把脉，我其实还是最容易在这个世界的气场里引发心灵悸颤的。

（陈忠实《漕渠三月三》）

中华人民共和国成立初期，受制于化肥、品种以及水利设施，粮食单产水平低而不稳，通过垦殖、开荒扩大土地面积是粮食增产的主要措施。为此，户县瞄准了荒山滩地，改田治河，变旱地为水田，改山坡为梯田，调动数以万计的青壮年劳力开展了持久的农田水利建设。

农民画的诞生、发展与大规模群众性农田水利建设密切相关。在治理涝河、太平河、曲峪河，修筑宝鸡峡水利工程等建设现场，农民画作者白天开山炸石，拉车运土，敢叫山河换新颜；晚上则参加工地美术训练班，尝试用朴实的画笔反映工地生产生活，赞美劳动大场面，歌颂大无畏的英雄，为建设新家园的兄弟姐妹加油鼓劲。正是根植于人民群众改天换地的伟大实践，农民画家才有了此气壮山河的胸襟视野，创作出大批有着极强生命力、感染力的优秀作品，经久流传，让我们在驻足凝眸之际，穿越时空，回到那个热情似火的纯真年代，心潮澎湃，顿生豪迈。

与前辈画家相比，当代青年农民画家普遍缺乏深厚的农村生活积淀和传统艺术熏陶，作品人文底蕴不足，生活气息不浓。回顾老一代画家的艺术之路，对尚处在艺术风格形成期的新生代画家无疑具有很强的启示意义。

连续作战　刘栓芹 ▶

第2章
植物生产

　　植物生产是以土壤为基质，利用植物光合作用，将二氧化碳、水、氮、磷和钾等无机物合成碳水化合物、蛋白质和脂类等有机物，并将太阳能转化为化学能贮藏其中的生产部门。植物生产在狭义上指种植业，即大田作物、园艺作物的生产部门，广义上还包括林业。

　　本章以种植业为主，首先概述植物生产基础知识（第1节），接着按照生产门类介绍水稻、小麦等主要作物的种属分类、起源演化、世界分布、国际贸易、经济价值、国内生产情况及相关文化习俗。内容包括：大田作物（水稻、小麦、玉米、大豆、棉花、油菜、马铃薯、甘薯、谷子、高粱和杂豆，第2～12节）；水果，以苹果、柿、西瓜和葡萄为例（第13～16节）；蔬菜（概论，第17节），以辣椒为例（第18节）；花卉（概论，第19节），以莲为例（第20节）；药用植物（第21节）；嗜好作物，以烟草（第22节）和茶叶（第23节）为例。

　　本章以植物生产门类为依据选取44幅佳作，基本涵盖了当前我国农业生产的主要作物种类，力求展示植物生产的总体风貌。关注科学细节，以画为载体，科学解读画面背后的植物生产基础知识。以户县为案例，通过事实和数据精细剖析我国植物生产的历史变迁和演化动力。选择其中21幅画做了文学解读，借助唐诗、宋词名篇，吴伯箫、柳青、陈忠实、叶广芩、贾平凹、李佩甫、高建群等的经典作品，以及《舌尖上的中国》等电视文学素材，发掘植物生产相关的历史文化内涵，加深对传统农耕文明的理解。

第1节 概　述

植物生产是以土壤为基质，利用植物光合作用，将二氧化碳、水、氮、磷和钾等无机物合成碳水化合物[1]、蛋白质和脂类[2]等有机物，并将太阳能转化为化学能贮藏其中的生产部门。在狭义上指种植业，广义上还包括林业。本章以种植业为主，介绍植物生产的基本情况。种植业是大田作物、园艺作物的生产部门。大田作物包括：①粮食作物。主要有水稻、小麦、玉米等禾谷类作物，大豆、蚕豆、红小豆等豆科作物，以及甘薯、马铃薯、木薯等薯类作物。②经济作物。主要有棉花、大麻、亚麻等纤维作物，油菜、花生、向日葵等油料作物，甜菜、甘蔗等糖料作物，以及烟草、茶叶、咖啡等嗜好作物。③饲料和绿肥作物。如苜蓿、紫云英、草木樨、青贮玉米等。园艺作物包括蔬菜、花卉和果树。

种植业的重要性

农业是国民经济的基础，而种植业更是农业的基础。我国种植业历史悠久，在农业中的比重较大，约占半壁江山。种植业的重要性体现在其产品对国家安全、居民生活的基础支撑作用，也体现在它与大农业其他产业部门之间的关系。

（1）**种植业在国家粮食安全中居于核心地位。**粮食安全是社会、经济持续稳定发展的根基，是应对复杂国际环境、保持民族独立的物质基础。水稻、小麦、玉米等粮食作物生产是种植业的主体，常年播种面积约为14亿亩，占我国耕地总面积2/3左右，吸纳了近90%的农业劳动力，生产出6亿吨以上的粮食，使温饱不再成为困扰中华民族的首要问题。这些巨大贡献凸显了种植业在国家长治久安中的核心地位。

（2）**种植业是居民生活质量提高的物质保障。**我国正处在全面建设小康社会的关键阶段，对生活质量有了更高的追求。在饮食结构上，新鲜蔬菜、水果的比重显著增加，茶叶、枸杞等健康营养品需求旺盛；在生活环境上，花卉、草坪正越来越多地应用于居住、办公场所的空间美化。蔬菜、果树、花卉、茶园等种植业部门的重要性愈发突出，发展前景广阔。

（3）**种植业是支撑大农产业的基础部门。**畜牧业和渔业在实质上是通过动物的生命活动将固定在植物性产品中的太阳能进一步转化为高能量的动物性产品。种植业为畜牧业和渔业提供饲料，是畜禽、鱼类生长发育所需营养、能量的主要来源。在这种意义上，种植业是整个农业产业链的首要环节。另一方面，随着畜牧业集约化程度加强，局地产生的大量畜禽粪便无法及时处理而产生严重的环境问题，其最终的解决还要依赖种植业广阔的农田。因此，种植业在现代农业体系中还是畜牧业的废物处理工厂。

种植业面临的问题

当前，我国种植业的内部动因和外部环境正发生深刻变化，在品种结构等内部因素以及国内外市场、居民消费、资源环境、行业竞争力等外部条件方面均面临不少困难和挑战。

（1）**作物品种结构不平衡。**小麦、稻谷口粮品种供求平衡，玉米出现阶段性供大于求，大豆供求缺口逐年扩大。棉花、油料、糖料等受资源约束和国际市场冲击，进口大幅增加，生产出现下滑。优质饲草短缺，进口逐年增加。

（2）**国内国际市场互动加强。**经济全球化和贸易自由化深入发展，国内与国际市场深度融合，资源要素和产品加速流动，国内农产品竞争优势不足，进口压力加大。

（3）**居民消费结构优质化。**经济的发展使城乡居民的支付能力和生活水平不断提高，消费者对农产品的需求由吃得饱转向吃得好、吃得安全、吃得健康，进入消费主导农业发展转型的新阶段。

（4）**资源环境约束加剧。**工业化城镇化快速推进，要占用耕地，挤压农业用水空间。耕地质量退化、华北地下水超采、南方地表水富营养化等问题突出，对农业生产的"硬约束"加剧，靠拼资源消耗、拼物质要素投入的粗放发展方式难以为继。

---

[1]碳水化合物，由碳、氢和氧等三种元素组成一大类化合物，因其氢、氧比例为2∶1，和水相同，故称为碳水化合物。包括淀粉（水稻、小麦、玉米等籽粒的主要成分），蔗糖（甘蔗、甜菜），纤维素（棉花、麻类）等具有重要价值的天然产物。

[2]脂类不仅包括通常意义上的植物油脂，还包括类脂，如糖脂、磷脂和胆固醇等。

　　（5）**行业吸引力不断降低**。种植业在农林牧渔总产值中的比重由1978年的80%下降到2014年的53.6%，对农业产业贡献率降低。2014年，我国农民人均纯收入达到9 892元，来自于农业的收入仅占1/4。农民收入主要依赖非农产业，农业尤其是种植业逐渐成为弱势行业。

　　种植业结构调整

　　为应对种植业面临的内外挑战，农业部制定了我国种植业结构调整规划，明确了未来种植业结构调整的工作重点，以期通过结构的优化促进种植业功能的强化和拓展，充分发挥其在社会、经济中的基础作用。

　　（1）**粮经饲协调发展的作物结构**。稳定棉花、油料、糖料作物种植面积，稳定蔬菜面积。重点调减以下地区的粮食作物面积：东北寒地低产区粳稻，长江流域双季稻产区籼稻，"镰刀弯"非优势产区籽粒玉米，华北、塔里木河流域地下水超采区的小麦。发展优质苜蓿和青贮玉米等饲草作物。

　　（2）**适应市场需求的品种结构**。优先发展优质稻米、专用小麦、"双低"油菜、高蛋白大豆、高油花生、高糖甘蔗等优质农产品。积极发展甜糯玉米、加工型早籼稻、高赖氨酸玉米、高油玉米、高淀粉马铃薯等加工型品种。发展有区域特色的杂粮杂豆，风味独特的小宗油料，有地理标识的农产品。

　　（3）**生产生态协调的区域结构**。建设东北平原、黄淮海地区、长江中下游平原等粮油优势产区。打造杭嘉湖平原、汾渭平原、河西走廊、河套灌区、西南多熟区等粮食生产功能区。建设东北大豆、长江流域"双低"油菜、新疆棉花、广西"双高"甘蔗等重要产品保护区。

　　（4）**用地养地结合的耕作制度**。东北冷凉区实行玉米大豆轮作，玉米苜蓿轮作，恢复调养地力。北方农牧交错区发展节水耐旱作物和牧草，防止水土流失。西北风沙干旱区改种耗水少的杂粮杂豆和耐旱牧草，提高水资源利用率。南方山地发展禾谷类与豆类、高秆与矮秆等间作、套种模式，有效利用光温资源。地下水漏斗区、重金属污染区、生态严重退化地区开展休耕试点。

第2节　水　稻

　　水稻，禾本科水稻属，栽培的水稻主要有亚洲稻（*Oryza sativa*）和非洲稻（*Oryza glaberrima*）两个种。水稻起源于中国，和玉米、小麦并称世界三大作物，是25亿以上人口的主食，为世界居民提供了20%的营养和能量。亚洲是最主要的水稻生产与消费区，产量占世界90%以上。2015全球稻谷面积1.61亿公顷，产量为7.40亿吨，中国和印度共占一半，其他主产国有印度尼西亚、孟加拉国和越南；平均单产为4.60吨/公顷，澳大利亚高达9.91吨/公顷。

　　水稻是维护国家粮食安全的重要战略物质，其国际贸易受到严格管控。2015年国际稻谷贸易量约4 000万吨，仅为总产的5%左右。主要出口国为印度、泰国、越南、巴基斯坦和美国，进口国为中国、沙特、伊朗、阿联酋、塞内加尔、科特迪瓦等。我国在2010年变为净进口国，主要从泰国和越南进口香米。世界稻谷市场规模小，出口国少而进口国家多，发展本国水稻生产是国家粮食安全的根本依靠。

　　品种类型

　　我国栽培稻主要有籼亚种（基本型）和粳亚种（变异型）两个亚种。籼稻主要分布于长江以南、四川盆地等亚热带地区。分蘖性较强，茎秆较高、软，叶片较大，叶色较淡，耐高温。籽粒细长，碾米时易碎，出米率低于粳稻。籼米的直链淀粉含量高于粳米，蒸煮时胀性大，出饭率较高，但米饭黏性弱，偏干，合乎南方居民口味，也适合做炒饭（扬州炒饭）、米线（过桥米线）和米皮（秦镇米皮）等。粳稻主产区是东北、江苏、浙江、安徽、台湾等地。茎秆较矮，叶片窄，深绿色，耐低温。籽粒短而粗，碾米时不易碎，出米率较高。粳米蒸煮时胀性较小，米饭偏黏、软而湿，口感较好，适合北方和长三角居民口味，主要用作蒸饭、抓饭（新疆手抓饭）。

　　根据稻米直链淀粉含量，籼稻和粳稻品种进一步细分为粘稻和糯稻。粘稻为基本型，直链淀粉含量多在15%～30%，米饭黏性小，胀性大。糯稻为变异型，直链淀粉含量很低，通常小于2%，米饭黏性大而胀性小。通常说的大米（籼米和粳米）属于粘稻，主要用于蒸煮米饭、稀粥，籼米还是桂林三花酒等米香型白酒的主要原料。糯稻（籼糯和粳糯）主要用于特色食品加工，如粽子、汤圆、年糕等，粳糯是绍兴女儿红等传统黄酒的主要原料。

经济价值

水稻具有高产、稳产特性，在现代粮食生产中占有重要地位。在水层条件下栽培水稻，既可满足其水分需求，还可通过灌溉、排水等水层管理措施调节土壤养分状况、田间小气候和土壤微生物活性，抑制病、虫、草害的发生，利于水稻生长。同时，水稻光合效率高，生物产量大，且茎叶等营养器官生长和穗子等生殖器官生长比较协调，收获指数[①]高达0.5～0.6，产量潜力大。

稻米淀粉含量约为85%～90%（去除水分），粒颗直径约为10微米，在所有谷物中最为细小，且粗纤维含量较低，仅为1%左右，能被迅速彻底消化，血糖响应较快，结肠发酵较低，不易发生腹泻。蛋白质含量约为7%～10%，多为易消化的谷蛋白，其生物价[②]高达77，居于谷物之首。与大豆、牛奶蛋白相比，稻米蛋白味道柔和，无刺激性，过敏性较低。因此，稻米是谷类食品中易消化、吸收，且不易引起过敏的优质食物，为各类婴幼儿营养米粉的首选原料。大米稀粥味甘性平，健脾养胃，是最具特色的中国式早餐。

稻谷还可作为酿酒、制糖、饲料等工业原料。米糠等碾米副产品可用作饲料，米糠油可作为食品和工业原料。碎米用于酿酒、提取酒精和制造淀粉、米粉。稻壳可做燃料、填料、抛光剂，可制造肥料和糠醛。稻草可用作饲料、牲畜垫草、覆盖屋顶材料及包装材料，还可制席垫、服装和扫帚等。稻草还是造纸的主要原料之一。皖南泾县出产的沙田长秆籼稻草，纤维性强，不易腐烂，容易自然漂白，是优质宣纸的最佳原料。

中国水稻

我国是世界上最早进行水稻驯化、栽培的国家。在浙江浦江上山、嵊州小黄山等新石器早期遗址中，出土了迄今发现最早的人工栽培稻米遗存，说明最迟在距今一万年左右，长江中下游地区已经开启了稻作文明。距今九千年的湖南澧县彭头山和八十垱遗址、距今八千年的河南舞阳贾湖遗址、以及距今七千年的浙江余姚河姆渡遗址中，出土了大量炭化稻米以及石铲、骨耜、石镰等农业生产工具，表明在远古时期我国稻作技术已取得了显著进步。秦汉时期，我国稻作主要为"火耕水耨"[③]式的直播栽培，稻田耕作极为粗放，产量低而不稳。"江南热旱天气毒，雨中移秧颜色鲜。""遥为晚花吟白菊，近炊香稻识红莲。"张籍、陆龟蒙的诗句反映了隋唐稻作的进步。该时期水田精耕细整、育秧移栽逐渐成为南方稻作的主流，加之晚稻品种、优质稻品种的优选、应用，水稻产量显著提高，取代粟成为全国第一大作物。稻作技术的革新加速了太湖流域等江南地区开发，推动了我国经济重心由黄河流域向长江流域的转变。

水稻是中华民族对人类最重要的贡献之一。起源于我国的水稻逐渐向外传播，成为世界三大主粮之一，养育了众多人口。"水满田畴稻叶齐，日光穿树晓烟低。黄莺也爱新凉好，飞过青山影里啼。""鹅湖山下稻粱肥，豚栅鸡栖半掩扉。桑柘影斜春社散，家家扶得醉人归。"先民的血液浸润着稻米的养分，稻作文化丰富着古人的物质生活和精神文化。中国稻作文化和稻田生态系统，是国际上最具特色的农耕文化和农田生态系统。世界文化遗产——红河哈尼梯田是我国稻作文化的代表，是哈尼族人民与哀牢山相融相谐、互促互补而成的农耕文明奇观。中国稻作文化内涵丰富，不仅表现为有形的农业景观、生产工具等，还包括精神上的神话传说、宗教信仰、诗词歌赋、生产习俗、生活方式乃至饮食文化等多方面，具有重要的历史文化价值。

中国是世界最大的产稻国。2016年我国水稻种植面积3 017.8万公顷，总产2.07亿吨，分别占全国粮食播种面积（1.13亿公顷）和总产（6.16亿吨）的26.7%和33.6%。水稻单产6.86吨/公顷，高于全国粮食平均单产（5.45吨/公顷），也高于玉米和小麦。我国60%左右的居民以稻米为主食，水稻生产在国家粮食安全中占有突出地位。稻谷的消费构成主要是口粮消费、饲料用粮消费、以及工业、种子和贮运损耗等其他消费，比例依次为85%、6%～8%、7%～9%。近年来，水稻生产呈现以下变化趋势：一是受劳动力转移等影响，南方双季稻面积下滑；二是随着北方"面改米"、南方"籼改粳"的推进，粳稻面积、杂交稻面积逐年扩大；三是东北水稻地位显著提升，总产约占全国的1/7，成为最重要的商品大米供应基地。

---

① 指经济产量（籽粒）与生物产量（茎秆、叶片和籽粒等器官重量总和）之比，反映籽粒在整个植株所占的比重。

② 每100克食物来源蛋白质转化成人体蛋白质的质量。

③ 一种原始的稻作方式。火耕，直接将稻种播撒到火烧后的田间。水耨，在水稻生长期间，不用中耕锄草，而是将水灌入田间以消灭杂草。

◀ **拔秧苗**　　杜志廉

　　"昆吾御宿自逶迤，紫阁峰阴入渼陂。香稻啄馀鹦鹉粒，碧梧栖老凤凰枝。"杜甫在《秋兴八首》中回忆了与岑参等友人在户县渼陂湖泛舟、吟诗、饮酒的快乐场景。香稻喂鹦鹉，啄之有余；碧树招凤凰，栖之安稳。诗中再现了渼陂物产丰美，一片开元盛世的太平景象。这组诗意象华贵，辞彩典雅，对仗精工，代表了杜甫诗歌的最高成就，是诗人一生思想情感和诗歌艺术的凝聚。

　　位于秦岭脚下的户县，曾有"小桥、流水、人家"的柔美，一派江南鱼米之乡风光。发源于秦岭的甘冽泉水，为水稻生产提供了不竭的水源。清代和民国时期，水稻面积约3万亩，后因气候变化，河泉流量骤减，水田面积不断减少，新中国成立初期约2万亩。1960年以后，一些稻区河水枯竭，改种旱地，至2005年全县尚有7 500亩。如今县域内再无稻田，稻花香里说丰年，已成为老稻农的回忆。

文学说画

　　现在离家几百里的生宝，心里明白：他带来了多少钱，要买多少稻种，还要运费和他自己来回的车票。他怎能贪图睡得舒服，多花一角钱呢？从前，汤河上的庄稼人不知道这郭县地面有一种急稻子，秋天割倒稻子来得及种麦，夏天割倒麦能赶上泡地插秧，只要有肥料，一年可以稻麦两熟。他互助组已经决定：今年秋后不种青稞！那算什么粮食？富农姚士杰、富裕中农郭世富、郭庆喜、梁生禄和中农冯有义他们，只拿青稞喂牲口；一般中农，除非不得已，夹带着吃几顿青稞；只有可怜的贫雇农种得稻子，吃不上大米，把青稞和小米、玉米一样当主粮，往肚里塞哩。生宝对这点，心里总不平服。

　　"生宝！"任老四曾经弯着水蛇腰，嘴里溅着唾沫星子，感激地对他说，"宝娃子！你这回领着大伙试办成功了，可就把俺一亩地变成二亩啰！说句心里话，我和你四婶念你一辈子好！怎说呢？娃们有馍吃了嘛！青稞，娃们吃了肚里难受，愣闹哄哩。……"

　　"就说稻地麦一亩只收200斤吧！全黄堡区5 000亩稻地，要增产100万斤小麦哩！生宝同志！……"这是区委王书记用铅笔敲着桌子说的话。这位区委书记敲着桌子，是吸引人们注意他的话，他的眼睛却深情地盯住生宝。生宝明白：那是希望和信赖的眼光……

（柳青《创业史》）

　　注：《创业史》故事的发生地在长安县，与户县毗邻，农业生产情况基本相同。上面这段话讲的是梁生宝要去买早熟的水稻品种，这样收获后就有足够生长天数让后季的小麦成熟，从而增加小麦这一细粮的总产。

谷粒声声 ▶
傅蕊霞

秦镇即秦渡镇，位于户县沣河西岸，土壤肥沃，盛产优质稻谷。"瓶中郿县酒，墙上终南山。"以稻米酿造的郿县黄酒兴盛于唐代，慰藉了白居易的隐逸情怀。在深厚久远的稻作文化熏陶下，农民画家以稻作为题材创作了《谷粒声声》等大量作品，描绘了旧时手工打稻子等生产场景。

秦镇最有名的是秦镇米皮，有"乾州的锅盔岐山的面，秦镇的皮子绕长安"之美誉。秦镇米皮制作包含泡米、磨浆、蒸制、刀切和调味等工序。选择上等籼米，清水浸泡，石碾碾成米粉，细箩子箩好。缓缓加水搅成米浆，加入精盐，用温水烫开，再加凉水制成米浆。在湿布上摊一薄层米浆，抹平，上笼用旺火蒸约10分钟。晾凉后，抹上菜油少许摞起。用近1米长、20厘米宽、重约5公斤[①]的专用大铡刀，左手抵住面皮，右手端起铡刀，刀头按住不动，一刀一刀切成条状。

吃时放入用开水焯过的绿豆芽、黄豆芽，配以香醋、辣椒油等调味。秘制的辣椒油和40多种佐料熬制的调和水，赋予了皮子独有风味。调制好的米皮，白中透红，红里透香，薄细筋柔，软嫩爽凉。再搭配肉夹馍、红豆稀饭，尽显底蕴深厚的关中风情。

秦镇米皮制作工艺 张青义 ▶

————————————
①公斤为非法定计量单位，1公斤=1千克。余同。——编者注

第3节 小 麦

小麦，禾本科小麦属多种作物的统称，通常指栽培最广的普通小麦（*Triticum aestivum*）。约公元前9 600年，中东的新月沃土地区开始栽培小麦，开启了麦作文明。小麦是世界三大粮食作物之一，种植面积居各种作物之首，是全球约35%人口的主食，提供约20%的热量和蛋白质。2015年世界小麦播种面积2.22亿公顷，单产3.32吨/公顷，总产7.37亿吨，中国、印度、俄罗斯、美国、法国生产了近一半。单产较高的国家有爱尔兰（10.67吨/公顷）和英国（8.98吨/公顷），中国为5.39吨/公顷，而美国只有2.93吨/公顷。

与其他粮食作物相比，小麦更耐存储，是最重要的国际贸易和援助粮食，贸易量占全球作物贸易总量的一半以上。2017年全球小麦总贸易量约为1.7亿吨。加拿大、美国、俄罗斯、法国为主要出口国，出口量均在2 000万吨左右。埃及是最大进口国，达到1 063.6万吨，阿尔及利亚、印度尼西亚、意大利、荷兰、日本、西班牙和巴西等国家进口量也超过500万吨。在中国粮食储备库中，小麦占到一半以上，对于保障国家粮食安全有重要意义。

遗传组成

小麦属的遗传构成较其他作物复杂，依据基因组结构，可分为二倍体、四倍体和六倍体小麦。生产上应用的小麦属作物有：①六倍体小麦（基因组为AABBDD），包括普通小麦[1]和斯卑尔脱小麦（*Triticum spelta*）。②四倍体小麦（AABB），有栽培面积较大的硬粒小麦（*Triticum durum*）和古时广泛种植的二粒小麦（*Triticum dicoccum*）。③二倍体小麦（AA），主要是一粒小麦（*Triticum monococcum*），它与二粒小麦同时被驯化。普通小麦、硬粒小麦是由二倍体野生小麦（AA、BB或DD）进化而来，含有多个野生物种的遗传物质，类型丰富多样，能适应不同生态环境，抗逆能力强。值得一提的是我国新疆、西藏和云南等地也有野生六倍体小麦，在小麦进化和古农史研究中具有独特价值。

品种类型

面筋是植物性蛋白质，主要由麦醇溶蛋白和麦谷蛋白组成，是决定小麦用途的重要依据。按面筋含量，我国小麦品种分为以下四种：①强筋小麦。籽粒硬质，蛋白质含量高，面筋强度大（湿面筋含量≥32%），延伸性好，用于制作优质面包、面条。我国常年从澳大利亚、美国等国进口一定量的优质强筋小麦以满足高档面点需求。②准强筋小麦。属于强筋和中筋过渡类型，主要用于生产面条（方便面、挂面）和饺子专用粉。③中筋小麦。籽粒硬质或半硬质，蛋白质含量和面筋强度中等，延伸性好，适于制做面条、馒头。④弱筋小麦。籽粒软质，蛋白质含量低，面筋强度小（弱湿面筋含量≤22%），延伸性较好，适于制做饼干、蛋糕。

经济价值

小麦籽粒的主要成分是碳水化合物（干重的80%左右）、蛋白质（8%～15%）、脂类（1.5%～2.0%）、矿物质（1.5%～2.0%）以及维生素[2]等。蛋白质组成中，人体必需的赖氨酸较为缺乏。部分西方人群对麦谷蛋白过敏，易引发乳糜泻、谷蛋白共济失调、疱疹样皮炎等症状。在西方国家，食品的外包装或餐馆的菜单上都会标注是否含有麦谷蛋白的原料或食材。面粉除供人类食用外，还可用来生产淀粉、酒精、面筋等。麸皮是面粉加工的副产品，富集了维生素、矿物质、膳食纤维、脂类等多种营养。我国每年麸皮产量巨大，高达3 000万吨，主要用于饲料、酿酒、制醋、酱油等。近年来，麸皮作为营养素在食品工业上展示了较好的应用前景。

小麦最重要的用途是制作面食。面粉含有醇溶蛋白和谷蛋白，水解后洗出的面筋，赋予了小麦粉独有的黏弹性、胀发性和延展性，最适用于制作各种面食。面本素净，与各种食材组合，烘托其千滋百味。面性柔展，可包罗万千，将各种辅料粘合一体，而荤素搭配，营养均衡。面型可塑，经由巧手而呈现大千世界，历经煎炒烹炸仍保持其千姿百态。在陕西、山西等"面食王国"，面食更是幻化万端，达到了一面百样、一面百

---

[1] 也称面包小麦，生产上最为常见。

[2] 人体需要13种维生素：4种脂溶性（维生素A、维生素D、维生素E、维生素K）和9种水溶性（B族维生素8种，维生素C）。

味的境界，将人间烟火、百姓味道演绎到极致，每一碗都洋溢着中国人的勤劳、热情、朴实和智慧。

中国小麦

小麦非中国本土起源，大致由西亚经中亚而来，新疆可能是小麦传入我国的第一站。据考古发掘，南疆孔雀河流域新石器时代遗址出土的炭化小麦距今4 000年以上。甘肃民乐、云南剑川和安徽亳县等地也发现了3 000～4 000年炭化小麦。小麦栽培最初主要分布于北方的黄淮流域，在汉代因面食制作方法的革新而得以迅速发展。汉末以后，为躲避中原地区战乱，居民大量南迁，推动了南方小麦生产。至宋元时期，形成了稻麦两熟这一流传至今的南方主流种植制度。明清时期，东北成为新的小麦生产基地。"雉雊麦苗秀，蚕眠桑叶稀。""晴日暖风生麦气，绿阴幽草胜花时。""夜来南风起，小麦覆陇黄。"经过4 000多年的发展演变，小麦已经融入中国人的日常生活和精神世界，形成独具中华特色的面食文化和麦作文明。

我国是世界最大的小麦生产国和消费国，产量约占全球总产17%，小麦生产不仅对保障国内口粮安全具有重要意义，还在一定程度上影响国际粮价。常年种植面积在2 400万公顷左右，2016年全国小麦播种面积2 418.7万公顷，总产1.29亿吨，仅次于玉米和水稻。小麦生产地域化明显，华北、淮北等地主产强筋、中筋冬小麦，江南、西南等地生产中筋、弱筋冬小麦，西北等地生产中筋、强筋春小麦。小麦消费量已超过中国粮食总消费量的1/4，以食用为主。2012年全国小麦食用消费、饲用消费、工业消费、种子用量和损耗分别为8 400万吨、2 300万吨、1 200万吨、470万吨和300万吨。

▲ **春锄**　　李凤兰

　　这是户县乃至我国农民画的代表作品，创作于1973年。作者李凤兰，一个普通的农村妇女，从1958年开始作画，代表作品有《喜开镰》《喜摘新棉》和《春锄》等。她代表当时1 500名美术工作者和全县人民，被选为全国第四届、第五届人大代表和常务委员会委员。据说，自下数第三位头戴绿头巾的妇女就是参考李凤兰本人。

　　李凤兰在回忆录中写道：通过自身多年的农民画创作活动和一系列社会活动，我意识到作为妇女，我确实是"翻身做了主人"，就是我的姐妹成群结队、喜洋洋地到麦田里锄草也是一种翻身解放，你看她们个个身着鲜艳的衣裳，包着花头巾，沐浴在春暖花开的阳光下，能不高兴？能不自豪？回想起旧社会妇女被歧视和低下的社会地位，使我油然心生感慨！立刻就有一种表现欲，拿起画笔三涂几抹，《春锄》的雏形就出来了。还不尽意，我用那斜飞的春燕表达了我欢快畅想的心情。

　　农民画研究专家段景礼先生评论道：《春锄》从平凡的农事生产出发，反映了农村妇女参加集体劳动的情形，具有它特定的时代性。这种题材和内容中国画和以往的文人画是不能反映的，所以它具有20世纪70年代户县农民画的独有特色。它所反映的内容具有强烈的生活化气息，使农民群众以及农村干部感到亲切可爱，代表了70年代农民画的普遍意义。

　　在号称"面食王国"的陕西，小麦已融入农村生活的方方面面，无处不在，是最重要的作物。播种、锄草、收割等小麦生产的各个环节，在没有机械、除草剂的时候，只能用勤劳的双手完成，辛苦异常。就比如锄草，要蹲下来，沿着行子，一步一步往前挪。一天下来，手脚麻木，腰酸背痛。但画中的妇女们并不觉得苦累，心中荡漾着的幸福，洋溢成脸上自信的微笑。困在身上的千年枷锁已灰飞烟灭，从此做了掌管自己命运的主人。这就是生产力解放释放出的巨大能量，推动了我国农业由传统向现代的伟大转变。

▲ **喜开镰**　李凤兰

筑台祭上天，烹羊喜开镰。旧时麦收之前，有些地区要举行开镰仪式，以谢天公作美，风调雨顺。20世纪80年代之前，小麦收割仍以镰刀割麦为主。农忙时节，为了趁着天晴收获、晾晒，无论男女，甚至上了年纪的老人都要挥舞镰刀，下田割麦。

针对夏收季节时间紧、任务重、人手不足的问题，北方地区出现了麦客这一专门为人割麦的临时性职业。陕甘宁地区小麦一般是从东往西，由南至北逐渐成熟，麦客也像候鸟一样，追赶着麦熟的脚步流动。他们成群结队，兄弟同行，或夫妻相随，仅带一个干粮袋、一把镰刀、简单被褥上路，用汗水换取微薄的收入，补贴家用。小麦机械化普及后，人们把跨区作业的收割机手也尊称为麦客，或称为"铁麦客""机械麦客"，而传统麦客则退出了舞台。

文学说画

论起割麦，可以说平原上的每一个男人和每一个女人，都是割麦的好手。尤其是女人，她们如果高兴起来，一个人一天可以割一亩三分地的麦子，在这一点上男人望尘莫及。那农民诗人王老九的诗中说："张玉婵张玉婵，上炕剪子下炕镰"，这里说的"下炕镰"，说的就是割麦子。

一群生产队的妇女，排成一个梯字形，一路打走镰割过去，大片大片的麦子就应声倒地了。运麦子的男人们，见了一阵阵喝彩。啥叫"打走镰"？就是这割麦的妇女，挥动镰刀，一路削过去，麦子纷纷倒地，那倒地的麦子，女人并不用另一只手去捉，而是让它顺着倒下，然后女人用她的脚，加上一条腿，带着这些倒下的麦子往前走。走上三五步，带不动了，可以捆成一个麦个子的麦子也就够了，于是女人抽出两把麦秸，一挽，扎成个麦个子，立起。

男人们这时吆着牛车，跟在女人后边，站在地上，用木杈叉起麦个子，往车上装。装满鼓堆山满的一车，然后运到场上去碾打。

（高建群《大平原》）

◀ 搂柴图　张青义

　　粮食异常珍贵的年代，绝对不能浪费一粒粮食。当大人们热火朝天忙着摊场打麦的时候，小朋友们就要手持耙子，对残留在麦田里的麦穗做最后的一次清扫，颗粒归仓。同时，也把未能运走的麦秸收集起来，供取暖做饭。

◀ 拾麦图　张青义

　　拾麦穗很苦，头上有烈日暴晒，脚下有热土灼烤，一不小心就会让锋利的麦茬伤了手脚。拾麦穗也很快乐。追蜻蜓、捉蝈蝈，偶尔还能追赶野兔。麦子带回家后，将其晾干透，然后磨成面粉或蒸馍或擀面，也有人将麦子浸泡后熬成麦仁稀饭。新麦吃到嘴里，麦香中透着筋道，甜美。

文学说画

　　印象里最不愿干却不得不干的农活是搂麦子。……我拖着足有一米宽的粗铁丝作笆刺儿的大笆子，一笆紧挨着一笆从东往西搂过去，再从西往东搂过来，确也如同为这块刚刚薅过猴毛的猴子梳头又梳身。这个铁丝笆子倒也不太重，拖起来也不太累，关键是坡地上滚动的热浪太难忍受了，火盆似的太阳就在头顶喷火，被晒了大半天的麦茬子热气蒸腾，拖着笆子过去再拖着笆子过来的过程，是被翻来覆去的炙烤。尽管头顶戴着草帽，头皮和脸皮仍然感觉到难耐的烘烤的灼伤，身上和裸露的小腿更不用说了。从家里带来的沙果叶茶水早已喝光，汗水似乎已经淌干流尽，口干到连一口唾沫儿也吐不出，看着还有一大半尚未搂过的麦茬地，有种想哭却哭不出来的无奈。看到远处一块坡地上有一个同龄的伙伴也在搂着，心里似乎有一种安慰，农家娃娃都得做这种活儿，且谈不到劳动的单调和无趣，那时候还不懂这些高雅的词汇，尽管切实地承受着……而当某天晚上和父亲坐在院子里吃晚饭，抓起母亲刚刚蒸熟端到跟前的白面馍馍咬下一口时，父亲顺口便会说，白面馍馍香不香？香。爱吃不爱吃？爱吃。明年搂麦子，再甭嘴噘脸吊的了，搂麦子受苦招架不住的那阵儿，想到吃白面馍馍，你就有劲了……这是我最初接受的关于劳动的教诲。

（陈忠实《儿时的原》）

小麦、玉米等作物秸秆曾是我国农村的主要燃料。麦子收割、扎捆后，用特制的长铁杈，装到大车上。在木架的框定下，层层叠加成数米高的麦垛，看起来摇摇欲倒。麦子脱粒后，剩下的秸秆，就成了主要燃料。炊烟的味道，也是小麦等秸秆燃烧的味道。灶膛灰还到田里，成为速效优质肥料。

户县在1965年之前，作物苗大行稀产量低，秸秆不能满足群众生活燃用。60年代以后，水肥条件改善，粮棉产量逐年提高，秸秆也逐渐增多，加之煤、电的逐渐普及，至70年代日用薪柴基本不缺，开始秸秆还田。2005年，仍有25%的居民家庭以秸秆为薪柴，44%的家庭靠此取暖过冬。

在我国部分地区，尚未解决好秸秆还田技术，消除秸秆对下茬作物的不利影响，农民倾向于焚烧还田，影响交通安全和空气质量，秸秆禁烧也成了麦收期间的一项重要工作。

夏收图　张青义 ▶

文学说画

　　我怀念静静的场院和一个一个的谷草垛。在汪着大月亮的秋日的夜晚，我怀念那些坐在草垛上的日子，也许是圆垛，也许是方垛。那时候，天上一个月亮，灿灿地，就照着你，仿佛是为你一个人而亮。你托着下巴，会静静地想一些什么，其实也没想些什么，就是想……多好。偶尔，你会钻进谷草垛里，扒一个热窝儿，或是在垛里挖一条长窖儿，再掏一个台儿，藏几颗红柿，等着红柿变软的时候，把自己藏起来，偷着吃。更有一些时候，外边下雨的时候，你会睡在里边，枕着一捆谷草，抱着一捆谷草，把自己睡成一捆谷草。

（李佩甫《生命册》）

▲ **买花馍**   仝延魁

在陕西、山西等"面食王国"，面食既是大快朵颐的美味，也是赏心悦目的艺术品。花馍，又叫面花、礼馍，属面塑艺术，以普通面粉为芯，特等面粉为皮，用针、梳、刀、剪等工具，靠捏、剪、修、缀而成。花馍以加工精巧、内容丰富、造型生动、寓意深长而著称，被誉为"可食用的民间艺术品"，是中国妇女智慧的结晶。

关中地区每逢喜庆佳节或婚寿大典，花馍是必不可少的礼仪面食。民间敬神、祭祖供奉的花馍多以飞禽走兽、水果蔬菜为主。祝寿、婚庆、婴儿降生或走亲访友等要送吉祥喜庆蕴意的花馍。花馍千姿百态，有的富丽堂皇，有的洁白如玉；有的高达一米，用三四十斤面做成，有的小巧玲珑，只有几厘米大。飞禽走兽、花鸟鱼虫、历史人物、民间传说，在农妇手中变成栩栩如生的艺术造型，表达出对美好生活的期盼、祈祷和祝福。

孩童时代，身体正在疯长，营养需求旺盛，零食是三餐之外的必备辅食；味觉系统也在形成的关键期，对甜味尤其敏感，特别喜欢吃糖果之类甜食。在温饱尚未解决的旧时，走街串巷的小商贩就成了小朋友们最大的期盼。而奶奶、外婆总会从拮据的日子里挤出几枚铜板，买几个造型逼真、香甜可口的花馍，满足他们那又饿又馋的胃口。幼时的味觉记忆是深刻、持久的。长大后，再华美的珍馐佳肴，也不如儿时的花馍可口，品不出童年的味道。买花馍，这一寻常的温馨场景，蕴藏着浓厚的祖孙情感，跨越时空而积淀为民族的优秀传统，并不断演化出新，直到地老天荒。

文学说画

白赵氏已经不再过问儿子的家事和外事，完全相信嘉轩已经具备处置这一切的能力和手段。她也不再过多地过问仙草管理家务的事，因为仙草也已锻炼得能够井井有条地处置一切应该由女人做的家务。她自觉地悄悄地从秉德死后的主宰位置开始引退。她现在抱一个又引一个孙子，哄着脚下跟前的马驹又抖着怀里抱着的骡驹，在村巷里骄傲自得地转悠着，冬天寻找阳婆而夏天寻找树荫。遇到那些到村巷里来卖罐罐花馍、卖洋糖圪塔、卖花生的小贩儿，她毫不吝啬地从大襟下摸出铜元来。那些小贩儿久而久之摸熟此道，就把背着的馍篓子、挑着的糖担子停在白家门外的槐树下，高声叫着或者使劲摇着手里的铃鼓儿，直到把白赵氏唤出来买了才挑起担儿挪一个地摊。

（陈忠实《白鹿原》）

第4节 玉 米

玉米（*Zea mays*），禾本科玉米属，原产中美洲和南美洲，约9 000年前由分布于墨西哥西南部的大刍草（俗称墨西哥玉米）驯化而来。玉米是世界上分布最广泛的粮食作物之一，从赤道到北纬50°、南纬42°，从平原至海拔3 800米的高原均有种植。玉米是C4植物，光合生产能力强，水分利用率高，产量潜力大，位居禾谷类之首。

玉米是世界第一大作物。2015年全球玉米播种面积为1.82亿公顷，总产10.11亿吨，单产 5.54吨/公顷。美国是第一玉米大国，总产3.45亿吨。中国位居其次，总产2.25亿吨，巴西、阿根廷、墨西哥和乌克兰顺列其后。美国单产水平高达10.57吨/公顷，中国仅为5.89吨/公顷。2013年全球玉米出口1.46亿吨，美国最多（4 465.8万吨），其他主要国家为巴西、乌克兰和阿根廷。全球进口1.45亿吨，日本最多（1 470.8万吨），墨西哥、韩国、埃及、越南、西班牙和伊朗均超过500万吨。

品种类型

根据籽粒形态、胚乳结构以及稃壳有无，可将玉米分为9种类型。我国主要栽培以下6种玉米：①硬粒型。多为地方品种，作食粮用。果穗圆锥形；籽粒坚硬，顶部圆形，有光泽，籽粒顶部和四周为角质胚乳，内部为粉质胚乳。②马齿型。栽培最广的一种类型，用于生产饲料、淀粉和酒精。果穗圆柱形；籽粒较大，扁平方形或扁平长形，两侧为角质胚乳，中间、顶部为粉质，成熟时顶部凹陷，呈马齿状。③半马齿型。硬粒型和马齿型的杂交种衍生而成，栽培较多。籽粒顶部的粉质胚乳较马齿型少，但比硬粒型多，品质较马齿型好。④糯质型。玉米引入我国后形成的一种新类型，用于蒸煮鲜食。籽粒胚乳全部为角质，但不透明且呈蜡状，胚乳几乎全部由支链淀粉所组成，食性似糯米，黏柔适口。⑤甜质型。也叫甜玉米，多做蔬菜用，用于鲜食和加工罐头。胚乳大部分为角质淀粉，乳熟期含糖12%～18%，籽粒成熟干燥后，因糖分未能及时转化为淀粉而皱缩。⑥爆裂型。适宜加工爆米花等膨化食品。籽粒较小，米粒形或珍珠形，胚乳几乎全部是角质，质地坚硬透明，种皮多为白色或红色。

经济价值

玉米是人类的一个主要食物来源，是非洲居民最重要的主食，提供了大部分能量和营养。以食用甜玉米为例，碳水化合物含量为19%，蛋白质3%，脂类1%。每百克甜玉米能提供人体日需10%～19%的维生素B_1、维生素B_3、维生素B_5和维生素B_9等B族维生素[1]，并富含膳食纤维以及镁、磷等必需矿质养分。在起源地墨西哥，玉米更是居于饮食的核心地位，大街小巷都弥漫着玉米的甜香，单一的主食被翻花成了各式各样的做法，墨西哥卷饼、玉米片、馅饼和薄饼等美食正逐渐走向世界。我国玉米食品也很丰富，烤玉米焦香扑鼻，煮玉米软糯清香，而爆米花则酥脆甜美，是观影的最佳零食。

玉米是畜牧业主要的饲料来源。玉米籽粒易消化，营养价值高。1公斤玉米籽粒中含有1.35个饲料单位[2]，一般2～3公斤籽粒可生产1公斤鸡肉。玉米作为饲料原粮消费约占总产量的60%，主要用于鸡的配合饲料，约占饲料构成的50%～70%，但在猪料及其他饲料中占比较低。1公斤玉米秸秆中含有0.37个饲料单位。秸秆青贮既保存了秸秆养分，又能软化质地，且具有香味，增进牛、羊食欲，是反刍动物的优良饲料。同时，可有效解决冬春季节饲草不足的问题，并能消灭秸秆上附着的病菌、害虫，为下季作物创造良好的生长环境。

玉米还是重要的工业原料。玉米乙醇是一种绿色的清洁燃料，为解决化石能源危机提供替代方案。在美国，40%左右的玉米用作生产乙醇。以玉米为原料生产淀粉，可得到化学成份最佳，成本最低的精细产品。玉米淀粉水解后可制成玉米糖浆，用作甜味剂，还可以发酵蒸馏，酿造波本威士忌等酒精饮料。玉米淀粉还能用于制造塑料、织物、黏合剂以及其他化学品。玉米油是位列棕榈、大豆、油菜、向日葵、棉花和花生之后的世界第七大植物油，2014年全球总产为318.9万吨。

---

[1] 人体所需的8种B族维生素：维生素B_1、硫胺素；维生素B_2、核黄素；维生素B_3、烟酸、烟酰胺；维生素B_5、泛酸；维生素B_6、吡哆醇、吡哆醛、吡哆胺；维生素B_7、生物素；维生素B_9、叶酸；维生素B_{12}、钴胺素、羟基钴胺、甲基钴胺。

[2] 以1公斤燕麦的营养价值为1个饲料单位。

中国玉米

玉米大致于16世纪前半期传入中国，最早记载于1560年的甘肃《平凉府志》，以其适应性广、高产稳产和用途多样等优势，逐渐成为我国最主要的作物之一。18世纪中叶至19世纪，由于人口大幅度增殖导致粮食需求激增，玉米逐渐由山区扩展到平原，面积不断扩大。到20世纪30年代，玉米占全国作物面积的10%左右，仅次于稻、麦、粟。在20世纪80年代以前，玉米是典型的粮食作物，是北方和西南山区的主粮之一，特别是在玉米主产区，玉米占居民口粮的70%以上。2012年，玉米成为我国第一大作物，即作为动物饲料的玉米，产量首次超过水稻、小麦等口粮，从中折射出中国人膳食结构由谷物、豆类等植物性食物为主向以肉、奶、蛋等动物源食物为主的重大转变。

2016年全国玉米播种面积3 676.8万公顷，总产2.20亿吨，平均单产为5.97吨/公顷。玉米的主要用途是饲料，其次用作制造工业乙醇，食用的只占一小部分。以2012年为例，我国玉米消费量为1.91亿吨，其中饲料、工业（乙醇）、食用和种子等分别占62.6%、26.2%、7.5%和0.9%。近年来，受国内消费需求增长放缓、替代产品进口冲击等因素影响，玉米供大于求，库存大幅增加，种植效益降低。为此，农业部提出，力争到2020年，在东北冷凉区、北方农牧交错区、西北风沙干旱区、太行山沿线区及西南石漠化区等生态环境脆弱、不适宜玉米种植的"镰刀弯"地区，减少5 000万亩以上籽粒玉米面积，重点发展青贮玉米、大豆、优质饲草、杂粮杂豆、春小麦、经济林果和生态功能型植物等，推动农牧紧密结合和农业效益提升。

秋趣 ▶
陈秋娥

刚收获的玉米籽粒含水量高，需晾晒至安全储藏的含水量（14%）以下，才能安全入库。当前农村专用晾晒场所越来越少，玉米收获后晾晒难、脱粒难等问题突出。晾晒场地有的甚至转到了国道、省道等公路上，既堵塞交通，又使籽粒易受沙尘污染。

过去没有脱粒机，玉米全靠手一穗一穗地搓。手搓玉米需有辅助工具，否则易伤手，且费劲。画中所示的玉米刨子就是过去常用的玉米脱粒工具。一段木头上纵向凿出一个凹槽，再挖个方孔，装一个铁钩子。当玉米棒子沿着凹槽向下滑动时，遇到铁钩子，那行玉米就被搓掉了，掉下来的玉米籽粒会顺着方孔漏下去。玉米穗的籽粒行数为偶数，如16、18或20行。用刨子去掉其中3～5行，再用手搓就省力多了。

如今半自动的、全自动的玉米脱粒机已完全取代了手动脱粒，而集摘穗、剥皮、脱粒乃至秸秆粉碎还田一体的联合收割机更代表了玉米生产全程机械化的未来。

记忆中的爷爷 ▶
雒秋香

第5节 大　豆

大豆（*Glycine max*），豆科大豆属。原产中国，古称菽，五谷之一，重要的粮食作物，最早的文字记载见诸于《诗经·小苑》："中原有菽，庶民采之。"栽培大豆是我国野生大豆通过长期选择、改良驯化而成，现已广布全球，成为世界第一大植物蛋白来源和第二大油脂来源。大豆于1804年传入美国，二战期间因食用油短缺促进了大豆生产、加工的快速发展，使之跃居为第一大豆产国。2015年全球大豆面积1.21亿公顷，总产3.23亿吨，美国（1.07亿吨）约占1/3，巴西（9 746.5万吨）、阿根廷（6 139.8万吨）、中国（1 178.5万）顺列其后。世界大豆单产为2.68吨/公顷，中国为1.81吨/公顷，美国、巴西等国家每公顷高达3吨。大豆是国际贸易中货值最大的农产品。2015年全球大豆出口1.31亿吨，巴西和美国共占80%以上份额；中国进口8 169.0万吨，占总量的62.4%。

经济价值

大豆有"田中之肉""营养之王"的美誉。碳水化合物含量为30%，蛋白质36%，脂类20%，矿物质5%。与水稻等禾谷类作物相比，大豆蛋白质含量高，亮氨酸、赖氨酸等必需氨基酸[①]比例高。豆油以多元不饱和脂肪酸（亚油酸）为主，还含异黄酮和植物甾醇等生物活性物质，在预防心血管疾病上有一定功效。大豆富含维生素B_1、维生素B_2、维生素B_6、维生素B_9和维生素K，膳食纤维以及铁、锌、镁、磷等矿质养分含量也较高。

源远流长的中华美食文化孕育出了花样繁多的大豆美食。发酵豆制品包括腐乳、黄豆酱、豆面酱、酱油、豆豉和臭豆腐等；非发酵豆制品包括豆腐、豆浆、豆芽等。豆腐相传由西汉淮南王刘安发明，雪白细嫩，滑润鲜美，被誉为"东方龙脑"。豆浆是我国首创的民族特色饮料，可媲美西方的牛奶，是早餐必备的营养佳品。大豆油还可生产人造黄油、起酥油、色拉油、蛋黄酱等食品工业原料。

大豆饼粕是养殖业中植物蛋白饲料的主要来源。粗蛋白质含量在40%以上，赖氨酸含量达2.5%~3.0%，比玉米高10倍，蛋白质营养价值高于其他饼类饲料。饼粕粉碎、蒸炒加工后具有香味，畜禽喜食，是鸡、猪、奶牛、肉牛的优质饲料。2013—2014年，我国大豆饼粕的消费量为5 305.5万吨，占植物饼粕总消费量的71%，体量巨大，难以被其他饼粕替代。

大豆在作物轮作制中占有重要地位。据估算，1亩大豆的根瘤菌可固氮8公斤左右，相当于给农田施入17公斤尿素。大豆秸秆少，落叶多，养分归还率高。根系发达，能分泌有机酸，溶解土壤中难溶养分，利于下茬作物吸收。在轮作中适当种植大豆，既可以节约化肥，又能实现用养结合，维持地力。

中国大豆

我国大豆主产区有北方春作大豆区、黄淮海夏作大豆区和南方多作大豆区，面积分别占全国的55.7%、29.7%和14.6%。大豆消费以榨油加工为主，约占83.1%，食用大豆约占12%。平均亩产仅120公斤左右，较美国、巴西、阿根廷等主产国低50公斤以上。大豆种植效益连年下滑，亩均净利润由2008年的178元降至2014年的41元，豆农转而改种玉米等高产高效作物，大豆面积逐年下降。2015年全国大豆播种面积为720.2万公顷，较2005年（959.1万公顷）减少了近1/4。近年来国内食用油、豆饼需求量高速增长，但油料产能不足，大豆进口量增长迅速，约85%的国内大豆消费依赖进口，在所有农产品中进口依存度最高。2013年、2014年、2015年大豆进口连续突破了6 000万吨、7 000万吨和8 000万吨的水平，2017年达到9 553万吨，接近1亿吨。加之，国际食用植物油价格低于国内市场，出现了价格倒挂，更恶化了国内大豆生产形势。

[①]指人体不能自身合成、必须从食物中摄取的氨基酸，包括赖氨酸、色氨酸、苯丙氨酸、甲硫氨酸、苏氨酸、异亮氨酸、亮氨酸、缬氨酸、组氨酸等9种。

▲ **金豆满院**　潘晓玲

　　大豆等作物经过长期人工选择，野生习性得以改造，更适合种植、收获和加工。以落粒性为例，豆荚易脱落、炸裂，便于豆粒散落各处萌发，这是有竞争优势的野生性状。经过选育，大豆落粒性得以改进，现代品种实现了落粒性的完美平衡。首先，具有较强的抗落粒性，豆荚不至于在田间爆裂，无法收获；同时，要保留部分豆荚易开裂的特性，收割后能借助连枷等简单工具也能打出黄澄澄的豆子来。

　　大豆在户县农业生产中曾占有一定位置。20世纪60～70年代，大豆多与谷子混种，每年播种面积近2万亩。80年代后，大豆面积不断下降，在瓜地或果园套种，零星化、碎片化，不成规模，较难进行机械化播种、收获；同时，优良品种少，栽培技术落后，产量低，效益差，致使大豆生产日趋边缘化，退出了农业生产舞台。户县大豆的变迁史，也是我国大豆产业发展的一个缩影。

五谷之中，水稻、小麦的养分以碳水化合物为主，大豆则富含蛋白质，两类饮食恰好互补，提供均衡的营养。

与美国、巴西等进口大豆相比，我国大豆蛋白质含量较高，更适合菜用，是国人一日三餐不可或缺的营养美味。

清晨，一碗豆腐脑，搭配一个肉夹馍；或一碗豆浆，两根油条，即刻将大脑唤醒，身体激活，精力充沛地开启一天工作。

正午，一碗臊子面，豆腐、木耳、鸡蛋、蒜苗等烹制的臊子汤，酸爽提神，足以舒解上午的疲劳，打消困意。

傍晚，劳作归来后，一份小青菜炖嫩豆腐，或者一碗豆花儿，清素鲜嫩，开脾健胃，不增加肠胃负担，一身轻快地安然入眠。

群众厨房　　张青义 ▶

文学说画

交通不便的年代，人们远行时会携带能长期保存的食物，它们被统称为"路菜"。看似寂寞的路途，因为四川女人的存在而变得生趣盎然。香肠腊肉，正是妻子春节期间的劳动成果。妻子甚至会用简单的工具制作出豆花，这是川渝一带最简单、最开胃的美食。通过加热，卤水使蛋白质分子连接成网状结构，凝胶的速度如此之快，变化几乎在瞬间发生。挤出大豆凝胶中的水分，力度的变化将决定豆花的口感。老谭趁妻子在做豆花的时候，准备着佐料——提神的香菜、清凉的薄荷、酥脆的油炸花生，还有酸辣清冽的泡菜。所有的这一切，足以令人忘记远行的劳顿。

（中央电视台记录频道《舌尖上的中国·第二季》）

第6节 棉 花

棉花，锦葵科棉属（*Gossypium*），植株灌木状，果实为蒴果，称为棉铃，内有棉籽，其上着生茸毛。棉铃成熟时裂开吐絮，露出柔软的纤维。棉纤维主要为白色，也有棕色、粉红色和绿色等，是纺织工业的重要原料。棉花涉及农业和纺织工业两大产业，是产业链最长的经济作物之一。"五月棉花秀，八月棉花干。花开天下暖，花落天下寒"，道出了棉花丰欠与国计民生之间的关系。2014年世界籽棉总产4 698.8万吨，皮棉总产2 615.7万吨，印度和中国皮棉产量约占世界的一半，美国、巴基斯坦、巴西、乌兹别克斯坦也是主产国。2015年世界皮棉出口量738.8万吨，以美国、印度为主；皮棉进口量767.2万吨，以中国、孟加拉国为主。

棉花分类

栽培棉花有四个种，即陆地棉（*Gossypium hirsutum*）、海岛棉（*Gossypium barbadense*）、亚洲棉（*Gossypium arboreum*）和非洲棉（*Gossypium herbaceum*）。亚洲棉大约在汉代引入海南、云南，非洲棉在南北朝时期传入新疆吐鲁番。两种棉花具备早熟、抗旱、抗病虫等特点，但由于产量低、品质差而退出了棉花生产。陆地棉起源于中美洲、南美洲北部等地，皮棉产量高，纤维品质好，适应性较强，种植面积广，是现今世界主要栽培棉种，占植棉面积90%以上。1865年引入我国，占当前棉花面积的98%以上。海岛棉起源于南美洲、中美洲和加勒比地区，品质居栽培种之首，但产量不高，对光温要求较严，适应性不及陆地棉，全球种植面积仅为8%。1919年引入我国，主要在新疆栽培。

经济价值

棉纤维是重要的纺织原料，约占世界各种纺织纤维的48%。棉纤维是优良的天然纤维，成本低廉，产量大。它具有吸湿性强、透气保暖、着色稳定、手感柔软、穿着舒适、不带静电等化学纤维难以替代的优点，能制成衣服、家具布和工业用布等多种规格的织物。纯棉织物柔滑舒适，与肌肤相亲相融，自在贴身，有"人类的第二皮肤"之美誉。

棉籽仁含丰富的蛋白质和油脂，含油率高达35%～46%，蛋白质含量30%～35%，占世界植物油和蛋白质总供应量的10%和6%。棉酚是一种多酚化合物，是医药和化工原料，但游离态对人和单胃动物有毒。脱毒棉籽饼是良好的饲料，脱酚脱色棉油和脱酚棉籽蛋白可作为食品原料。棉籽壳是生产食用菌的优质培养基，还可生产糠醛、丙酮、甘油等产品。棉秆能造火药、纤维板等，替代木浆生产牛皮箱板纸。棉花还是一种重要的蜜源植物。

中国棉花

"农妇白纻裙，农父绿蓑衣。"宋代以前，我国纺织原料以麻、葛、丝和皮毛为主。宋代以后，棉花分别从南（海南、云南）和北（新疆）两路进军长江和黄河流域。元代黄道婆传授黎族同胞的棉纺工具和技术，推动了长三角棉花基地的形成。明朝初年，下达指令种植棉花，并将棉花等同金银，可作"税粮"缴纳。加之，植棉比种桑养蚕省力、稳定，且棉布较麻、葛更为保暖舒适。至明朝中叶，棉花"遍布天下，地无南北皆宜之，人无贫贵皆赖之"，不仅在黄河流域取代了蚕桑业，在全国范围内替代苎麻成为第一纤维作物。黄河流域、长江流域和西北内陆棉区是我国当前的三大棉区。2016年全国棉花播种面积为334.5万公顷，产量为530万吨。新疆面积、产量为180.5万公顷、359万吨，分别占全国54.0%和67.8%；机收面积66.7万公顷以上，机械化程度最高。总体上，我国棉花生产机械化水平较低，劳动力、生产资料成本较高，经济效益较差，导致棉花面积连年下降，2016年较2013年（434.6万公顷）减少了100万公顷，以黄河、长江流域两大棉区萎缩最明显。

◀ **耕织图**　朱丹红

种植业是居民衣食的主要来源，这在20世纪的关中农村尤为明显，其中棉花扮演着关键角色。1980年以前，棉花在户县的农业生产和百姓生活中占有重要地位。常年种植10万亩左右，占耕地面积17%。棉籽油是全县的主要食油。土棉布是主要衣料，织布机农家十有四五，成年妇女少有不会纺线织布者。

不借助外地调入，仅靠几亩棉田，一架织机，就可以基本满足被褥、服装、鞋帽这一“温暖”的基本需求，并能榨出油品以提供高能热量，增强食物风味，自给自足可见一斑。这种不依赖于外界的小农经济，固然有小富即安、封闭保守的局限性，但也成就了农村社会的相对独立性，为中华民族传统文化、民间艺术的持久保存提供了坚实的经济基础。“吾日出而作，日入而息，凿井而饮，耕田而食，帝力何有于我哉？”

实行联产承包后，棉花种植不再依靠指令性计划，汉中、四川的菜籽油大量进入户县，加上化纤布花色品种越来越多，1984年起县域棉花面积逐年下降，2001年以后统计面积仅为640亩，如今已基本不见。男耕女织的农耕传统逐渐失去了赖以生存的社会经济基础。

文学说画

白嘉轩双肘搭在轧花机的台板上，一只肘弯里搂揽着棉花，另一只手把一团一团籽棉均匀地撒进宽大的机口里，双脚轮换踩动那块结实的槐木踏板。在哳哳哳哳的响声里，粗大的辊芯上翻卷着条条缕缕柔似流云的雪白的棉绒，黑色的绣着未剔净花毛的棉籽从机器的腹下流漏出来。踩踏着沉重的机器，白嘉轩的腰杆仍然挺直如椽，结实的臀部随着踏板的起落时儿撅起。

轧花机开转以后，他和鹿三孝文三人轮换着踩踏，活儿多的时候加班干到深夜，有时鸡叫三遍以后又爬起来再干。房檐上吊着一排尺把长的冰凌柱儿，白嘉轩脱了棉袄棉裤只穿着白衫单裤仍然热汗蒸腾。过了多日，孝文又一次忍不住大声说：“黑娃把老和尚的头铡咧！”白嘉轩转过脸依然冷冷地对惊慌失措的儿子说：“他又没铡你的头，你慌慌地叫唤啥哩？”孝文抑止不住慌乱：“哎呀这回真个是天下大乱了！”白嘉轩停住脚，哳哳哳的响声停歇下来：“要乱的人巴不得大乱，不乱的人还是不乱。”他说着跳下轧花机的踩板，对儿子说：“上机轧棉花。你一踏起轧花机就不慌不乱了。哪怕世事乱得翻了八个过儿，吃饭穿衣过日子还得靠这个。”

（陈忠实《白鹿原》）

传艺　　刘会玲 ▶

文学说画

　　欢庆的日子虽然热烈却毕竟短暂。令人陶醉的是更加充实的往后的日月。妻子仙草虽然是山里人，却自幼受到山里上流家庭严格的家教，待人接物十分得体，并不像一般山里穷家小户的女子那样缺规矩少教养。只是山里不种棉花只种麻，割下麻秆沤泡后揭下麻丝挑到山外来，换了山外人的粮食和家织粗布再挑回山里去。仙草开始不会纺线织布，这是一个重大缺陷，一个不会纺线织布的女人在家庭里是难以承担主妇的责任的。……母亲白赵氏明白这个底里，表现得十分通达十分宽厚。一面教授一面示范给她，怎样把弹好的棉花搓成捻子，怎样把捻子接到锭尖上纺成线，纺车轮子怎么转着纺出的线才粗细均匀而且皮实。纺成的线又怎么浆了洗了再拉成经线，怎么过综上机；上机后手脚怎么配合，抛梭要快捷而准确；再进一步就是较为复杂的技术，各种颜色的纬线和经线如何交错搭配，然后就创造出各种条纹花色的格子布来。她教她十分耐心，比教自己的女儿还耐心尽力。仙草生来心灵手巧，一学即会，做出的活儿完全不像初试者的那样粗糙，这使白赵氏十分器重，嘉轩自然十分欢心。

（陈忠实《白鹿原》）

第7节 油 菜

油菜，十字花科芸薹属（*Brassica*），农业上将种子含油的多个物种统称油菜。起源于我国和欧洲，是当今世界第三大油用作物（仅次于棕榈和大豆），第二大饲料蛋白质来源（位于大豆之后），还是重要的能源作物，用于生产生物柴油。2015年全球面积为3 447.9万公顷，总产7 117.1万吨，加拿大和中国是主产国，分别为1 837.7万吨和1 493.1万吨。比利时、爱尔兰单产最高，每公顷达到4.5吨，中国与世界平均水平接近，为1.98吨/公顷。2013年，全球油菜出口量2 099.6万吨，加拿大占43.9%，为最主要的出口国，德国、中国、日本和比利时为主要进口国。

油菜类型

油菜主要栽培（品种）类型为：白菜型、芥菜型和甘蓝型油菜。白菜型油菜起源于中国，分为两大类：一种是北方小油菜（*Brassica campestris*），原产华北和西北。另一种是南方油白菜（*Brassica chinensis*），是南方白菜的油用变种，起源于华中和华南，尤其是长江流域一带。原是美味蔬菜，后来注意到它的种子含有一定油分，"可作油，敷头长发，涂刀剑，令不锈"，并逐步培育出油用品种。芥菜型油菜（*Brassica juncea*）也是中国本土作物，叶片和种子有辛辣味，古称油辣菜，耐旱耐瘠耐寒性强，适宜西北和西南山区种植。甘蓝型油菜包括欧洲油菜（*Brassica napus*）和日本油菜（*Brassica napella*），于20世纪上半叶引入，因其高产、含油量高、抗病等优点，在我国大范围推广，约占90%的面积。

经济价值

油菜是食用油和蛋白质饲料的主要来源。油菜籽含油量40%～50%，出油率35%以上。菜籽饼粕含有36%～38%的粗蛋白和10%左右的粗脂肪，经过脱毒处理去掉芥酸和硫代葡萄糖苷后，是品质优良的粗蛋白饲料和肥料。油菜茎秆、角果壳粉碎后也是良好的饲料。油菜根系可分泌有机酸，溶解土壤中难溶态的磷，提高其有效性，适宜做水稻、玉米的前茬作物，在轮作中有重要作用。

油菜是重要的蜜源植物和观赏植物。每年1～8月，养蜂人自南向北，从东到西，由平原到高原，追逐着油菜花开的脚步，放牧蜂群，酿采花蜜。游客们也随着花开的节奏，到田野间赏花游乐。1月，海南岛和台湾的油菜花竞相登台，拉开年度赏花大幕；初春时节，乍暖还寒，油菜绽放在西南山地和华南山间盆地，为春节增添节日气氛；3～4月间，油菜花向北推进，染黄了长江南北、秦岭淮河。盛夏7月，东北、西北和青藏高原上盛开着百万亩春油菜花，气势恢宏，将长达半年的油菜花事推向高潮。

中国油菜

我国是白菜型、芥菜型油菜的起源地之一，青海、甘肃、新疆、内蒙古等西部地区是野生油菜、原始类型油菜的集中区。"百亩庭中半是苔，桃花净尽菜花开。种桃道士归何处，前度刘郎今又来。""梅子金黄杏子肥，麦花雪白菜花稀。日长篱落无人过，惟有蜻蜓蛱蝶飞。"芬芳绚烂的油菜花激发了古代文人墨客无尽的诗情画意。芝麻曾是我国的主要油料作物。到了宋代，为满足人口激增对粮油的需求，南方普遍推行多熟种植。油菜因其耐寒、养地、便于复种等特性，借助稻油两熟制的普及而大面积种植，逐渐取代芝麻成为主要油料作物。当前我国油料作物按播种面积依次为油菜、花生、向日葵和芝麻。2015年，全国油料作物面积1 403.5万公顷。其中，油菜753.4万公顷，产量1 493.1万吨；花生461.6万公顷，产量1 644.0万吨；向日葵103.6万公顷，产量269.8万吨；传统油料芝麻面积为42.2万公顷，产量64.0万吨。油菜生产以长江、黄淮流域最为集中，主产省为湖北、四川、湖南、安徽、江苏。

油菜是关中平原重要油料作物，也是蜜源植物。菜籽油风味独特，熬制成的辣子油赋予秦镇米皮、辣子锅盔等美食以劲爽润泽，是舌尖上对陕西的一种特有感受。油泼辣子一道菜，上等油泼辣子制作以菜籽油最佳，只有它才能将秦椒的香辣口感充分激发出来。油菜蜜是我国最大宗的蜜种，约占蜂蜜总产量40%以上。油菜花蜜为浅琥珀色，有花香味，食味甜润，具有清热润燥、舒张血管、益血补身等功效。

▲ 七彩人生　李广利

油菜花，伴着春天的脚步，从南到北点染祖国大地，带来春的气息和活力。远望，如一片金黄灿灿、随风翻涌的海洋，又如一块黄绿相间、层次分明的地毯。绚烂，热烈，壮观。

观赏油菜花，是踏青赏春的必备项目。一冬天阴冷、灰霾的天气终于过去，大地从沉睡中醒来，换上五彩春装。阳光下金灿灿的花海，夹着甜蜜的气息，携着金色的梦想，迎面扑来，心情自然明亮起来，筋骨也舒活了，准备在新的一年一展身手了。

▲ 春　李春利

▲ **盘场**　张青义

　　盘场，即碾场，关中地区也叫光场，就是整出一个用来打麦和晒麦的场地。一般选用离家较近的田块，先种上油菜、大麦等比小麦早熟的作物，在麦熟前收获腾场。收完油菜和大麦，清理完秸秆，就开始平整土地了。首先要敲碎土块，再耱一遍，做到基本平整。然后在头天傍晚向地里面洒水，软化土块，增加土壤表层的黏度，这样干燥后就能形成一层坚韧、平整的硬壳。第二天用碌碡平地时，还要把灶台里掏出的柴灰洒在碌碡上，防止碌碡黏土。这样重复两遍，基本场面就光溜和瓷实了。光好的麦场也是儿童游乐场，捉迷藏、推铁环、练习自行车，为繁忙的麦收时节带来了节日般的欢乐。

文学说画

　　第一镰该开了。那第一镰通常不是小麦，而是大麦和油菜。这也许是大自然的刻意，让它们先熟，让它们腾出地块，好作麦场，然后迎接那小麦的收割和碾打。让这些大麦和油菜，先填一填人们那饥肠辘辘的肚子，先给这肚子里增加一点儿油水，然后人们就有力气收麦了。当然，这些早半个月成熟的大麦和油菜，也是给那些耕牛和高脚牲口加料用的，在某种程度上，它们现在的身子骨比人更重要，麦收拉车，耕地，种下料庄稼，都得靠它们。

（高建群《大平原》）

第8节 马铃薯

马铃薯（*Solanum tuberosum*），俗称土豆，茄科茄属，块茎可供食用。原产于南美洲安第斯山区，栽培历史可追溯到公元前8 000～5 000年的秘鲁南部地区，大概于17世纪前期从南洋或荷兰传入我国台湾、福建。马铃薯营养全面，产业链长，种薯和各种加工产品已经成为全球贸易的重要组成部分，是世界第4大粮食作物。2015年世界马铃薯种植面积1 897.9万公顷，总产3.77亿吨，中国、印度、俄罗斯位居前三，分别为9 486.0万吨、4 800.9万吨和3 364.6万吨；平均单产为19.85吨/公顷，新西兰最高，为48.75吨/公顷，中国为17.19吨/公顷。欧洲是世界人均马铃薯消费量最高的地区。2013年，白俄罗斯和乌克兰人均消费量分别高达183.2和135.9公斤；我国仅为41.4公斤。

经济价值

马铃薯具有高产、适应性强、分布广、营养成分全和耐储藏等特点，并适于间作、套种等多熟种植，是重要的粮食、蔬菜和工业原料作物。薯块淀粉含量一般早熟品种约为11%～14%，中晚熟品种为14%～20%，高淀粉品种可达25%以上，用于生产马铃薯全粉、马铃薯淀粉等食品原料。含蛋白质2%左右，品质相当于鸡蛋，容易消化吸收，营养价值高。马铃薯还富含维生素C和B族维生素（尤其是维生素B_6），磷、钾、铁、镁和锰等矿质元素也较丰富。薯块是多种畜禽的优质饲料，鲜茎叶通过青贮也可作饲料，但含龙葵碱（马铃薯毒素），须预防牲畜中毒。

马铃薯可加工成薯条、薯片、糕点、蛋卷等多种食品。在英国，马铃薯成为主食已有数百年历史，人均年消费量在100公斤左右。无论街头小店、高级餐馆，还是家庭日常饮食，都离不开马铃薯。做法上有蒸、烤、煮和炸，形态上有整块、切块、切片、切条的，还有打成薯泥的。马铃薯美食有切片烤土豆、烤土豆块、芝士土豆薄饼、皮夹克土豆、芝士土豆浓汤等。最著名的当属炸鱼薯条，风靡百年，是最具代表性的英伦美食。而每年举办的世界吃派大赛更将马铃薯文化推向了高潮，2012年马丁以23.53秒吃完一个标准的牛肉土豆派（直径12厘米、厚3.5厘米），创造了世界纪录。

中国马铃薯

我国是马铃薯生产第一大国，主产区在甘肃定西、宁夏固原、西南地区、内蒙古和东北地区。四川、贵州、甘肃、云南、内蒙古等五省、自治区种植面积均在50万公顷以上，产量超过150万吨。从马铃薯、薯条、原料薯粉到马铃薯淀粉等贸易品种看，我国进口总体多于出口。2015年薯条出口2.13万吨，体量较小且逐年减少；进口14.65万吨，明显高于出口。马铃薯全粉、淀粉类制品出口0.19万吨，进口8.24万吨。总体上，我国是马铃薯生产大国，但不是加工和贸易强国，90%以上的马铃薯被用于鲜食或作为饲料，用于加工转化的仅占总产的4%。

据估算，未来20年我国还需增加1亿吨粮食才能满足人口增长和社会发展的基本需要。在耕地质量下降、水资源紧缺背景下，水稻、小麦等现有主粮作物产量继续增长空间有限。而马铃薯用水、用肥较少，水分利用效率高于水稻、小麦，更适宜在北方干旱半干旱地区大面积的中低产田上种植；在同等栽培条件下，马铃薯蛋白质产量是玉米2倍左右；与小麦等主粮相比，马铃薯全粉较耐储藏，较适合做战略储备粮。基于以上战略考虑，我国于2013年开始推动马铃薯主粮化，旨在通过马铃薯全粉部分替代面粉、米粉，制成馒头、面条、米线等主食，使之成为水稻、小麦、玉米之外的又一主粮，借以开辟一条满足国家未来需求的粮食安全新途径。

▲ **收土豆**   金秋艳

　　大型马铃薯种植农场及发达地区已经实现了从切籽、播种、施肥、灌溉、到收获全程机械化作业。收获是马铃薯机械化种植的关键一环。我国成功研发了马铃薯分段收获机械，包括马铃薯割秧机和挖掘机。如画中所示，在挖掘之前先用割秧机割掉全部薯秧，既促进薯皮变硬、变厚、老化，减少收获时的破损，又防止收获时薯秧缠绕在振动筛上。割秧后10天左右，再用马铃薯挖掘机挖出薯块，其后人工捡拾装袋。

第9节　甘　薯

甘薯（*Ipomoea batatas*），旋花科甘薯属，又称红薯、白薯、山芋、地瓜等。原产中美洲及南美洲西北部的热带地区，15世纪传入欧洲，16世纪传入亚洲和非洲。甘薯具有抗风、耐旱、耐瘠等特性，高产稳产，适应性强。尤其是遇到干旱后，生长受到暂时抑制，但旱情解除后仍可恢复生长，是重要的抗旱救灾作物。2015年世界甘薯种植面积834.1万公顷，总产1.04亿吨，中国为7 112.5万吨，尼日利亚、坦桑尼亚、印度尼西亚和乌干达等也是主产国，产量分别为383.4万吨、345.4万吨、229.8万吨和204.5万吨。世界平均单产12.45吨/公顷，塞内加尔、埃及产量高达34吨/公顷，中国为21.42吨/公顷。

经济价值

甘薯含碳水化合物约20%，其中淀粉约13.7%，糖类4.2%，膳食纤维3.0%。蛋白质含量为2.3%，脂肪0.2%。每百克含β-胡萝卜素（维生素A前体）8.5毫克，能满足人体日需的79%。维生素含量丰富，每百克鲜薯能提供日需维生素B_5和维生素B_6的16%。此外，镁、锰、磷和钾等矿质养分含量也较高。

甘薯常见的食用方式是烤和煮。甘薯粉可与面粉、米粉、玉米粉等掺在一起，做成面包、煎饼、馒头、面条等食品，可改善传统面食风味，增加维生素和矿质养分含量。福建连城的甘薯果脯，软甜可口，物美价廉，畅销港澳地区。甘薯饴糖可与高粱饴媲美，速煮甘薯、脱水甘薯、糖水罐头也很受欢迎。

甘薯是重要的饲料来源。茎叶含粗蛋白17.1%，粗脂类含量为3.9%，无氮浸出物33.4%[1]，粗灰分8.9%，是牲畜的上好饲料。甘薯块根、茎叶可青贮；薯块加工副产物粉渣、糖渣和酒渣等可制成混合饲料、发酵饲料，既提高了营养价值，也延长了饲料供应期。

甘薯还是食品、化工、医疗、造纸等工业部门的原料。加工产品多达400种，主要是淀粉和乙醇。甘薯淀粉可加工成粉丝、粉条、粉皮等食品。甘薯粉条久煮不烂，能与许多食品搭配，特别是与白菜、马铃薯和猪牛羊肉搭配炖制，筋糯香滑，厚道浓郁。在巴西、菲律宾等地用作能源作物，每吨甘薯可生产190升无水乙醇，用于替代日渐耗竭的石油资源。

中国甘薯

甘薯最初于明万历年间[2]分别由菲律宾、越南传入我国福建泉州和广东东莞。在灾荒年代，甘薯是填饱肚子的主要食物来源，曾救活过千千万万的灾民。清朝康乾年间我国人口的暴增，与甘薯、马铃薯等外来高产、抗逆、广适性作物引进有一定关系。我国是世界上最大的甘薯生产国，常年甘薯种植面积为7 500万~8 000万亩，占耕地总面积的4.2%，位列第五大作物。甘薯主产区是淮海平原、长江流域和东南沿海各省，以四川、河南、山东、重庆、广东和安徽等面积较大。优质产地有福建漳浦、浙江临安、广东湛江和海南澄迈等。漳浦的红蜜薯产于土质疏松、通气性良好、昼夜温差大的海边沙地，无筋无丝，入口顺滑，香甜软糯，被称为中国最好吃的甘薯之一。2015年全国甘薯品种以淀粉型为主导，食用型次之；北方以淀粉型为主，南方以食用型为主，长江中下游地区两者兼而有之。鲜食薯比重约为30%，消费量2 500万~3 000万吨；淀粉及其他产品加工比重约占55%，消费量4 500万~5 500万吨；饲料、留种及损耗约占15%。

---

① 成分较为复杂，包括淀粉、葡萄糖、果糖、蔗糖、果胶、木质素、单宁、色素等，含量越高，饲料营养价值越大。

② 万历（1573—1620）是明神宗朱翊钧的年号，共48年，为明朝所使用时间最长的年号。

▲ **烤红芋** 张青义

烤红芋（甘薯、红薯）堪称人间美味。在农村，人们把红薯捂在柴火坑里，或埋在冬天取暖用的火盆里，半小时左右就能烤软烤熟，焦香扑鼻，令人垂涎。在城市，经常会见到放着烤红薯炉子的三轮车，烤炉全封闭，分为几格而且可以旋转。不熟的在炉子里烤着，烤熟的摆在铁炉子上面，糖分析出在薯皮表面，发出诱人的黑褐色油光。炉子烤出的味道不如农村土法烤制，对红薯粉丝来说也是难得的美味。就像画中那样，冬天放学后，烤红薯的芳香把一群小朋友们引诱到火炉前，一块热乎乎、软甜似蜜的红薯，承载了小学时代无忧无虑的欢乐时光。

文学说画

我对烤红薯是情有独钟，百吃不厌。卖烤红薯的大多都认识我，都知道我的口味。只要在街上见到我，就会对我喊："姑娘，刚出炉的，热乎着呢！"特别在下班的路上，买来橘红瓤的烤红薯，咬开那硬纠纠、牛皮筋似的皮儿，轻轻吮上一口，那一团含着滚烫的热烈、沁着芬芳的甘甜、漾着金黄的薯肉，那香甜、那软溜、那圆润，骤然心感温暖，真比吃肉还香。

对烤红薯的喜爱缘由极深极早。我的家乡在深山，地薄面少，地面大的地块要种小麦、玉米，靠水渠边的地块要种稻谷，只有在坡上的挡弯才会种上红薯。娘说1968年春季出生的我，没有奶水吃，全靠喂烧红薯当奶粉吃。因为粮食奇缺，经常是饔飧不继，队里种的红薯极少，当时生产队是按人头和工分分配粮食，家家户户分的红薯更少，可乡邻们总是给我家送红薯让娘烧熟喂我。后来允许开荒，于是坡上的挡沟一小块一小块都被种上了红薯。

红薯繁殖快、结实多、耐旱，生命力强，不需施肥，多么贫瘠的土地，都能结出果来。它的嫩叶嫩芽可当菜吃，藤条可做猪饲料，结好的薯子可烤、可蒸、可晒，哪怕是地下的老藤也能当作牛饲料。在乡邻的眼中红薯全身是宝啊。

（刘丽娟《怀念村里种红薯的日子》）

第10节 谷 子

谷子类作物包括多种籽粒很小的禾本科植物，包括粟（*Setaria italica*）、稷（*Panicum miliaceum*）、珍珠稷（*Pennisetum glaucum*）和龙爪稷（*Eleusine coracana*）。粟（谷子）和稷（糜子）主要集中在中国，珍珠稷和龙爪稷广泛分布于印度和非洲。谷子类作物具有抗旱、耐高温、生长期短且产量可观等优势，特别适合亚洲、非洲的半干旱地区。2015年世界谷子类作物面积2 949.7万公顷，总产2 862.4万吨，印度（1 163.0万吨）为最大产国，其次为尼日尔（340.5万吨）、中国（240.0万吨）、马里（186.4万吨）和尼日利亚（148.5万吨）；平均单产0.97吨/公顷，乌兹别克斯坦高达6.40吨/公顷，中国为2.94吨/公顷。

经济价值

谷子成熟后加工成的小米，是我国北方居民的主要粮食之一。小米营养价值较高，含碳水化合物72.8%，蛋白质11.0%，脂类4.5%，以不饱和脂肪酸为主。较高的脂类含量赋予了小米粥独有的油光，这也是著名小米产地陕北米脂县的地名来源。米脂县志记载："地有米脂水，沃壤宜粟，米汁渐之如脂。"小米还富含维生素B_2、维生素B_3、维生素B_5、维生素B_6和维生素B_9等B族维生素和铁、锌、磷、镁、锰等矿质营养。小米有清热、清渴、补脾肾肠胃、利小便、治水泻等功效，可入药。因此，清香柔滑的小米粥有"代参汤"之美称，是妇女产后滋补调养的最佳膳食。小米还可酿酒，制饴糖。谷子茎叶是优等饲料，饲用价值接近豆科牧草，含粗蛋白质3.16%，约为一般牧草的1.5～2.0倍。粗脂肪含量1.35%、钙0.32%、磷0.14%，纤维素少，质地柔软，是骡、马等大牲畜的优质饲草。未脱壳的谷子是鸽子、鹌鹑、鹦鹉、金丝雀等宠物鸟的优质饲料。

五谷概说

"五谷"的称谓始见于《周礼》《论语》等著作。在春秋战国时代，古人崇信"阴阳五行"，凡事多以"五"概之，例如五金、五土、五味、五官等，把粮食作物也泛称为"五谷"，但不特指五种。较为公认的是九谷，即黍、稷、稻、粱、菰、豆、小麦、小豆和麻。其中，粱即"黄粱美梦"中的粱，指的是粟而不是高粱。菰即茭白，其籽粒菰米为古时主食之一，即李白"跪进雕胡饭，月光明素盘"诗中的雕胡饭，今为蔬菜，不收菰米。麻指大麻和芝麻。大麻为雌雄异株，雄株纤维细柔，用作纺织；雌株籽粒可食。

粟为禾本科黍族狗尾属，而黍和稷为禾本科黍族稷属，黍米黏性而稷不黏。古人敬重稷，尊稷为"五谷之长""五谷之神"，稷神与社神祭祀往往并提，"社稷"成为国家的象征。自新石器时代晚期取代黍、稷的地位后，粟一直是北方地区的重要食粮，是古代税收的来源之一、社会财富的重要象征。"忆昔开元全盛日，小邑犹藏万家室。稻米流脂粟米白，公私仓廪俱丰实。"杜甫在《忆昔二首》中回忆了农业丰收，粮食储备充足，水稻、谷子储满仓库的开元盛世情景。

中国谷子

谷子起源于我国，是世界最古老的粮食作物之一，曾是古代第一粮食作物，目前主要分布在内蒙古、河北、山西和陕西等地。北京门头沟区东胡林人遗址出土了距今近万年的少量栽培的粟和黍遗存。距今8 000～7 000年前，粟和黍的种植技术在北方广泛传播开来。该时期的河北磁山遗址中出土了大量炭化粟，表明当时粟作已比较发达。谷子以其耐旱、耐瘠、耐贮存等生物学特性，象征着华夏子孙艰苦奋斗、坚韧不拔的优秀品质，粟文化深深烙印在国人的精神世界。古有伯夷、叔齐"不食周粟"，饿死于首阳山。"春种一粒粟，秋收万颗子。四海无闲田，农夫犹饿死。锄禾日当午，汗滴禾下土。谁知盘中餐，粒粒皆辛苦。"这种关注民生、珍惜粮食的情怀延续至今，并被收入教材，世代传颂。

丰年大运　丰年大运 李广利

　　"只有青山干死竹，未见地里旱死粟"。谷子抗旱能力强，在干旱的陕北山区，战胜了小麦、玉米而成为主要粮食作物。陕北光热资源充足，昼夜温差大，养分积累多，产出了最优质的小米。陕北小米曾滋养了延安千千万万的革命战士，用小米加步枪打败了飞机和大炮，建立了新中国。毛主席深情地说："长征后，我党像小孩子生了一场大病一样，是陕北的小米，延河的水滋养我们恢复了元气。"著名诗人贺敬之写道："羊羔羔吃奶眼望着妈，小米饭养活我长大。"色泽金黄、香气馥郁的陕北小米已融入了中华民族的历史。

　　我国传统谷子生产手段相对落后。谷子收获主要靠人工镰刀收割，掐穗，碾压，脱粒，人工成本高，效益低。

　　谷穗低垂相互绞缠性大，大穗中包含了众多小穗，小穗脱粒困难；穗轴易被破碎，增加谷粒清选难度。这些困难使收割成为谷子机械化中的最大"瓶颈"。

　　近年来，我国研发了谷子专用的联合收割机，具有收割速度快、脱粒清选效果好、谷粒损失少的优势，带动了谷子面积的稳步增长。

◀ 收谷子　辛江龙

第11节 高　粱

　　高粱（*Sorghum bicolor*），禾本科、高粱属一年生草本植物，又名蜀黍，世界五大禾谷类作物之一。高粱原产非洲赤道附近的苏丹和埃塞俄比亚等地，有近7 000年的栽培史。经驯化后传入印度，后传入我国。高粱抗旱、抗涝、耐盐碱、耐瘠薄，具有广泛的适应性和较强的抗逆能力，属于高产稳产作物。无论肥沃的平原，还是干旱丘陵、瘠薄山区，均可种植。2015年世界总面积4 164.3万公顷，总产6 592.5万吨，主产国有美国、尼日利亚、印度、墨西哥和埃塞俄比亚，中国275.2万吨，位居第七；平均单产为1.58吨/公顷，阿尔及利亚较高，为12.17吨/公顷，中国为4.79吨/公顷。

经济价值

　　高粱米是我国、朝鲜、俄罗斯、印度及非洲等地的食粮之一。主要养分含量：淀粉65%～70%、粗蛋白9%、粗脂肪3%、粗纤维2%～3%。食用方法主要是为炊饭，或磨制成粉后再做成其他食品，如面条、面鱼、面卷、煎饼、蒸糕、黏糕等。20世纪80年代之前，高粱曾是我国东北地区的主食。

　　高粱是主要的酿酒原料。不同粮食酿造出的白酒风味差异很大，小麦糙，糯米绵，大米净，玉米甜，高粱香。好酒离不开红粮。高粱籽粒中除含有酿酒所需的大量淀粉、适量蛋白质及矿物质外，还含有单宁，能抑制发酵有害微生物，提高出酒率，并产生丁香酸和丁香醛等独特香味物质，赋予茅台、五粮液、西凤等名酒以浓郁的中国风味。优质酿酒高粱单宁含量要求在0.5%～1.5%，进口高粱单宁含量低于0.1%，不适合酿造中国白酒。我国规模以上白酒企业每年酿酒总产量约为130亿升，相当于平均每人20瓶白酒。巨大的白酒市场为高粱等酿酒作物研究和生产提供了强劲动力。

　　高粱还是重要的饲料来源。高粱淀粉消化率相当于玉米的90%～95%。蛋白质品质不佳，缺乏赖氨酸和色氨酸等必需氨基酸，消化率较低。单宁含量较高，味苦涩，影响适口性，且影响蛋白质和氨基酸的利用率。脂肪酸中饱和脂肪酸比例略高；矿物质钙、磷含量与玉米相当。总体上，高粱的营养价值虽不及精料，但来源较多，价格低廉、能降低饲养成本。甜高粱的茎秆含有大量汁液和糖分，是新兴的饲料、糖料和能源作物。

中国高粱

　　我国高粱主产区是东北和西南，各省区2015年的产量为：吉林（83.84万吨）、四川（40.20万吨）、内蒙古（39.58万吨）、辽宁（29.90万吨）、贵州（23.86万吨）和黑龙江（17.66万吨）。2015年我国进口了1 069.9万吨高粱，用于替代玉米做饲料，酿酒高粱仍依赖本国生产。近年来，居民生活水平的改善促进了优质纯粮白酒消费，酿酒高粱需求逐年增加。在四川、贵州等白酒主产区，因耕地限制，酿酒用的优质糯高粱供不应求。内蒙古、辽宁和黑龙江等北方地区乘势而上，在酿酒高粱育种、生产机械化等方面取得了突破，推动了酿酒高粱生产的快速发展。另外，随着养殖业圈养比例的提高和对饲料品质要求的提升，甜高粱和饲草高粱作为青贮和青饲比例加大，高粱用途呈现多样化趋势。当前生产上对机械化栽培高粱的需求迫切，但现有品种基本不适合机械化栽培，种植、管理、收获脱粒等环节几乎全是利用传统农具或手工作业。农村劳动力大量转移，留守劳动力不足，人工间苗、人工收获的传统高粱生产方式难以为继，规模化、机械化是高粱产业发展的必然方向。

▲ **醉了农家**　傅蕊霞

　　幸福是什么？幸福是抽象的，不在别人的眼里和嘴里，而是在自己的心中，踏实满足，心情畅快，胸怀开阔，乐观向上。幸福又是具体的，因人而异。对庄稼汉来说，幸福就是在田里辛苦劳作一季后，就着几道农家土菜，和亲朋好友在热炕头上喝的那杯庆贺丰收的纯粮美酒。这是一种淳朴的幸福观，源自用勤劳的双手创造丰足生活后的踏实感和自豪感，朴实爽朗，畅快淋漓，丝毫不逊于锦衣玉食、宝马香车等物质享受带来的感官快乐。

第12节　杂　豆

　　杂豆是指除大豆外的豆类作物，如菜豆、绿豆、小豆、蚕豆、豌豆、豇豆、小扁豆、黑豆等，为粮食、蔬菜、饲料绿肥兼用作物。一般生长期短，种植面积小，种植区域窄，产量较低，但富含多种微量营养成分和生物活性物质。以杂豆为代表的五谷杂粮是膳食纤维、B族维生素、锌、铁、钙以及抗氧化活性物质的主要来源之一，能增加饮食种类的多样性，提供均衡全面的营养。杂豆具有较强的适应性，可在低洼地、瘠薄田、新垦地上种植；具有较强的固氮能力（如蚕豆根瘤菌每年固氮约200公斤/公顷），是良好的倒茬作物；生长期较短，又是旱涝后补种的救灾作物。

豌豆

　　豌豆（*Pisum sativum*），豆科豌豆属，起源于西亚、地中海等地区。我国主产区在四川、河南、湖北、江苏、青海、江西等省，2015年青豌豆产量为1 181.4万吨，约为世界总产的60%。豌豆籽粒含碳水化合物约60%，蛋白质25%，脂类2%，富含维生素B_1、维生素C和维生素K，以及铁、锌等微量养分。鲜嫩豌豆茎、青豌豆是优质蔬菜，欧洲和北美以鲜食为主，是餐桌上的常见蔬菜。豌豆与小麦、大麦共同组成了酿酒大曲原料，占酒曲的30%～50%，对于微生物种类、数量以及曲香、酒香具有重要影响，赋予中国白酒以独特的绵柔醇厚和芳香甘冽。豌豆茎叶、荚皮和籽粒均是营养价值高的饲料。

蚕豆

　　蚕豆（*Vicia faba*），豆科蚕豆属，原产西亚、北非，又称胡豆。我国年产150万吨，居世界第一，每年出口量约8万吨。籽粒碳水化合物含量约58%（含25%膳食纤维），蛋白质26%，脂类1.5%，富含B族维生素，以及铁、锌等矿质元素。蚕豆粉丝、蚕豆粉皮、蚕豆酱、五香蚕豆等制品广受消费者喜爱。郫县豆瓣酱具有辣味醇厚、鲜红油润、回味悠长等特点，有川菜之魂的美誉。蚕豆柔嫩的茎叶可作为蔬菜或饲料。

小豆

　　小豆（*Vigna angularis*），学名赤豆，也称红豆、红小豆，豆科豇豆属，起源于我国。籽粒碳水化合物含量56%～61%，蛋白质21%～29%，脂类0.14%～3.64%，富含维生素B_9以及铁、锌等矿质营养，被誉为粮食中的"红珍珠"，是调剂生活、增进营养的饮食佳品。小豆与大米、小米、高粱米等搭配可煮粥，做成红豆稀饭，为北方居民喜爱的日常饮食。小豆汤有清热解暑、利尿解毒、润肠通便等多种功效。小豆面粉与面粉、米粉、玉米面等配合成的杂粮面，能制作多种食品。小豆出沙率为75%，是豆沙的主要原料。

绿豆

　　绿豆（*Vigna radiata*），豆科豇豆属，原产印度、缅甸地区，中国已有两千余年的栽培史，是绿豆主要出口国。籽粒碳水化合物含量约为63%，蛋白质24%，脂类1%，富含B族维生素，以及钙、铁、锌等矿质元素。传统绿豆制品有绿豆芽、绿豆糕、绿豆酒、绿豆饼、绿豆沙、绿豆粉皮等。绿豆蛋白质、鞣质和黄酮类化合物可与有机磷农药及汞、砷、铅等重金属结合形成沉淀物，减弱其毒性。绿豆皮具有清热解毒之功效，绿豆浆可保护胃肠黏膜。绿豆汤是夏季常备的消暑饮料，可以补充大量出汗所丢失的矿物质和维生素，平衡代谢，清热解暑。

▲ 摘豆角　　张青义

　　关中农村具有独特的饮食风俗。早饭要等早上下地归来10时左右，以米汤或稀粥为主，兼以蒸馍。晚饭俗称喝汤，也以稀饭为主。红豆稀饭是早、晚饭的主食品种，色泽红润，口感顺滑，营养丰富，更与秦镇米皮、腊汁肉夹馍形成绝配，号称"吉祥三宝"。

　　红豆等杂豆生产在关中一直受到重视。20世纪70年代以前，因自然灾害频发和防治病虫害能力较差，户县农田套种较多，以求不收此而收彼。如小麦地套豌豆、扁豆，玉米地套红豆，谷子地套大豆。90年代以后，因农业生产专业化和机械化的发展而不再套种。画中显示了红豆和玉米套作的情形，这种模式可以充分发挥两种作物在生育季节、植株高度和养分需求上的互补优势。

　　画中豌豆呈现红、蓝、绿等多种颜色，恰是杂豆类作物种类、用途和营养多样性的真实反映。以酿酒为例。陕西特产西凤酒属于大曲酒，主要用豌豆和大麦制曲。酒体集清香、浓香之优点，酸、甜、苦、辣、香五味俱全而各不出头，尽显浓郁的西北风情。

◀ 硕果累累　　李芳兰

第13节 苹 果

苹果（*Malus pumila*），蔷薇科苹果属，温带落叶乔木，由天山两侧的新疆野苹果（*Malus sieversii*）与苹果属近缘物种杂交驯化而来。果实球形，味甜，口感爽脆，富含营养，与葡萄、柑橘、香蕉并称世界四大水果，有"温带水果之王"美称。苹果在道教中是仙果，北欧神话中的青春之果，希腊神话中的爱情之果。苹果的"苹"字和"平"同音，在中国也解作"平平安安"的吉祥含义。2015年世界苹果面积520.7万公顷，总产8 622.2万吨。中国面积232.8万公顷，总产4 261.3万吨，美国（453.8万吨）和波兰（316.9万吨）列二、三位。世界平均产量为16.56吨/公顷，瑞士最高为55.22吨/公顷，中国18.30吨/公顷。2015年世界苹果出口930.4万吨，意大利、美国和波兰位居前三，中国出口量83.3万吨，位列第四。

经济价值

世界上约有7 500个苹果品种，按用途分为熟食苹果、鲜食苹果和酿酒苹果，以鲜食为主。熟食苹果主要用于烹饪，通常个体较大，味道较酸，果肉组织较硬，这样在烹饪过程中不至于分解、变形。在英国，熟食苹果用于烹制苹果酱、苹果沙司、苹果蜜饯、苹果派和烤苹果奶酥等多种风味食品。酿酒苹果的含糖量较高，含有一定数量的单宁，赋予酒体以浓郁风味。苹果酒是苹果低温发酵，陈酿调配而成的果酒，为世界第二大果酒，仅次于葡萄酒。苹果酒口感滑润，酒精度适中（5%左右），为女性喜爱的聚会良品，流行于欧、美、澳等国家。

苹果是一种全方位的健康水果。"一日一苹果，医生远离我。"苹果是低热量食物，每100克只产生209千焦热量，适合减肥瘦身；富含有机酸、维生素、矿物质，满足人体所需养分。营养成分可溶性大，易被人体吸收，有"活水"之称，可使皮肤润滑柔嫩。苹果具有较低的糖化力，富含果胶质（半乳糖醛酸），不易引起血糖快速升高，适合糖尿病患者正常食用。苹果中的膳食纤维，不仅有助于控制血糖和胆固醇，还具有抗炎功效，有助于感染后恢复。苹果含有槲皮素、儿茶素、根皮苷、绿原酸等植物化学成分，具有较高的抗氧化活性，在一定程度上可抑制癌细胞扩增、降低脂肪氧化和胆固醇，从而降低心血管疾病、哮喘和糖尿病等发病风险。

中国苹果

新疆野苹果，也称绵苹果，在汉代已有记载，魏晋时代广泛栽培，主产地在陕、甘、青、新等西北地区。但由于产量低，品质差，不耐贮藏，目前生产上很少栽培绵苹果。新疆伊犁地区还有野生苹果树，是苹果改良的有益种质资源。19世纪中叶，欧洲苹果引入中国，先在山东烟台、辽宁大连、陕西洛川一带落户，并逐渐代替绵苹果。苹果是当前我国第一大果树，黄土高原、渤海湾、黄河故道和西南冷凉高地为四大主产区。黄土高原和环渤海湾为优势产区，面积分别为125.3万公顷和92.4万公顷。陕西是全球集中连片种植苹果最大区域，苹果产量占我国的1/3和世界的1/7，苹果汁产量为世界的1/3。

渭北黄土高原是联合国粮农组织认定的世界苹果最佳优生区。年均气温、降水量、1月中旬均温、极端最低气温、夏季均温、大于35℃日数、最低气温等7项气象指标，均符合生产优质苹果的最佳生态条件。乾县和洛川被称为"苹果之乡""世界苹果最佳优生区之一"。这里出产的苹果，以色、香、味俱佳著称。它具有果形优美，个大均匀，果面洁净，色泽艳丽，肉质脆密，含糖量高，香甜可口，硬度适中，耐贮藏等多方面优点，品质位居全国之冠，并已在欧盟成功注册地理标志保护。

▲　陕西红苹果　　朱丹红

　　画中展示了20世纪80～90年代我国苹果大发展时期的乔砧密植栽培模式，树干高大，树冠茂密，不利于日常管理和苹果采摘。当前苹果生产上普遍应用矮化栽培，采用矮化砧、矮生品种、整形修剪、化学调控等措施降低树干高度、优化树冠结构，从而显著降低作业难度，还可提早结果，增加产量，改善品质。

　　陕西渭北旱塬是世界苹果最佳优生区。以"苹果之乡"洛川县为例，全县苹果总面积50万亩，农民人均3.1亩，2012年果农人均收入开始突破万元。不少果农买了小轿车，在城里买了房。苹果产业发展带动了革命老区的脱贫致富。正如画中那样，苹果收获的季节，果农的心似苹果一样甜美，娃儿红扑扑的脸蛋，则映照了充满希望和阳光的未来。

　　时光倒流，回到20世纪80年代以前。那时我国苹果面积小，总产量低，供应不足，价格甚至与猪肉相当，特别是在农村，苹果更是少见。在吃肉都要等到逢年过节的日子，能吃上一个甜美多汁的大红苹果，无疑是梦寐以求的美事。

◀　苹果熟了　　金秋艳

第14节　柿

柿（*Diospyros kaki*），柿科柿属，原产东亚，我国长江流域、华南山区至今分布着很多野生柿树。全世界柿属约200种，我国有64种。果实形状有球形、扁桃、近似锥形、方形等；色泽从浅橘黄色到深橘红色不等，味甜多汁，素有晚秋佳果的美称。有甜柿和涩柿两种，涩柿成熟时单宁含量0.5%以上，脱涩后才能食用。"枣柿半年粮，不怕闹饥荒。"古时柿子还是救荒的储备食物。2015年我国柿树栽培面积91.6万公顷，产量379.1万吨，占世界的72%，主产地为山东、山西、陕西、河北和河南。

经济价值

园林绿化。柿树形态优美，枝繁叶大，冠覆如盖，荫质优良。入秋部分叶红，果实似火，是观叶、观果树种。《西厢记》的名句"碧云天，黄花地，西风紧，北雁南飞。晓来谁染霜林醉？总是离人泪"，其中"霜林醉"描写的就是当年蒲州城①外经霜打过后一片火红的柿树林。"柿叶红如染，横陈几席间。小题秋样句，客思满江山。"红红的柿叶飘落在席间几上，透露了秋意来临的信息，令满座宾客鼓起了欣赏大好秋景的雅兴。

营养价值。柿子所含维生素和糖分比一般水果高1～2倍，并富含膳食纤维，以及类胡萝卜素、铁和锰等微量养分。柿子是慢性支气管炎、高血压、动脉硬化、痔疮等患者的保健食品。柿饼具有涩肠、润肺、止血、和胃等功效。柿叶煎服或冲开水当茶饮，有降低血压、镇咳化痰等作用。但柿子单宁含量较高，能与钙等矿物质络合，不宜过量食用。

美味食品。"色胜金衣美，甘逾玉液清。"除鲜食外，柿子还能制成柿饼、柿脯等食品。以临潼火晶柿子制成的黄桂柿子饼，色泽金黄，黄桂芳香，绵软香甜，是每年秋冬季节的时令佳品。以富平尖柿制成的合儿饼，形似圆月，肉红透明无籽，凝霜后，白里透红，皮脆柔软，清甜芳香。柿子还可酿酒、制糖和酿醋。柿子醋是我国传统食品，豫西、陕西等地有数百年历史，风味独特，口感醇厚，具有增强食欲、促进消化、降压降脂、软化血管等多重功效。

中国名柿

中国六大名柿包括：华北的"世界第一优良种"的大盘柿；河北、山东一带出产的莲花柿、镜面柿；河南以及陕西泾阳、三原一带出产的鸡心黄柿；河南以及陕西富平的尖柿；浙江杭州古荡一带的方柿。此外，陕西临潼火晶柿、华县陆柿、彬县尖顶柿、山东青岛金瓶柿、青州大萼子柿等名种柿子，皮薄、肉细、个儿大、汁甜如蜜，深受消费者青睐。近年来，在河北、山东和陕西等传统产区，由于加工能力不足，农村劳力外出务工，大量柿子无人采摘而挂在枝头，火红绚烂，鲜艳欲滴，成为人们观赏、怀旧的深秋风景。

柿文化

柿与"事""世"谐音，用于表现吉祥如意的美好愿望。万柿如意，传递着对亲朋工作、生活的美好祝愿。柿子作为祥果之一，被广泛地运用于各种礼俗活动中。在旧时婚俗中，柿是必备的祥果之一，表示婚后"事事如意"。在老北京岁时习俗中，旧历正月初一要用掺有枣、栗、龙眼、柿饼的金银米（大米和小米）做成的年饭上供，一直要到初五才撤下。讲究人家还要准备一个"百事大吉盒"，内装柿饼、荔枝、桂圆、栗子、熟枣等，供初一当天食用。旧时江南在正月初一将柏树枝、柿子（或柿饼）与金橘一起放入瓷或陶制盘子中，组合成吉祥品置于堂前茶几上，借其谐音，谓之"百事大吉"。

---

① 今山西永济。

无病斑虫眼，外形完好，成熟度一致的优品柿子才能做成柿饼。画面展示了去皮和吊杆这两个柿饼制作的关键环节。去皮需要专门工具，去掉外皮又不伤及果肉，速度较慢，熟练工每天也不过去皮上百斤。去皮之后是吊杆，串好柿子，挂在架子上，柿子之间要有间隙，保持通风透光。其后，再经日晒压捏、熏硫脱涩、捏晒整形、定型捂霜等流程，美味柿饼就新鲜出炉了。

◀ **万柿如意**　黄菊梅

◀ **喜　讯**　刘志德

"条桑初绿即为别，柿叶半红犹未归。不如村妇知时节，解为田夫秋捣衣。"柿树树冠开张，叶大光洁，绿树浓阴。夏日可遮阴纳凉，入秋则碧叶丹果，艳丽悦目，晚秋经霜后红叶胜枫叶。在柿树掩映下，人们在院子里劳作、吃饭、聊天和玩耍。柿树已融入西北、华北农村的日常生活，成为游子心中故园的象征。

文学说画

满树的柿子是在秋天成熟的。一场秋风一场雨之后，青色的柿子像变戏法一样，突然变成橘黄色的了。这时候白天太阳一照，晚上严霜一杀，则又变成了凝重的赭红色。主人家在拿柿子，口里念叨着"七月核桃八月梨，九月柿子红了皮"的那代代相传的歌谣。是的，这叫"拿"柿子，或者叫"卸"柿子，而不是叫"摘"柿子。"摘"这个字眼太轻浮了，太俗气了，太平凡了，而"拿"字或者"卸"字，有一种庄严的、沉重的、神圣的、虔诚的感恩心理在内。

（高建群《大平原》）

第15节　西　瓜

西瓜（*Citrullus lanatus*），葫芦科西瓜属，起源于非洲东北部。药西瓜（*Citrullus colocynthis*）可能是西瓜的野生祖先，考古发现，两者共存于距今3 000年前的埃及第十二王朝遗址和法老图坦卡蒙墓室。7世纪传入印度，大致于唐代引入我国新疆地区，在五代时期引入中原。西瓜在世界水果产量中居于首位，有"瓜中之王"美称。2015年世界西瓜面积343.2万公顷，总产1.14亿吨。中国为第一大国，面积186.1万公顷，总产7 714.0万吨。土耳其和伊朗总产分别为391.9万吨和371.4万吨，位列二、三位。世界平均单产33.1吨/公顷，巴勒斯坦高达65.52吨/公顷，中国为41.46吨/公顷。

经济价值

西瓜是盛夏佳果，含水91%，糖6%，维生素C含量较高，并含番茄红素等有益成分。西瓜主要用于切片鲜食，冰箱或井水冰镇后食用最佳，含水量高且味道甘美，是盛夏消暑降温、补充水分的最佳水果。西瓜性寒，味甘甜，有清热解暑、生津止渴、利尿除烦等功效。"下咽顿除烟火气，入齿便作冰雪声。"也可切块做成水果沙拉或榨成西瓜汁，清爽解渴，甜美宜人。西瓜子是休闲食品。市面销售的西瓜子来自兰州打瓜等专用品种。打瓜也称籽瓜，瓜子黑边白心，颗粒饱满，片形较大，国际市场上专称为"兰州黑瓜子""兰州大板瓜子"。西瓜皮被中医称为"西瓜翠衣"，具有清热解暑、泻火除烦、降血压等作用，对咽喉干燥、唇裂也有一定疗效。西瓜皮直接擦拭肌肤，或捣成泥浆状涂在皮肤上，有养肤、嫩肤、防治痱疮等作用。西瓜皮及瓜子壳所制成的西瓜霜，能够治疗口疮、急性咽喉炎等症。

西瓜之乡

我国西瓜主产区为河南和山东，面积超过200万亩，安徽、湖南、广西和江苏等地面积也超过100万亩。西瓜遍布南北，涌现出了一批著名的西瓜之乡，如北京大兴、吉林洮南、辽宁新民、河南夏邑、山东昌乐、陕西户县、宁夏中卫、江苏东台和浙江平湖等。例如，中卫的香山压砂瓜，因采用压沙覆盖栽培而得名，也称"石头缝里的西瓜"。具有个大皮厚、果肉鲜红、果汁丰富、甘甜爽口、舒心如蜜等特点，糖分含量高达15%，且富含硒、锌等有益元素，又称"中卫硒砂瓜"，已获得国家地理标志产品称号，成为北京奥运会、上海世博会的专供果品。中卫等众多西瓜之乡具备沙质壤土和昼夜温差大的优异生态条件，有合适的优良品种及成熟配套的栽培技术，且市场营销完善，主打特色品牌。这样，既能生产出大量优质西瓜，又能迅速销售出去转化为瓜农收入，把西瓜这一消暑佳果在盛夏做的风生水起。

西瓜文化

西瓜是外来物种，唐代始入中国，到宋代才大面积种植。初来乍到的西瓜，以其味甘、汁甜，消暑解渴等新特质迅速征服了古代文人的心。南宋方回在《秋大热上七里滩》中写道："西瓜足解渴，割裂青瑶肤。"一个"足"字，道出了西瓜的汁多味甜。而文天祥的《西瓜吟》更是声色俱佳："拔出金佩刀，斫破苍玉瓶。千点红樱桃，一团黄水晶。"有形，有声，有色，有味，新颖别致，意趣盎然。范成大写过不少西瓜诗："碧蔓凌霜卧软沙，年来处处食西瓜。""昼出耘田夜绩麻，村庄儿女各当家。童孙未解供耕织，也傍桑阴学种瓜。"可见宋人种瓜吃瓜是生活中的常事。人们在吃西瓜的同时，还写下了许多颇有情趣的对联。比如：堂中摆满翡翠玉，弯刀劈成月牙天。这是古时一家西瓜店的对联，类似今天的广告，西瓜的鲜活水灵呼之欲出。"坐南朝北吃西瓜，皮向东甩；思前想后观《左传》，书往右翻。"这幅富有趣味的对联更凸显出我国语言文化的博大精深。

▲ **月光曲**　　陈秋娥

一轮圆月挂在树梢，蓝色月光笼罩下，一家三口在瓜田边享受着夜晚的静谧和惬意。白天劳作的疲惫，似乎随着男人悠扬的笛声，消散在空寂、渺远的夜空。玩累了小孩，躺在妈妈温暖的怀里，在轻柔的摇篮曲中甜美地睡去。小狗也受到了感染，立起前肢，歪着头，见证这温馨、浪漫的幸福时刻。父母所在，即是家的所在，纵然是庄稼地旁、西瓜棚边，也是温暖的港湾。

有父母陪伴着长大是幸福的。2013年5月全国妇联发布的研究报告指出，我国约有6 100万留守儿童，相当于意大利人口总数。留守儿童的成长没有父母陪伴，多由祖辈照顾，"隔代教育"问题最为突出。容易出现亲情饥渴，在心理健康、性格等方面出现偏差，学习受到影响，留下一生的遗憾，有的甚至走向犯罪道路。留守儿童问题是现代化进程的一个独特的社会问题，已引起全社会的关注。

文学说画

当我躺在妈妈怀里的时候，常对着月亮甜甜地笑；她是我的好朋友，不管心里有多烦恼，只要月光照在我身上，心儿像白云飘啊飘……

当我守在祖国边防的时候，常对着月亮静静地瞧；她像妈妈的笑脸，不管心里有多烦恼，只要月光照在我身上，心儿像白云飘啊飘……

月亮，我的月亮，请你夜夜陪伴我；月亮，我的月亮，请你夜夜陪伴我，一直到明朝……

（尤小刚、韩静霆《月亮之歌》）

第16节 葡 萄

葡萄，葡萄科葡萄属（*Vitis*），驯化于6 000～8 000年前的中东。葡萄果实表面伴生有酵母菌，是人类最早用于酿造的发酵微生物。考古学表明，最早的葡萄酒出现于距今8 000年前的格鲁吉亚。葡萄可鲜食，还能酿酒、制汁、制干。鲜食葡萄一般较大、无籽、薄皮。酿酒葡萄则较小、有籽，皮较厚（酒香味物质的主要来源），含糖量较高，可达24%。榨汁葡萄的含糖量适中，约为15%。葡萄是位于柑橘后的世界种植面积第二大的水果。2015年为712.7万公顷，总产7 683.6万吨，中国以1 366.9万吨位居第一，意大利、美国、法国和西班牙顺列其后，均超过500万吨。世界平均单产为10.78吨/公顷，我国为17.10吨/公顷。据估算，71%的葡萄用于酿酒，27%鲜食，少部分用于生产葡萄干、葡萄汁。2014年世界葡萄酒产量为2 910.6万吨，意大利、西班牙、法国位居前三，均超过400万吨，中国产量为170.0万吨。

种群分类

葡萄属约有70余种，野生种分布于北半球温带和亚热带地区。按地理分布和生态特点，一般把葡萄属分为三个种群：欧亚种群、北美种群和东亚种群。欧亚种群仅有欧洲葡萄（*Vitis vinifera*）一个种，世界著名鲜食和加工品种均属于本种，占葡萄产量的90%以上。东亚种群约有10个种原产中国，包括分布在东北、华北的山葡萄，分布在长江流域丘陵区的刺葡萄，以及分布在陕西和南方的华东葡萄。山葡萄是葡萄属中抗寒性最强的一个种，常用来作抗寒砧木和抗寒育种的亲本材料。此外，龙眼、牛奶和红鸡心等我国古老葡萄品种具有抗逆性强、品质佳等优良性状，是葡萄育种的有益种质资源。

经济价值

葡萄适应性强，产量高，经济效益好。葡萄果树的生长寿命很长，一般能达80～100年，结果期一般也能达到30～50年以上。山东、山西、辽宁、新疆等地都有几十年树龄但仍然高产的大葡萄树。山西清徐县仁义村一株黑鸡心葡萄树，树龄高达180年，占地一亩，最高年产约2 000公斤葡萄。

葡萄含糖量高达10%～30%，以葡萄糖为主。富含多种果酸，有助于消化。葡萄还含有钙、钾、磷、铁等矿物质，以及B族维生素、维生素C等。鲜葡萄中的黄酮类物质能降低人体血清的胆固醇水平，预防心脑血管病。葡萄皮中的白藜芦醇、葡萄籽中的原花青素等生物活性物质含量较高。葡萄酒果香醇厚，馥郁芬芳，与牛排、沙拉、奶酪等搭配，更能烘托出西餐美食的质地风味，为西方人正餐的必备饮料。葡萄汁可以防暑解渴、降压健体。葡萄干味道甜美，营养丰富。葡萄籽含油10%～20%，具有降胃酸、通肠利便、增黑毛发等功能，也可作化工用油。

中国葡萄

中国是世界上葡萄栽培较早的地区之一。先秦时期，西域已开始葡萄种植和葡萄酒酿造。自西汉张骞凿空西域，引进大宛葡萄品种，中原内地葡萄种植的范围开始扩大。唐贞观之后，内地才开始酿造葡萄酒。王翰在《凉州词》中写到："葡萄美酒夜光杯，欲饮琵琶马上催。醉卧沙场君莫笑，古来征战几人回？"是吟咏葡萄酒的千古名作。鲍防《杂感》中提到："汉家海内承平久，万国戎王皆稽首。天马常衔苜蓿花，胡人岁献葡萄酒。"天马和葡萄酒成为盛世大唐的物质象征。葡萄现为我国第五大水果，位居苹果、柑橘、梨和桃之后。葡萄种植产区主要集中在西北、华北和东北，新疆葡萄种植面积居于首位，面积占全国的19.4%，其他主产省还有河北、山东、辽宁、云南、浙江、河南、江苏和陕西。河北宣化的葡萄栽培已有1 300余年历史，至今仍沿用传统的"漏斗形"庭院栽培方式，"宣化城市传统葡萄园"于2013年入选全球重要农业文化遗产名录[①]。

[①] 截至2018年，我国共有15个项目入选全球重要农业文化遗产名录，例如甘肃迭部扎尕那农林牧复合系统、浙江湖州桑基鱼塘系统、山东夏津黄河故道古桑树群、中国南方山地稻作梯田系统等。

▲ **七巧**　　沈英霞

乞巧，也称七巧，我国重要的岁时风俗。农历七月七日夜，穿着新衣的少女们在庭院向织女星乞求智巧，称为"乞巧"。乞巧的方式大多是姑娘们穿针引线验巧，做些小物品赛巧，摆上些瓜果乞巧，各地传统民间的乞巧方式不尽相同，各有趣味。近代的穿针引线、蒸巧馍馍、烙巧果子、生巧芽以及用面塑、剪纸、彩绣等形式做成的装饰品等亦是乞巧风俗的延伸。

文学说画

渔 家 傲

欧阳修

乞巧楼头云幔卷，浮花催洗严妆面。花上蛛丝寻得遍。鬟笑浅，双眸望月牵红线。

奕奕天河光不断，有人正在长生殿。暗付金钗清夜半。千秋愿，年年此会长相见。

赏析：闺中待嫁的少女一番梳妆打扮，来到月下，虔诚地向织女乞巧。希望女红技艺得到织女的点拨而精进，也希望炽烈纯真的爱情能有完满的结局，人人都能实现千秋的凤愿。

中秋佳节，圆月当空，清光洒满葡萄树下的小院。父母远在东南沿海务工，留守在家的小朋友们品着月饼，聆听着邻居阿姨关于月亮、关于团圆的故事。

月亮的故事 ▶
傅蕊霞

文学说画

八月十五日夜湓亭望月

白居易

昔年八月十五夜，曲江池畔杏园边。今年八月十五夜，湓浦沙头水馆前。
西北望乡何处是，东南见月几回圆。昨风一吹无人会，今夜清光似往年。

赏析：这首诗极尽曲折的突出了诗人在中秋团圆之夜的孤寂心情。当年白居易因贬谪而由政治、文化中心的西北（长安）向偏远的东南方流动，如今西北地区大量青年人为了追求幸福而常年在东南经济发达地区打工。彼时今日虽因缘、目的各异，但面对一轮圆月时的思归心情是一致的，其中所折射的人文、经济地理的变迁也令人慨叹。

第17节 蔬 菜

蔬菜主要指以柔嫩多汁器官或整个植株供食用的草本植物。有些木本植物的嫩茎、嫩芽以及某些食用菌类、藻类等也常作蔬菜用。蔬菜是人体营养的重要来源，可熟食，也可生食，还可加工成为腌渍品、干制品和罐头等，是食品工业的重要原料。2015年世界蔬菜面积为2 028.1万公顷，总产2.88亿吨，中国为1 033.7万公顷，总产1.67亿吨[①]，印度和越南位居其后。2014年世界蔬菜进出口贸易总量约为1.54亿吨，进出口总额为1 750亿美元，鲜冷冻蔬菜、加工保藏蔬菜、干蔬菜和蔬菜种子分别占54%、33%、9%和4%。

农业分类

根据产品器官的生物学特性，将蔬菜分为11类：①根菜类。包括萝卜、胡萝卜、芜菁、辣根、美洲防风、牛蒡等。②白菜类。包括白菜、芥菜、甘蓝等。③茄果类。包括番茄、茄子、辣椒等。④瓜类。包括黄瓜、西瓜、南瓜、西葫芦、甜瓜、冬瓜、丝瓜、佛手瓜、苦瓜等。⑤豆类。包括菜豆、豇豆、毛豆、扁豆、豌豆、蚕豆等。⑥葱蒜类。包括洋葱、大葱、大蒜、韭菜等。⑦薯芋类。包括马铃薯、姜、芋、山药等。⑧绿叶蔬菜类。包括芹菜、莴苣、菠菜、苋菜、蕹菜等。⑨水生蔬菜类。包括莲藕、茭白、慈姑、荸荠、菱、水芹菜等。⑩多年生蔬菜类。包括竹笋、金针菜、芦笋、百合、香椿等。⑪食用菌类。包括平菇、草菇、香菇、木耳、银耳等。

经济价值

(1) 提供均衡营养。蔬菜富含多种维生素、矿物质、膳食纤维，还能提供番茄红素、大蒜素等有益生物活性成分，有增强食欲、促进消化、维持体内酸碱平衡等作用。薯、芋、豆类蔬菜含有较多的碳水化合物和蛋白质，可以补充人体所需的热量和蛋白质。随着生活水平的提高，稻米、面食等主食消费量逐年减少，蔬菜的比重不断增加，在丰富食物多样性、保障全面均衡营养等方面的作用凸显。

(2) 增加农民收入。蔬菜商品率高，比较效益好，是农民收入的重要来源。据农业部测算，2010年蔬菜对全国农民人均纯收入贡献830多元，占农民人均收入的14%。以蔬菜之乡山东寿光为例，该市蔬菜播种面积约为80万亩，2016年销售收入180亿元，农民人均收入3万元以上，其中70%来自蔬菜。

(3) 促进城乡就业。蔬菜产业属劳动密集型产业，吸纳了大量城乡劳动力。据不完全统计，2010年，与蔬菜种植相关的劳动力1亿多人，与蔬菜加工、贮运、保鲜和销售等相关的劳动力8 000多万人，形成了规模庞大的产业。2013年蔬菜产值高达1.4万亿元，以占种植业总面积12%的土地创造了种植业近34%的产值，超过粮食作物，成为有竞争力的就业渠道。

(4) 平衡国际贸易。加入世界贸易组织后，我国蔬菜比较优势逐步显现，出口增长势头强劲，在平衡农产品国际贸易方面发挥了重要作用。2015年，我国蔬菜出口达最高水平，全年累计出口132.67亿美元，进口5.41亿美元，贸易顺差127.26亿美元。主要出口品种为大蒜、干香菇、番茄酱（罐头）、生姜、洋葱等。

生产标准

我国蔬菜质量总体是安全的、放心的，但局部地区、个别品种农药残留超标问题时有发生，标准化生产是提升质量安全和营养风味的根本出路。按技术难易程度，蔬菜生产标准依次分级为无公害蔬菜、绿色蔬菜和有机蔬菜。

(1) 无公害蔬菜。指蔬菜中农药残留、重金属、亚硝酸盐等有害物质含量，控制在国家规定的允许范围内，食用后对人体健康不造成危害的蔬菜。严格来讲，无公害是蔬菜的一种基本要求，普通蔬菜都应达到这一要求。

(2) 绿色蔬菜。指遵循可持续发展的原则，在产地生态环境良好的前提下，按照特定的质量标准体系生产，并经专门机构认定，允许使用绿色食品标志的、无污染的、安全、优质、营养类蔬菜的总称。绿色蔬菜是从普通蔬菜向有机蔬菜发展的一种过渡性产品。

---

① 蔬菜产量数据为FAO统计口径，与中国不同。

（3）**有机蔬菜。**指来自有机农业生产体系，根据国际有机农业的生产技术标准生产出来的，经独立的有机食品认证机构认证允许使用有机食品标志的蔬菜。有机蔬菜在整个的生产过程中完全不使用农药、化肥、生长调节剂等化学物质，不使用转基因品种。种植有机蔬菜需要精耕细作，劳动成本高，产量较低。但有机蔬菜远离污染，口感纯正，本色本香，符合当前追求健康饮食的新潮流。

中国蔬菜

我国是世界蔬菜的主要起源中心之一，萝卜、白菜、大葱、姜、韭菜、丝瓜、山药、莲藕、茭白、百合和竹笋等均为我国原产。从秦汉至今，不断引进新的蔬菜种类，如辣椒、黄瓜、西瓜、茄子、冬瓜、南瓜、马铃薯、番茄、甘蓝、洋葱、青花菜、西洋芹、胡萝卜、菠菜等。目前我国蔬菜种类至少有298种，分属于50个科，在大中城市日常供应的蔬菜有70～80种。蔬菜产业经过多年的发展，成为全球最大的蔬菜市场，产销量占全球市场的比重均在50%以上。形成了以华南冬春蔬菜、长江上中游冬春蔬菜、黄土高原夏秋蔬菜、云贵高原夏秋蔬菜、黄淮海与环渤海设施蔬菜、东南沿海出口蔬菜、西北内陆出口蔬菜以及东北沿边出口蔬菜等为核心的八大蔬菜重点生产区域。我国蔬菜产业国际市场竞争力整体在不断增强，但依然存在较多问题。每年要进口超过8 000吨的蔬菜种子，其销售额占蔬菜种子年销售额的25%以上，尤其是春夏大白菜、白萝卜，以及设施栽培的红果番茄、茄子、彩色甜椒、青花菜、水果型黄瓜等种子主要依赖进口，影响蔬菜产业安全。

农家菜香，鲜嫩清新。画中列出了常见的蔬菜品种，黄瓜、小白菜、南瓜、胡萝卜、茄子、大葱、韭菜、洋葱、香菇、番茄、豆角。种类繁多，色彩缤纷，恰似其丰富多样的风味口感、营养价值及加工方法。

中华人民共和国成立初期，户县年均种菜5 000亩，品种单一，仅有南瓜、莲藕、丝瓜等少数品种。1960—1962年，粮食短缺，提倡瓜菜替代，全县种菜4万亩。其后，蔬菜面积又骤减至2 000亩。改革开放后，蔬菜面积得到了大发展。至2005年全县共有7.5万亩，成为西安乃至西北地区的重要蔬菜基地。

◀ **农家菜香**　　金秋艳

文学说画

　　暮春，中午，踩着畦垄间苗或者锄草中耕，煦暖的阳光照得人浑身舒畅。新鲜的泥土气息，素淡的蔬菜清香，一阵阵沁人心脾。一会儿站起来，伸伸腰，用手背擦擦额头的汗，看看苗间得稀还是稠，中耕得深还是浅，草锄得是不是干净，那时候人是会感到劳动的愉快的。夏天，晚上，菜地浇完了，三五个同志趁着皎洁的月光，坐在畦头泉边，吸吸烟，谈谈话，谈生活，谈社会和自然的改造。一边人声咯咯啰啰，一边听菜畦里昆虫的鸣声。蒜在抽薹，白菜在卷心，芫荽在散发脉脉的香气。一切都使人感到一种真正的田园乐趣。

　　我们种的那块菜地里，韭菜以外，有葱、蒜，有白菜、萝卜，还有黄瓜、茄子、辣椒、番茄，等。农谚说："谷雨前后，栽瓜种豆。""头伏萝卜二伏菜。"虽然按照时令季节，各种蔬菜种得有早有晚，有时收了这种菜才种那种菜；但是除了冰雪严寒的冬天，一年里春夏秋三季，菜园里总是经常有几种蔬菜在竞肥争绿的。特别是夏末秋初，你看吧：青的萝卜，紫的茄子，红的辣椒，又红又黄的番茄，真是五彩斑斓，耀眼争光。

　　那年蔬菜丰收。韭菜割了三茬，最后吃了薹下韭（跟莲下藕一样，那是以老来嫩有名的），掐了韭花。春白菜以后种了秋白菜，细水萝卜以后种了白萝卜。园里连江西腊、波斯菊都要开败的时候，我们还收了最后一批番茄。天凉了，番茄吃起来甘脆爽口，有些秋梨的味道。我们还把通红通红的辣椒穿成串晒干了，挂在窑洞的窗户旁边，一直挂到过新年。

（吴伯萧《菜园小记》）

▲ **编蒜辫** 仝延魁

大蒜，原产西亚或中亚，公元前113年张骞从西域引入我国关中地区。大蒜是日常生活中不可缺少的调料，在烹调时有去腥增味的作用，特别是在凉拌菜中，既可增味，又可杀菌。大蒜原本辛热，吃多了容易上肝火，但用白醋和白糖浸泡出来的糖蒜，不仅蒜辣味减轻，其辛热之性也变得缓和。尤其吃含脂肪较多的肉类食物时，吃点糖蒜不但可以去除油腻，还能够促进消化吸收。在西安，糖蒜、辣酱是羊肉泡馍的必备伴侣。一大碗热力十足的泡馍，一小碟淡雅鲜嫩的糖蒜，组配成了经典的陕西美食。

文学说画

西安虽是帝王之都，但毕竟地处西北，气候干燥，冬天冻得要死，夏天热的要命，一年四季其实只有两季，刚刚脱下棉袄，没过几天大街上就有人穿单衫了。这样的地理环境，产生了秦嬴政的"虎狼之师"，产生了味道最辣的线线辣子和紫皮独瓣蒜，产生了最暴烈的"西凤酒"，产生了音韵中少三声多四声最生、冷、硬、倔的语音和这种语音衍义成的秦腔戏曲。在大小的饭馆里，随处可以看到一帮人有凳子不坐而蹲于其上，提裤子，挽袖子，面前放着"西凤酒"，下酒的菜是生辣子里撒着盐，而海碗里的一指宽如腰带的长面，辣油汪红，手掌里还捏着一疙瘩紫皮大蒜，他们吃喝的满头大缸冒气，兴起了咧开大嘴就来一段秦腔。西安人的生、冷、硬、倔使他们缺少应付和周旋的能力而常常吃亏，但执着和坚韧却往往完成了外人难以完成的物事。

（贾平凹《老西安》）

▲ **收花椒**　仝延魁

花椒是中国传统香辛调料。《诗经》"有椒其馨，胡考之宁"的"椒"即是花椒。在辣椒进入中国之前长达2 000余年的历史中，花椒、姜和茱萸是传统的三大辛味调料，其中花椒为最常用，多用于肉食调理。椒酒是用花椒果实浸泡的酒，有香气，且被认为能辟邪，古代过年时有喝椒酒的风俗习惯。

陕西韩城是史圣司马迁的故里，也是著名的花椒之乡。韩城土壤含钾丰富，中性偏碱，利于花椒生长和色泽、香味的形成，造就了大红袍花椒"粒大肉丰、色泽鲜艳、香气浓郁、麻味适中"的独有品质。目前已建成了方圆百里4 000万株花椒生产基地，2016年花椒总产量达2.4万吨，约占全国花椒产量的1/6，总产值达23亿元，是农民致富奔小康的主要依靠。

文学说画

我把手几乎贴着树干，捏紧花椒朵用力一抬，花椒被摘下来，我的手用力过大，碰在上面的花椒树干上，树干上可全是刺啊，我疼得"哎呦"一声。母亲听见了，赶忙过来。我食指的血流出来了，母亲拿袖子帮我擦了擦。我愣了一会，又开始摘。原来，母亲她们只是用大拇指和食指捏住花椒朵，用指甲掐断的整朵花椒。我又开始摘了，这次小心点儿。我的手没有指甲，只能用力扯，不容易断。我紧贴着树干揪住花椒刚想使劲揪下来，拇指肚正捏住一个长刺，钻心地疼，我将手抽回来，又"哎呦"一声。母亲听见了，就不让我摘了，让我到那边玩去。我就要摘，我还要挣钱买文具盒呢！我心想，母亲没有时间管我。我吹了吹手指，又开始摘起来。我不敢太用力了，先看看周围有没有刺再下手摘。当摘了四五朵的时候，鲜花椒水已经开始渗进刺扎的拇指肚里了，又疼又麻。

我咬着牙齿在摘，虽然摘得很慢，也摸索出经验来了。中午吃饭的时候，我的五个手指全部扎破了，感觉自己的整条右胳膊都麻了。看看自己的小筐里，也就够半斤多重吧，瞅瞅她们的篮子里已装满大半了。吃完自己带的煎饼，大伙坐在树下休息一会儿，我坐到母亲身边，想看看母亲的手是不是也扎破了。当我把母亲的手展开时，我惊呆了，母亲的手上没有肉色，整个右手像用针刺破的网。我的眼泪一滴一滴掉在母亲的手掌上，我第一个站起来走向花椒树。当天完全黑下来，我们才去过秤，我和母亲总共摘了25斤。从那以后，我再也没有向母亲要过文具盒，没有乱花过钱。

(江秀俊《摘花椒》)

荠菜的营养价值和药用价值均很高，在民间有"三月三，荠菜赛灵丹"的说法。

荠菜更是一种美味，有多种吃法。可凉拌，将荠菜择洗干净，放进开水锅里焯熟，捞出，滤去汁水；然后切碎，加盐，加醋，加姜末，加油泼辣子，再滴一丁点麻油，拌匀即食，鲜美无比。包饺子是荠菜最常见的吃法。可荤可素，与豆腐、木耳、黄花、瘦肉、葱姜等搭配成馅，兼备菜香和肉香。荠菜面是将擀好的面切成碎面下锅，待水滚后，急投入洗净的荠菜，煮熟，和汤面一起盛入碗中，加入葱花和调料，慢慢品味，别有滋味。

荠菜植株太小，产量过低，人工种植是一件精细活，颇费工夫，收益也较少；且属于杂草，田地种了以后就很难种其他作物。因此，菜市场的荠菜主要来自田野，部分源自人工种植，但滋味明显不如野生，价格相对低廉。另外，除草剂的普遍使用，不利于荠菜等野菜生长，麦田里已不如当年常见，春天到麦田挖荠菜逐渐成为老一代人的美好记忆。

早春　黄菊梅 ▶

文学说画

说到野菜，我首先想到的是荠菜。每年春风一动，青草一泛绿，荠菜就出来了。往往是在一场春雨之后，它们好像商量好了似的，突然间就出现于麦田、田垄、河畔。不过，起初并不大，只有大人指甲盖大小，不易为人发现。或者，发现了，也没有人去理睬它。再经过十天半月阳光的暴晒，春风的吹拂，雨泽的滋润，荠菜便伸胳膊蹬腿，舒展了腰身，长得肥硕起来，人们便拿了小刀，提了筐篮，走进田野，开始挑荠菜。那真是一件心旷神怡的事儿，棉袄脱了，一身轻松，在煦暖的春风中，在碧绿的麦田中，蹲下身子，边说笑着，边寻觅着挑挖着荠菜。偶一抬头，天蓝云白，似乎连心都飞到白云间去了。荠菜长得很好看，叶修长如柳，边缘有锯齿。起初只有四五片，随着时光的流逝，叶片也如楼台状，不断地复生，直至夏末变老，顶部结出碎碎的米粒状的白花。

（高亚平《春天的野菜》）

第18节 辣 椒

辣椒，茄科辣椒属（*Capsicum*）中能结辣味或甜味浆果的一年或多年生草本植物。原产于墨西哥等拉美地区，世界各国普遍栽培。辣椒是重要的蔬菜和调味品，果实中含有辣椒素（$C_{18}H_{27}NO_3$），富含类胡萝卜素、维生素B_6和维生素C，并有芬芳的辛辣味。辣椒温中散寒，能增强代谢，开胃消食。青熟果实可以炒食，制作泡菜，红果可以腌制辣酱，或干燥后制成干辣椒、辣椒粉。无辣不欢。随着麻婆豆腐、回锅肉、麻辣火锅等美食的普及，辣椒已融入华人的血液，成为"走遍天涯忘不了"的故土味觉标记。2015年世界鲜辣椒总产3 328.0万吨，中国为1 703.9万吨，其后为墨西哥、土耳其和印度尼西亚。干辣椒总产401.0万吨，印度居首（160.5万吨），中国为30.5万吨。

栽培种分类

种植区域最广、用途最广的辣椒品种是一年生辣椒，分为5个变种：①樱桃椒。果实小如樱桃，圆形或扁圆形，辣味强，主要做干椒或观赏，如成都扣子椒、五色椒等。②圆锥椒。果实圆锥形或圆筒形，多向上生长，辣味中等，主要是鲜食，如广东鸡心椒等。③簇生椒。果实簇生，向上生长，辣味强，油分高，多做干辣椒，如四川七星椒等。④长辣椒。果实下垂，为长角形。果肉薄的辛辣味浓，适合干制、腌制或制辣椒酱，如陕西大角椒；果肉厚的辛辣味适中，适合鲜食，如长沙牛角椒等。产量较高，栽培最为普遍。⑤甜椒。果实硕大，果肉肥厚，大者单果重达200克以上，主要用于鲜食。

辣味和辣度

辣椒素是一种含有香草酰胺的生物碱，主要存在于果实胎座附近隔膜及表皮中。它能够与传递灼热感的神经元香草素受体结合，有烧灼的感觉。这种灼热的感觉会让大脑产生一种机体受伤的错误概念，而释放止痛物质——内啡肽，让人有一种欣快的感觉，越吃越爽，越吃越想吃。美国科学家韦伯·史高维尔（W.L. Scoville）于1912年首次制定了辣度单位——Scoville指数，即将辣椒磨碎后，用糖水稀释，直到察觉不到辣味，这时的稀释倍数就代表了辣椒的辣度。朝天椒辣度约是3万度左右，Pepper X高达318万度，是目前报道的世界最辣品种。用糖水、食用酒精或白酒等漱口可解辣味。

中国辣椒

通常认为辣椒于明朝末年传入中国，经由两条路径：一是丝绸之路，从西亚进入新疆、甘肃、陕西等地，率先在西北栽培；二是经过马六甲海峡进入南方，在贵州、云南和湖南等地栽培，然后逐渐向全国扩展。至乾隆年间，贵州地区开始大量食用辣椒，紧接着与之毗邻的云南镇雄和湖南辰州府也开始食用辣椒。湖南在道光年间开始普遍食用辣椒。四川地区食用辣椒的记载稍晚，同治以后食用辣椒才普遍起来，以至"山野遍种之"，食辣才成为四川人饮食的重要特色。

我国辣椒种植面积超过2 000万亩，产值超过700亿元，占蔬菜总产值的16.67%，是第一蔬菜产业。2016年出口量和金额分别为26万吨和4.96亿美元，居世界第一，主要为冷藏鲜食辣椒、辣椒干、辣椒粉、辣椒酱、辣椒罐头等。辣椒主产区有湖南、四川、河南、陕西和新疆。新疆是我国重要的干辣椒种植和加工基地，以红色素高、色泽鲜艳、无污染而享誉国内外。在9月辣椒成熟季节，炎热干燥的戈壁滩是辣椒天然的干燥脱水厂，火红的辣椒一片挨着一片，像红色的地毯铺展在天山脚下，晒出了辣椒的色泽鲜亮，更晒出了各族人民火红的生活，成为深秋新疆的一大美景。

▲ **老碾坊** 张青义

　　秦椒，素有"椒中之王"的美称，是陕西的一项大宗出口商品。富含维生素和多种营养成分，具有颜色鲜红、肉厚油大、辣味浓郁等特点，主要用作制干椒和辣椒面。陕西传统的辣椒面制作工艺包括铁锅焙炒和石碾子碾压两道工序。先把干辣椒剪成2～3厘米左右的小段，在铁锅里焙炒至亮红干脆后，放在大石碾子上，套上稳重的黄牛，辣皮碾细，辣籽碾碎，辣油渗出。此时碾盘碌碡都红辣辣的，空气中弥漫着辣香。碾好的辣椒面用滚热的菜籽油一泼，便成了著名的油泼辣子，香醇适口，健脾胃，增食欲，为佐餐佳品。

　　九月属于辣子。

　　辣椒收获后，用粗线编串成辫，一串一串地挂在屋檐下或柿子树上，红彤彤的，似跳动的烈焰，空荡的庭院顿时红火起来，直惹得人口舌生津，味蕾绽放。

　　在过去，辣椒的多少是家庭富裕程度的重要表征。相亲姑娘们总是不经意地瞄一眼屋檐下的辣椒，以此来断定未来婆家的家境状况。

　　与机器烘干相比，自然风干的辣子更为醇厚、劲爽，辣味香浓而不燥烈，富有层次感，更像蔬菜而不仅是调料。似乎在慢慢的风干过程中，吸收了阳光的味道，融入了农院的风情，而更有家的感觉。

喜悦　潘晓玲 ▶

第19节 花 卉

从植物学角度讲，花是被子植物的生殖器官，即花朵；卉是草的总称。《辞海》定义花卉为"可供观赏的花草"。广义的花卉除了草花之外，还包括木本花卉和观赏草类，即观花、观果、观叶和其他所有具有观赏价值的植物。在中华民族的历史上，花卉注入了先民的思想和情感，融进了文化与生活，形成了源远流长、博大精深的花文化，成为民族传统的一个重要组成部分。花卉业既是美丽的公益事业，又是新兴的绿色朝阳产业。世界花卉种植约350万公顷，中国、印度、日本、美国和荷兰排名前五。荷兰是最大的花卉贸易国，优质花卉种子、种苗、种球和鲜切花等产品遍及世界，成为荷兰农业的支柱。

花卉分类

按照栽培方式和植物学特性相结合，可把花卉分为两类。

(1) 露地花卉。 ①一年生花卉，凤仙花、鸡冠花、一串红、半支莲、千日红等。②二年生花卉，雏菊、三色堇、花菱草、金鱼草、虞美人、石竹、紫罗兰等。③宿根花卉，菊花、芍药、蜀葵、萱草、铃兰等。④球根花卉，唐菖蒲、水仙、郁金香、白芨、美人蕉、大丽花、花毛茛等。⑤水生花卉，莲花、睡莲、花菖蒲等。⑥草坪植物，包括暖地型草坪草，如结缕草、狗牙根、画眉草、地毯草、假俭草、钝叶草等；冷地型草坪草，如小糠草、六月禾、早熟禾、羊茅、黑麦草、雀麦、碱茅、冰草等。

(2) 温室花卉。 ①一、二年生花卉，瓜叶菊、蒲色花、彩叶草、香豌豆等。②宿根花卉，报春花、非洲菊、君子兰等。③球根花卉，仙客来、朱顶红、马蹄莲、大岩桐等。④多浆植物，仙人掌、昙花、蟹爪兰、景天、龟甲球等。⑤兰科植物，春兰、惠兰、建兰、墨兰、石斛、兜兰等。⑥凤梨科植物，水塔花、筒凤梨等。⑦水生花卉，王莲、热带睡莲等。⑧蕨类植物，铁线蕨、肾蕨、鹿角蕨等。

经济价值

花卉是城乡园林绿化的重要材料。花卉是绿色植物，具有调节空气温度、湿度，吸收有害气体，吸附烟尘，防止水土流失等功能，色彩绚丽的花卉还具有美化环境的作用。在普遍绿化的基础上，栽植丰富多彩的花卉，更能锦上添花，提升城乡环境质量，营造舒适宜人的生活、工作场所。

花卉是人类精神文化活动的物质寄托。以观花植物为例，有的花型整齐，有的奇异多姿；有的花色艳丽，有的淡雅素净；有的花朵芬芳四溢，有的幽香盈室；有的花姿风韵潇洒，有的丰满硕大。千变万化，美不胜收。观赏花草能消除疲劳，使人精力充沛，神清气爽，乐观向上。

花卉生产是国民经济的重要组成部分。花卉产业包括花卉生产部门，种子、种苗、专用肥、园林机械等辅助产业，以及相关的产品营销、观光旅游等多个行业。它属于劳动密集型产业，可为农村剩余劳动力和城市下岗人员提供大量就业机会。2015年我国花卉从业人员518.5万人，产值1 302.6亿元，在推动经济发展和农民增收上发挥了重要作用。

花卉资源

我国是世界花卉的主要起源中心和野生花卉资源宝库，在两千多年的花卉栽培历史中，培育出了数千个花卉品种。目前拥有高等植物近3万种，居世界第3位，仅兰科植物就有170余属1 200余种，其中特有种达500种。世界栽培的花卉植物，原产我国的有113科523属。公元前5世纪，莲花经朝鲜传至日本。19世纪初大批欧美植物学者来华收集花卉资源，仅英国爱丁堡皇家植物园栽培的我国原产植物就达1 500种之多。亨利·威尔逊（E.H. Wilson）自1899年先后5次来华，掠去乔灌木1 200种。北美引种的我国乔木、灌木达1 500种以上，意大利引进我国观赏植物1 000种。德国栽培花卉种类的50%、荷兰的40%来自我国。

杜鹃花集中体现了我国对世界花卉业的巨大贡献。杜鹃花是国际上最受欢迎的园艺植物之一，西方的植物园、私人花园里随处可见美丽绚烂的杜鹃花，它们主要来自我国云南、西藏、四川的横断山区和东喜马拉雅地区。该区域拥有世界50%以上的杜鹃花品种。"她们的花难以形容地美丽动人，她们成千上万，形态风采各异。有些高达数丈，有些茎杆健壮。所有的枝杈盛开鲜花而呈花团锦簇。一些花是深红的……还有黄的，以及纯白的。……这些杜鹃花为何在这些悬崖峭壁找到落脚之地，真是个难解之谜。"威尔逊是如此描述令他惊艳的杜鹃，他为英国引种了约60个杜鹃品种。其同胞乔治·福雷斯特（G. Forrest）从1904年开始在西南山区进行了长达28年的收集，共引种了250种杜鹃花。被誉为杜鹃花之王的大树杜鹃（*R. giganteum*），就是他1919年在腾冲高黎贡山的原始森林中发现的，所截取的树干圆盘标本保存在爱丁堡皇家植物园。

中国花卉

20世纪80年代，我国花卉规模小、品种杂、种植分散、产品质量不高。1984年，全国花卉生产面积仅有1.4万公顷，产值6亿元。其后，随着城市绿化、美化，以及居民需求的迅速增长，花卉产业进入快速发展阶段。2000年，全国花卉生产面积达到14.8万公顷，销售额为158.2亿元。进入21世纪，经济全球化进程加速，花卉生产由高成本的发达国家向低成本的发展中国家转移，加之国内需求不断扩大，花卉生产面积大幅增长。2016年，全国花木种植总面积达到133.0万公顷，较改革开放之初增长了80多倍，产值则增长了200多倍，出口额增长了300多倍。

我国花卉产业格局已初步建立。形成了云南、辽宁、广东等地的鲜切花产区，广东、福建、云南等地的盆栽植物产区，江苏、浙江、河南等地的观赏苗木产区，广东、福建、四川等地的盆景产区，上海、云南、广东等地的花卉种苗产区，辽宁、云南、福建等地的花卉种球产区，内蒙古、甘肃、山西等地的花卉种子产区，湖南、四川、河南等地的食用药用花卉产区，黑龙江、云南、新疆等地的工业及其他用途花卉产区，北京、上海、广东等地的设施花卉产区。此外，洛阳、菏泽的牡丹，大理、楚雄、金华的茶花，长春的君子兰，漳州的水仙，鄢陵、北碚的蜡梅等特色花卉也初具规模。

我国花卉产业规模稳步提升，花文化日趋繁荣，形成了较为完整的现代花卉产业链，成为全球最大的花卉生产国，重要的花卉消费国和贸易国。但花卉产业发展也面临一些亟待解决的问题。例如，主要商品花卉品种及配套栽培技术、园艺资材等对国外依赖性较强；花卉种质资源保护不力，开发利用不足，科技创新能力不强，具有自主知识产权的花卉新品种和新技术较少；花卉生产技术和经营管理相对落后，专业化、标准化、规模化程度较低；花卉产品质量不高，单位面积产值较低；产品出口量较小，国际市场竞争力较弱。

当前农村环境治理面临诸多问题，一些地方村容村貌脏乱差，部分污染企业向农村转移，面源污染、土壤污染、饮水安全等问题仍较为普遍。整治脏乱差，建设干净整洁、安居乐业的美好家园是农民群众的共同心声。目前农村主要推广"户分类、村收集、乡（镇）运输、县处理"的垃圾治理模式，努力消除垃圾乱扔、污水乱排、秸秆乱烧等现象。同时，各地广泛开展了对村旁、宅旁、路旁及零星闲置地块的绿化美化，在庭院栽植果树、花卉或种植绿篱，乡村面貌逐渐告别脏乱而焕然一新。

花园乡村　　陈秋娥 ▶

第20节 莲

莲（*Nelumbo nucifera*），又称荷、荷花、芙蕖、水芙蓉等，睡莲科莲属，多年水生宿根植物[1]。根据栽培目的，分为藕莲、子莲和花莲等三个类型。习惯上称莲的种子为"莲子"、地下茎为"藕"、花托为"莲蓬"、叶为"荷叶"。莲可以用种子或根茎繁殖。莲子寿命很长，上千年的莲子仍能繁殖出生机盎然的莲花。莲原产亚洲热带地区和大洋洲。我国是莲的自然分布中心，距今7 000年的河姆渡文化遗址中发现了莲花遗存，距今5 000年的河南仰韶文化遗址中出土了两颗炭化莲子，在黑龙江兴凯湖莲花河附近仍有大量的野生莲花。

经济价值

"接天莲叶无穷碧，映日荷花别样红。"莲花因其花朵清丽、典雅，而成为中国十大名花。砌池植莲，依水建立亭、桥、榭、台，构成观莲景区，是中国式园林的传统手法。春秋时，吴王夫差在太湖附近的灵山岩修筑"玩花池"种莲花，偕同西施赏莲，大概是栽植观赏莲的最早记录。经过长期栽培和人工选择，莲花品种繁多，形态各异。我国有300多个品种，花色有红、粉红、白、淡绿、黄、复色、间色之分；花型有单瓣、复瓣、重瓣、重台、千瓣等，数量数十至数千枚以上不等；花径最大可达30厘米，最小仅为6厘米，可谓千变万化，复杂缤纷。

莲是一种药食同源的重要蔬菜。出尘离染，清洁无瑕，莲子自古被视为珍品，有安神作用，常作汤羹或蜜饯，为民间滋补佳品。中医认为莲藕性温，富含单宁酸，具有收敛性，可收缩血管。生食鲜藕或挤汁饮用，对咳血、尿血等患者起辅助治疗作用。莲藕还含有丰富的膳食纤维，可促使体内毒素和代谢废物排出。莲叶、莲花、莲蕊等也是药膳食品。传统食品有莲子粥、莲房脯、莲子粉、藕片夹肉、荷叶蒸肉、荷叶粥等。

莲文化

在与世隔绝林泉之间，凭借个人修行，悟道解脱，固然不易。在物欲横流、人际摩擦不断的滚滚红尘，仍能卓尔不凡，品行高洁，则更难能可贵。"出淤泥而不染，濯清涟而不妖，中通外直，不蔓不枝，香远益清，亭亭净植，可远观而不可亵玩焉。"莲花这一根植于世俗生活而又能超凡脱俗的君子精神，以及坚贞纯洁、谦逊恬谧、自守晏清的完美形象，深受文人墨客和大众喜爱。"看取莲花净，应知不染心。"莲花是佛教的圣花，是佛国净土的象征。佛祖释迦牟尼结跏趺坐在莲花台上说法。观音菩萨端坐在白莲花上，一手持净瓶，一手执白莲，以慈爱的目光给信徒带去精神力量。

《采莲曲》为乐府旧题，内容多描写江南水乡风光、采莲女子劳动生活以及对纯洁爱情的挚诚追求。"江南可采莲，莲叶何田田，鱼戏莲叶间。鱼戏莲叶东，鱼戏莲叶西。鱼戏莲叶南，鱼戏莲叶北。"这首汉乐府民歌堪称采莲曲的鼻祖，以简洁明快的语言，回旋反复的音调，优美隽永的意境，清新明快的格调，勾勒了一幅明丽美妙的图画。以"莲"谐"怜"，象征爱情，以鱼儿戏水于莲叶间来暗喻青年男女在劳动中相互爱恋的欢乐情景，流露出一股勃勃生机的青春活力，展现了采莲人内心的欢乐和青年男女之间的欢愉和甜蜜。"菱叶萦波荷飐风，荷花深处小船通。逢郎欲语低头笑，碧玉搔头落水中。"白居易的《采莲曲》不落俗套，通过少女欲语低头的羞涩神态以及搔头落水的细节描写，将一位欲语还休、含羞带笑的姑娘自然逼真地呈现在读者面前。

---

①莲与荷指同一植物，古人常将莲与荷混为一谈而通用至今。睡莲是睡莲属植物，与莲（莲属）不同。

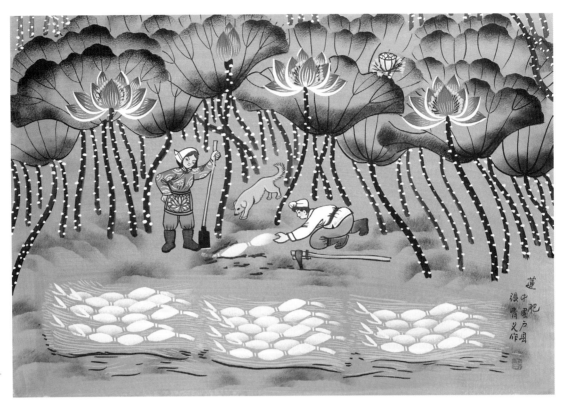

莲肥 ▶
张青义

　　"荷叶罗裙一色裁，芙蓉向脸两边开。乱入池中看不见，闻歌始觉有人来。"印象中只属于江南的采莲场景，在古都西安的郊区也曾常见。古有八水绕长安，源自秦岭的山泉，滋养了数代繁华。杜甫《渼陂行》有"沈竿续蔓深莫测，菱叶荷花静如拭。"可知唐代户县已有莲花种植。气候变化和人类活动的共同作用下，如今西安郊区水资源日渐紧缺，荷塘等湿地面积锐减，鱼跃莲肥的南国风光渐行渐远。

　　"霜天白水深齐胯，脚探手扳通骨寒。"挖藕是异常艰辛的活儿。挖藕人有着特殊的"职业手型"，手指骨节向外暴长，格外突兀，指甲四周的缝隙里嵌着一圈永远洗不掉的黑泥，满手都是厚厚的茧子和伤痕。常年泡在水中，他们都有或重或轻的风湿性关节炎，经常腰痛、胳膊痛和腿酸痛。没有接天莲叶无穷碧的浪漫，也没有轻舟采莲的诗意，他们面对的是冰冷透骨的塘水和举步维艰的淤泥。正是有了他们，莲藕才成为油炸藕夹、莲藕炖排骨等美食。谁知盘中藕，片片皆辛苦。

采莲籽　　刘沣涛 ▶

第21节　药用植物

药用植物，是指可以利用植株全部或部分（根、茎、叶、花、果实、种子等），直接使用或经过加工、提取作为制药工业原料，在医学上用于防病、治病的植物。药用植物种类繁多，是中草药的主要来源。神农尝百草的古老传说，反映了人类先祖对药用植物的最初识别与利用过程。在我国古代药物中，植物类占大多数，所以把记载药物的书籍成为"本草"。紫杉醇是美国食品和药物管理局（FDA）批准的第一个来自天然植物的化学药物，最初从短叶紫杉（*Taxus brevifolia*）的树皮中分离获得，用于治疗卵巢癌和乳腺癌，为药用植物的一个经典应用案例。

化学成分

药用植物的化学成分主要有：①生物碱。如麻黄含有治疗哮喘的麻黄碱，莨菪含有解痉镇痛作用的莨菪碱等。②苷类。如洋地黄叶含有强心作用的强心苷，人参含有补气、安神作用的人参皂苷，柳树含有消炎、镇痛作用的水杨苷[①]。③挥发油。如侧柏、厚朴、辛夷、樟树、肉桂、白芷、川芎、当归、薄荷等植物含有挥发油，具有止咳、平喘、发汗、祛痰、镇痛、抗菌等作用。④单宁。杨柳科、壳斗科、蓼科、蔷薇科、豆科、桃金娘科和茜草科植物含量较多，五倍子是盐肤木上所生的虫瘿[②]，也含有单宁，具有收敛、止泻、止汗等作用。⑤其他成分。如糖类、有机酸、脂类、蜡质、树脂、色素等。值得注意的是，有些植物化学成分对人体有毒害。例如，关木通、马兜铃、细辛等马兜铃科植物含有的马兜铃酸，能导致肝脏、肾脏病变。鱼腥草含有马兜铃内酰胺，为马兜铃酸的代谢产物，也具有导致肾损伤的风险。

中国药用植物

中国是药用植物历史最久远、资源最丰富的国家之一。现存年代最早的《神农本草经》中，载药365种，其中植物药有237种。明代《本草纲目》收载的植物类药达1 200多种。《中国药用植物志》《中药志》《中华人民共和国药典》等专著收载药用植物达5 000多种。其中，主要靠人工栽培药用植物有200多种，约占市场上常用药材的70%。2015年全国药材种植面积为204.4万公顷。从传统珍贵医药遗产中发掘中草药的新医药价值是开发高效、低毒新药的重要途径。"青蒿一握，以水二升渍，绞取汁，尽服之。"东晋葛洪《肘后备急方》记载的治寒热诸疟方触发了屠呦呦的灵感，从青蒿（*Artemisia annua*）中分离得到了高效抗疟成分青蒿素，研制出了高效抗疟新药。屠呦呦因这一"拯救2亿人口"的发现，于2015年获得了诺贝尔生理医学奖。

地道性与人工栽培

地道药材是指在特定的品种、产区、栽培技术、加工方法条件下生产的传统中药材。地理环境和气候条件能调控药用成分的构成和含量，对药材的地道性影响较大。以当归为例。甘肃武都气候凉爽干燥、光照充足，所产"岷归"挥发油等有效成分含量较高，约为0.65%，色紫气香而肥润，力柔而善补。四川汉源潮湿寡照，所产"川归"挥发油含量仅为0.25%，糖、淀粉等非挥发性成分含量高，尾粗而坚枯，力刚善攻。云南丽江气候居于武都和汉源之间，所产"云归"挥发油含量为0.59%，药性则居于前两者之间。药用植物化学成分具有较强的地域性，即只有特定环境或产地的药材才能取得预期的疗效。尽可能模拟野生的土壤和气候条件，方可生产出药效成分含量高的好药材。

---

①常用的抗菌消炎药阿司匹林，学名乙酰水杨酸，是水杨苷的人工合成类似物。

②指植物体上由于昆虫取食或产卵寄生引起的瘤状物或畸形突起，是虫卵寄生的"房子"。

"松下问童子，言师采药去。只在此山中，云深不知处。"户县背倚的秦岭，是我国北方植物资源最丰富的地区。主峰太白山海拔3 767米，是我国大陆东部最高峰。随着海拔变化，气候、土壤、植被呈明显的垂直分布规律，形成了从温带到寒带的完整生态系统。

太白无闲草。太白山独特的气候条件和生态环境，生长着从南方到北方的各种植物1 700余种，草药多达650余种，其中不乏独一无二的珍稀品种。如大叶堇菜、金线重楼、大血藤、流苏虾脊兰等具有神奇色彩的太白山"七药"，能活血止痛、抗癌消肿、祛瘀除痹。早在1953年，美国就将"太白七药"之一的桃儿七提纯制成药品用于抗癌，并取得了非常理想的效果，并载入美国《药典》。

采药归来　刘志德 ▶

文学说画

　　我坐在光头山营地的木头房外头，头痛、恍惚、困倦，难受的找不到自己，看着一层层苍茫的山峦，沮丧得要命。昨天跳石头的时候崴了脚，现在，肿胀的脚泡在水盆里不能动弹。盆里有党高弟拔来的一棵植物——透骨消。

　　晚上一夜未合眼，今天坐在屋前发呆，迷迷糊糊处在半仙状态。到现在我才知道，人原来可以什么都不想，什么都不做，就是这样呆着，看山。给心放假，让眼睛过节！一夜清霜，染尽山中树。树下左边的山崖突出部分有座结实的窝棚，昨天路过时我进去看过，是中国科学院一位研究羚牛的宋姓女性搭建的观察点，她硬是一个人在悬崖上蹲了几个月，真了不起！

　　到了半下午，肿胀的脚奇迹般痊愈了，尽管走路还有些别扭，但毕竟没有太大影响了。神奇的秦岭草药，是植物学者党高弟的智慧，也是山神爷的眷顾，我们和猴子、鼯鼠、熊猫、羚牛都是秦岭的孩子，秦岭爱我们，我们也爱秦岭。

（叶广芩《秦岭的孩子》）

第22节 烟　草

烟草，茄科烟属（*Nicotiana*），嗜好类作物。已发现的烟属植物有64种，有经济价值的人工栽培植物只有黄花烟草（*Nicotiana rustica*）和普通烟草（*Nicotiana tabacum*）。常见烟草如烤烟、晒烟、晾烟、白肋烟、香料烟和雪茄烟等都属于普通烟草，原产中美洲。哥伦布在1492年初次抵达加勒比海地区时，在伊斯帕尼奥拉岛发现土著居民抽烟。后来，烟草逐渐从美洲传向世界各地，晒晾烟传入我国大约是在明朝正德、嘉靖年间（16世纪上半叶），由葡萄牙人引入广西合浦。2015年世界烟草面积为388.9万公顷，总产689.5万吨，我国为第一大国（283.2万吨），巴西（86.7万吨）和印度（74.7万吨）列二、三位。

烟气成分

烟草燃烧后产生的烟气由气相物质和粒相物质两部分组成。气相物质约占烟气总量的92%；粒相物质约占烟气总量的8%。烟气气相共含有5 000余种化学成分。2002年，Rodgman和Green对已报道的烟气成分进行了总结，认为其含有149种有害成分，包括一氧化氮、苯、挥发性醛和酮、氯代烃、氧化氮类、氰化氢、氨、自由基以及N-亚硝胺等。英美烟草公司在卷烟外包装的显著位置标明，烟气中至少含有70种致癌成分。烟气粒相物中主要包括尼古丁（烟碱）和焦油。在医学上，烟瘾的学名是尼古丁上瘾症或尼古丁依赖症，指长期吸烟的人对尼古丁产生的上瘾症状，戒烟也就是解除患者对尼古丁的心理和生理依赖。焦油是烟叶有机物质在缺氧条件下不完全燃烧产生的，由稠环芳烃、酚类化合物、有机酸等组成的复杂化合物。

烟草危害

烟草危害是当今世界严重的公共卫生问题之一。吸烟会对人体健康造成严重危害，且吸烟量越大、吸烟年限越长、开始吸烟年龄越小，对人体造成的危害越严重。自1964年《美国卫生总监报告》首次对吸烟危害健康问题进行系统阐述以来，大量证据表明吸烟可导致多部位恶性肿瘤及其他慢性疾病，导致生殖与发育异常，还与其他一些疾病、健康问题具有密切相关。世界卫生组织的统计数字显示，全世界每年因吸烟死亡的人数高达600万，即平均每5秒钟有1人死于吸烟相关疾病；吸烟者中将会有一半因吸烟提早死亡；因二手烟暴露所造成的非吸烟者年死亡人数约为60万。2008年，世界卫生组织将吸烟列为最有可能预防的死亡病因。

中国烟草

我国是世界最大的烟草生产国与消费国，生产并消费了全球1/3的卷烟，烤烟种植面积、烤烟产量、卷烟产销量、吸烟人数、烟税增长速度等各项指标位居世界第一，烟草行业是税收的重要来源之一。我国每年卷烟总产在2.2万亿支以上，2014年为峰值，生产了2.6万亿支香烟，每位国民平均约为10条烟。中国疾病预防控制中心发布《2015中国成人烟草调查报告》显示，我国人群吸烟率为27.7%，其中男性吸烟率为52.1%，女性为2.7%，吸烟人数高达3.16亿，每人每天平均吸烟15.2支。报告指出，尽管大量科学研究表明低焦油卷烟不会降低健康危害，但烟草公司长期以来大力宣传"降焦减害"的错误观念，导致高达75.5%的被调查者不能正确认识低焦油卷烟的危害；烟草广告和促销仍广泛存在，相对于居民的购买力，烟草反而变得更加便宜。报告建议，尽快通过国家级全面无烟法规，提高卷烟税率，降低烟草消费，强化控烟宣传，力推图形警示上烟包，落实新《广告法》、完善《慈善法》，全面禁止烟草广告、促销和赞助，尽快制定严格的控烟规划。

▲ **老哥俩**　　白绪号

在早期农民画中，烟袋几乎是男性人物形象的必备饰品。饭后一袋烟，赛过活神仙。那时候，吸烟无疑代表着一种令人向往的生活方式和人生境界。或在田间地头休息之余，或在会场热火朝天讨论之际；有的腰间别着烟袋锅，有的嘴里叼着烟袋锅，有的指头夹着烟卷；在喷云吐雾中若有所思，或优哉游哉，沉浸在烟草带来的快乐和舒缓中。

文学说画

他已经是一个年过花甲的老人了，饱经风霜的面庞、沧桑的容颜都尽显出一个普通朴实劳动者的本色。乡间四月闲人少，才了蚕桑又插田。在这个繁忙的播种季节里，人们似乎总有做不完的事。山里人都很懂得一年之际在于春的道理，他们也因此一天天一趟趟地围着这句亘古不变的俗语而不停地奔波于山间地头。太阳渐渐升高，老人抬头望了望天空，天上尽是一些飘浮的白云，时而几只小鸟奏着春天的欢歌从老人的头上飞过。清纯的鸟鸣像雾一样弥漫开去。又望了望正专心啃着草皮的老牛和那剩下的一半还未犁好的秧田。老人心疼他那头老牛，不想去打扰它，就索性再抽上一袋旱烟，让它吃得饱些，干起活来有劲点。

于是老人又从口袋里摸出一把旱烟放进烟斗里用火点着了，伸直了大烟管，眼睛依然望着远方，像是在回忆着往事。旱烟是山里男人的生命，一杆竹制的烟管，扁扁的烟嘴，金色的烟斗，一根带子吊着一个已洗得发白的黑布袋，袋子里装满旱烟草。许多人家每年都要种上一片，到了秋天采下来贴在竹帘上晒干了，刨成烟丝收起来作为一种精神食粮。老人很习惯地用他那粗糙的手，一次次打开那个黑布袋，捏出一撮撮儿旱烟草，按进那个金色的烟斗里，用打火机把它点着，最后含住扁扁的烟嘴，深深地吸上一口，那种微蓝的灰白烟雾就在半空中升腾。老人深深地抽了一口旱烟，望了一眼他的女人和孙子，没有说话，又抽了一口旱烟，又望了一眼他的女人和孙子，那种朴素透露出浓郁的乡村气息，眼睛里流露出一种别人无法意会的神情，也许是对这土地充满了眷恋，也许是看到了孩子的憧憬，或者兼而有之。

（章向明《抽旱烟的老人》）

第23节 茶

茶（*Camellia sinensis*），山茶科山茶属。"茶者，南方之嘉木也。"茶起源于我国西南山区，野生种遍布于长江以南，经长期的栽培和驯化产生了大量新品种。中国饮茶历史漫长悠远，至少有4 000年的历史。《茶经》中说："茶之为饮，发乎神农氏，闻于鲁周公。"《神农本草经》记载："神农尝百草，日遇七十二毒，得茶[①]而解之。"茶位居世界三大非酒精类饮料之首，著名科技史专家李约瑟博士称之为中国对世界的第五大贡献。2015年世界茶叶产量566.2万吨，中国为224.9万吨，印度为123.3万吨，肯尼亚、斯里兰卡、土耳其和越南等产量在20万～30万吨。2015年世界茶叶进口总额68.7亿美元，俄罗斯、美国、阿联酋、巴基斯坦和英国为主要进口国。出口总额为63.1亿美元，中国、斯里兰卡、肯尼亚位列前三，分别为13.8亿、13.2亿和7.2亿美元。英国是人均消费量最大的国家，约80%的居民饮茶，每天喝掉近1.5亿杯茶，占饮料消费的一半。

茶叶分类

根据制作方法和发酵程度，茶叶可分为六大类：绿茶（不发酵），白茶（轻微发酵），黄茶（轻发酵），乌龙茶（半发酵），黑茶（后发酵），红茶（全发酵）。外观依次呈现绿、黄绿、黄、青褐、墨绿和黑色，茶汤则为绿向黄绿、黄、青褐、红褐色渐变。①绿茶。新叶或芽经杀青、整形、烘干，色泽清新，口感新鲜，如黄山毛峰、六安瓜片、龙井茶、湄潭翠芽、碧螺春、信阳毛尖、都匀毛尖等。②白茶。未杀青或揉捻，只经日晒或文火干燥，外形完整，满身披毫，汤色黄绿清澈，滋味清淡回甘，如白毫银针、白牡丹、溧阳白茶等。③黄茶。在绿茶基础上增加一道"闷黄"工艺，促使多酚部分氧化，形成黄叶黄汤，如霍山黄芽、君山银针、蒙顶黄芽等。④乌龙茶。兼备绿茶的鲜浓和红茶的甜醇，叶片中间为绿色，边缘呈红色，即"绿叶红镶边"，如安溪铁观音、武夷大红袍、台湾冻顶乌龙等。⑤黑茶。原料粗老，堆积发酵时间较长，暗褐色，压制成砖，为藏、蒙、维吾尔等民族喜爱，如普洱茶、安化黑茶、泾渭茯茶等。⑥红茶。发酵促进了茶多酚氧化，产生了茶黄素、茶红素等新成分，香气物质增加，香甜味醇，在西方国家比较流行，如滇红、正山小种、金骏眉、祁门红茶等。

经济价值

一日无茶则滞，三日无茶则病。"茶之为用，味至寒。为饮，最宜精行俭德之人，若热渴、凝闷、脑疼、目涩、四肢烦、百节不舒，聊四五啜，与醍醐甘露抗衡也。"陆羽在《茶经》中详解了茶叶的多重功效。现代科学表明，茶叶富含茶多酚、茶色素等对人体有益的多种成分。茶多酚是茶叶中含量最多的一类可溶性成分，也是茶叶保健功效的主要物质。最典型的代表是儿茶素，具有抗氧化、抗炎、降低心血管病发病概率、预防癌症、降血脂、减少体脂形成、抗菌、改变肠道菌群生态等多项功效。茶色素主要包括叶绿素、β-胡萝卜素等，具有抗肿瘤、延缓衰老以及美容等作用。茶多糖是一类成分复杂的混合物，具有抗辐射、增加白细胞数量、提高免疫力的作用，还能降血糖。γ-氨基丁酸在天然茶叶中含量不多，但茶叶经加工后其含量大幅增加，主要功效是扩张血管使血压下降，可辅助治疗高血压；还能改善大脑血液循环，增强脑细胞的代谢能力，有助于脑中风、脑动脉硬化后遗症的康复治疗。

十大名茶

中国茶叶分布广、类型多，茶叶品种在千种以上。名茶作为中国茶的代表，历来受到格外关注。中国十大名茶版本较多。1915年巴拿马万国博览会将碧螺春、信阳毛尖、西湖龙井、君山银针、黄山毛峰、武夷岩茶、祁门红茶、都匀毛尖、铁观音、六安瓜片列为中国十大名茶。1959年全国"十大名茶"评比会的结果为：西湖龙井、洞庭碧螺春、黄山毛峰、庐山云雾茶、六安瓜片、君山银针、信阳毛尖、武夷岩茶、安溪铁观音、祁门红茶。1999年《解放日报》将江苏碧螺春、西湖龙井、安徽毛峰、安徽瓜片、恩施玉露、福建铁观音、福建银针、云南普洱茶、福建岩茶、江西云雾茶列为十大名茶。2002年《香港文汇报》评选出西湖龙井、江

---

①茶，唐代之前兼指茶和苦菜。陆羽在《茶经》中将其减去一笔成为"茶"字，沿用至今。

苏碧螺春、安徽毛峰、福建银针、信阳毛尖、安徽祁门红、安徽瓜片、都匀毛尖、武夷岩茶、福建铁观音等十大名茶。总体而言，西湖龙井、碧螺春、黄山毛峰、六安瓜片、安溪铁观音这五种茶颇受百姓认可。不同的十大名茶版本，既反映了我国茶叶底蕴深厚的历史，丰富多样的制茶工艺，更彰显了中国茶与时俱进的开拓精神。

世界茶文化

中国人饮茶、敬茶、品茶的习惯，自唐代始盛行起来。最初人们将茶叶煮后像喝菜汤一样喝下去，仅为解渴式的粗饮。茶圣陆羽在大量实践中总结、发展种茶、制茶技术，整理民间煎茶、饮茶风尚，完成名著《茶经》，推动了饮茶由大碗粗饮向艺术品尝的转变。他强调饮茶应成为独具韵味的艺术，引导饮茶者在从煎到饮的过程中，进入澄心静虑、畅心怡情的境界。"千峰待逋客，香茗复丛生。采摘知深处，烟霞美独行。幽期山寺远，野饭石泉清。寂寂燃灯夜，相思一磬声。"皇甫曾在《送陆鸿渐山人采茶回》中，真实描述了茶圣跋山涉水，在深山老林、幽谷古寺，历尽艰辛从事茶叶采摘与研究的过程。"食罢一觉睡，起来两瓯茶。举头看日影，已复西南斜。乐人惜日促，忧人厌年赊。无忧无乐者，长短任生涯。"白居易的诗令人浮想到浓淡甘苦的人生百味，浮沉聚散的世态变幻，既在茶内也在茶外。茶禅、茶道、茶艺等最能代表中国百姓的精致生活和优雅情调。

中国茶文化在唐代传入日本，进而发展成以"三千家"（表千家、里千家和武者小路千家）为代表的当今日本茶道。它包括一套完整的饮茶方法、茶室布置、礼节礼貌、交谈话题等方面礼仪规范，在"和、敬、清、寂"规约下，通往"茶禅一味"的至高境界。茶室小巧雅致，古色古香，陈设有轴画、书法、古玩和壁衣，这些可成宾主交谈的主要话题。宾主相互施礼、寒暄后，主人按照规定的程序和规则依次点炭火、煮开水、冲茶或抹茶，然后敬献给宾客。宾客要恭敬地双手接茶，致谢，而后三转茶碗，轻品，慢饮，奉还，动作轻盈优雅。饮茶完毕，客人要对主人高超的茶道技艺及精美别致的茶具予以赞美。最后，客人向主人跪拜告别，主人热情相送。在这种优雅、和谐的气氛中，人们享受着传统文化带来的身心愉悦。

原产中国的红茶在英国受到了最热烈的欢迎。英国饮茶习俗开始于维多利亚时期，至今已有300多年的历史，形成了以红茶为主、下午茶为特色的茶文化，影响遍及欧洲大陆和英联邦国家。茶在英国人生活中的地位至高无上，乃至有人夸张地说，英国人一生的1/3时间是在饮茶，有天大的事也得恭候他们喝完下午茶再说。民谣中唱到："当时钟敲响四下时，世上的一切瞬间为茶而停。"下午茶成为社交活动的最佳形式，有一套完整的华美而高雅的仪式。地道的英国下午茶有如下3个特色：①优雅舒适的环境。如家中的客厅或者花园。②丰盛美味的茶点。茶点放在精美的三层银架上，点心的食用顺序由下而上，味道则由淡而重，由咸而甜。③专业成套的茶具。包括杯碟、茶壶、茶盘、茶匙、过滤网、柠檬榨汁器、饼干架、点心夹和水果盘等。

▲ **茶市**　全延魁

自古岭北不植茶，唯有泾阳出砖茶。陕西泾阳自古是南茶北上必经之地，自汉代始即为官茶重要的集散地。南方来的官茶到此需另行检做，制成茯砖茶后，再沿丝绸之路行销各地。于是，泾阳也成了茶叶加工、贸易的重要枢纽。泾阳茯茶属于黑茶，具有化腻健胃、御寒提神的作用，尤其适合高寒地带、高脂饮食地区人群饮用，是蒙古族、维吾尔族等少数民族日常生活的必需品。宁可三日无粮，不可一日无茶。茯茶被誉为"古丝绸之路上的神秘之茶""丝绸之路上的黑黄金"，曾是西北边疆军政开支的财政支柱。

文学说画

走笔谢孟谏议寄新茶

卢　仝

日高丈五睡正浓，军将打门惊周公。口云谏议送书信，白绢斜封三道印。
开缄宛见谏议面，手阅月团三百片。闻道新年入山里，蛰虫惊动春风起。
天子须尝阳羡茶，百草不敢先开花。仁风暗结珠琲瓃，先春抽出黄金芽。
摘鲜焙芳旋封裹，至精至好且不奢。至尊之余合王公，何事便到山人家？
柴门反关无俗客，纱帽笼头自煎吃。碧云引风吹不断，白花浮光凝碗面。
一碗喉吻润，二碗破孤闷。三碗搜枯肠，唯有文字五千卷。
四碗发轻汗，平生不平事，尽向毛孔散。五碗肌骨清，六碗通仙灵。
七碗吃不得也，唯觉两腋习习清风生。
蓬莱山，在何处？玉川子，乘此清风欲归去。山中群仙司下土，地位清高隔风雨。
安得知百万亿苍生命，堕在巅崖受辛苦。便为谏议问苍生，到头还得苏息否？

赏析：卢仝的这首茶歌与陆羽的《茶经》，可称茶史上的双璧，也为他赢得了"茶仙"的美名。本诗以歌行体的形式，生动地描述了茶的采摘、制作、饮用以及有关精神层面的问题，开启了以茶遣兴、以茶交友、以茶明志和品茶悟道的文化体验。诗人以神乎其神的笔墨，描述了七碗茶饮后的感官与精神跃迁，抒发了品茶后心旷神怡、飘然欲仙之绝妙感受，引起后世茶人的强烈共鸣。这首诗在日本广为流传，演变为"喉吻润、破孤闷、搜枯肠、发轻汗、肌骨清、通仙灵、清风生"的日本茶道。

第3章
动物生产

动物生产是依靠农业动物的生长发育取得肉、奶、蛋、毛、皮、骨等产品的部门，包括畜牧业和渔业。畜牧业是从事畜禽养殖为人类提供生产、生活资料的产业。渔业指水生动物和海藻类植物的养殖和捕捞。

本章以畜牧业为主，首先介绍动物生产基础知识（第1节），接着按照生产门类讲述9种常见经济动物的种属分类、全球分布、经济价值、国内生产情况及相关文化习俗，特别列出了我国特有的动物品种，并提及了几个代表性的民族畜牧企业。内容包括：牲畜（猪、马、牛、羊，第2～5节），禽类（鸡、鸭、鹅，第6～8节），淡水鱼（第9节）和特种动物（第10节）。

本章以动物生产门类为依据，选取不同时期创作的19幅佳作，试图展示20世纪50年代至今我国动物生产的总体风貌。突出科学内涵，以画为载体，专业解读画面背后的动物生产知识，并以户县为案例，通过事实和数据剖析我国动物生产的历史沿革和发展动力。选择其中6幅画做了文学解读，借助宋词名篇、陈忠实、李佩甫的文学作品，电影主题歌词，乃至《狗狗的内心独白》之类的民间文学作品，展示动物生产相关的文化习俗及历史典故，诠释农业的社会功能，增进对农业多重功能的理解。

第1节 概 述

动物生产是依靠农业动物的生长发育取得肉、奶、蛋、毛、皮、骨等产品的部门，包括畜牧业和渔业。畜牧业指牲畜饲养和放牧、家禽饲养以及野生动物的捕猎和饲养。渔业指水生动物和海藻类植物的养殖和捕捞。本章以畜牧业为主，辅以淡水鱼养殖业，介绍动物生产的基本情况。

畜牧业

畜牧业是从事畜禽养殖为人类提供生产、生活资料的产业。它主要利用畜禽等驯化动物，或者鹿、麝、狐、貂、水獭、鹌鹑等野生动物的生理机能，通过人工饲养、繁殖，将牧草、饲料等植物能转变为动物能，以取得肉、蛋、奶、羊毛、羊绒、皮张、蚕丝和药材等畜产品。畜牧业最重要的功能是将植物通过光合作用固定的化学能，转化为人类可利用的能量，提供肉、奶、蛋等高品质食物。

畜牧业具有如下主要特征：①生产规模（繁殖扩大再生产能力）受制于公畜、母畜、仔畜、幼畜的比例，保持合理的畜群结构，对养殖场高效运行至关重要。②饲料是畜牧业的基础，也是养殖业成本的主要来源，优质、价廉、充足的饲料供应是养殖场正常运转的物质基础。③畜牧产品商品化率高，不便于运输而且易于腐坏，要求统筹安排收购、加工、贮藏、运输、销售等产业链的各个环节，紧密合作，防范市场风险。④饲养方式灵活多样，能适应不同的自然条件和经济条件。可放牧，可舍饲；可一家一户散养，也可集约化养殖。

畜牧业的重要性

膳食结构中有无足够的动物性食物和动物蛋白质，是国际上衡量一个国家居民生活水平的通用指标之一。畜牧业在国计民生中的重要地位由此可见一斑。在农业中，畜牧业与种植业、林业处于同等地位，世界各国都把这三大产业视为一个整体。种植业为畜牧业提供饲料，动物可将饲料及饼粕等粮油加工副产物转化为人类的生活和生产资料，同时又可为种植业提供肥料，维系土壤功能。如果说种植业是农业的基础，畜牧业则是农产品转化的枢纽。

畜牧业在国民经济中的重要性具体表现在：①提供肉、奶、蛋类等动物性食品。②为工业提供羊毛、羊绒、皮、鬃、兽骨、肠衣等原料。③促进饲料、兽药等相关工业以及畜产品加工业的发展，延长产业链，与工业深度融合，增加就业机会。④饲养动物的排泄物和废弃物是种植业有机肥料的主要来源。⑤耕牛、骡马等为农业和交通运输业提供畜力。⑥赛马、宠物和伴侣动物等丰富人类的精神生活。

畜牧业地理

根据畜牧业生产发展的条件和特点，以及民族生产生活习惯与历史发展差异等，我国畜牧业可划分为牧区、农区、半农半牧、城郊4种类型。①牧区畜牧业。主要分布于内蒙古高原、新疆和青藏高原。以天然草地为主要饲料来源，家畜以牛、马、羊、骆驼等为主，是全国重要的畜牧业生产基地。②农区畜牧业。主要分布在东北平原、华北平原、长江中下游平原、四川盆地、汾渭谷地等农区，从属于种植业，带有副业性质。主要以舍饲的方式饲养猪和家禽，黄牛、水牛、马、驴、骡等主要役用。③半农半牧区。沿长城呈狭长的带状分布，是农区役畜和肉食牲畜主要供应基地之一。历史上为农牧交错区，兼有种植业（汉族）和放牧业（蒙古族）两种生产方式，畜牧业兼有放牧与舍饲的特点。④城郊畜牧业。分布于城市和大型工矿区周围，以猪、鸡、奶牛为主。大型奶牛场、机械化养猪场、养鸡场等集约化养殖普遍，现代化程度高，生产技术先进。

中国畜牧业

我国是畜牧业资源最丰富、历史最悠久的国家之一。相传伏羲氏发明了结网的方法，打猎捕鱼，驯养鸟兽，开启了我国畜牧生产历史。先民在长期的生产、生活实践中，逐渐将牛、马、羊、鸡、狗和猪等"六畜"驯化成主要家畜。"牛能耕田，马能负重致远，羊能供备祭器，鸡能司晨报晓，犬能守夜防患，猪能宴飨速宾。"六畜各有所长，互为补充，在漫长久远的古代为先民繁衍生息提供了物质保障，以其常见、重要而全部选入了人的十二生肖。时至今日，"五谷丰登、六畜兴旺"仍然是百姓最美好的愿望之一。

　　我国历史上积累了丰富的畜牧养殖经验和技术。例如，相畜术，传说伯乐以相马闻名，东汉马援创制了良马标准外形的铜马模型，早于西方近1 700年。又如，阉割术，猪、羊等家畜阉割术始于先秦，在汉代已广泛应用，手术操作精巧快捷，器具简单，术后创口愈合快，效果好。在家畜饲养方面，西汉初年在关中引种西域苜蓿，然后在北方推广，增添了优质饲料来源。在家畜繁殖方面，据《夏小正》记载，过了配种季节，就要把种畜雌雄隔离，分群饲养，这已不再是粗放的群牧管理。至于家畜引种，自西汉通西域后，大宛马和其他畜种引入内地；隋、唐时代，西域马、羊等良种源源而来，丰富了原有畜种结构。

　　中华人民共和国成立后，畜牧生产进入大发展时期。改革开放至今，更是突飞猛进，跨越了4个重要发展台阶：① 1978—1984年，缓解城乡居民"吃肉难"问题阶段。② 1985—1996年，满足城乡居民"菜篮子"产品需求阶段。③ 1997—2006年，产业结构调整优化阶段，奶类产品年均增长率达20%以上。④ 2007年以来，进入向现代畜牧业转型阶段，在技术和政策推动下，逐步建立了现代畜牧业生产体系。2014年我国畜牧业总产值已超过2.9万亿元，占农业总产值的52.9%，人均肉类占有量达64公斤，畜禽养殖的收入占家庭农业经营现金收入的1/6。畜牧业在农业中占有半壁江山，与种植业并列为两大支柱。

畜牧业面临的挑战

　　我国畜牧业存在饲料来源不足、生产效率不高、环境污染及畜产品安全性等问题，建设"生产发展、资源节约、环境友好、优质安全"的畜牧业面临诸多挑战。

　　(1) 饲料来源。饲料资源短缺是畜牧业发展的瓶颈。"人畜争粮"的矛盾已存在多年，随着人民生活水平提高，对动物性食品数量和质量的需求加剧，这一矛盾将更加突出。南方有近10亿亩草山草坡，牧草资源的开发潜力巨大。秸秆资源总产量达8亿吨，仅有2.2亿吨用作饲料，秸秆饲料化潜力尚未发掘。

　　(2) 生产效率。蛋鸡和肉鸡的养殖上规模化水平最高，猪次之，牛羊差些，与发达国家相比差距不小。养猪生产效率仅为美国的55%，荷兰、丹麦的42%。畜禽品种资源丰富，但猪、奶牛、白羽肉鸡等种畜禽的生产多数仍依靠进口，企业育种积极性不高、科研生产脱节等问题比较突出。

　　(3) 环境污染。在集约化、专业化生产中，普遍采用高营养水平日粮和药物添加剂，致使家畜排泄大量的无机盐类和药物，造成环境污染。目前，全国畜禽粪污年产生量约38亿吨。2010年《全国第一次污染源普查公报》显示，畜禽养殖业排放的化学需氧量达到1 268.26万吨，占农业源排放总量的96%；总氮和总磷排放量为102.48万吨和16.04万吨，分别占农业源排放总量的38%和56%。畜禽粪污成为农业面源污染的主要来源。

　　(4) 产品安全。在政府监管下，瘦肉精、三聚氰胺等非法添加物的使用得到了有效控制，但饲料中抗生素、促生长剂的过度使用和滥用问题依然严峻。据统计，目前饲料抗生素促生长剂用量已占抗生素总产量50%以上，每年消耗量达10万吨。持续低水平饲喂抗生素导致细菌产生耐药性、畜产品药物残留、过敏中毒反应等问题日益突出，成为目前最大的动物性食品安全问题。

第2节　猪

　　家猪（*Sus scrofa domestica*），猪科猪属的哺乳动物，由野猪驯化而来，獠牙较野猪短。经济类型可分为瘦肉型（瘦肉占胴体55%以上）、脂肪型（脂肪占胴体40%~50%）和肉脂兼用型等3种，以瘦肉型为主。中国是最早开始驯化野猪的国家，养猪历史可以追溯到新石器时代早期，猪肉滋养了中华民族近万年。"爷娘闻女来，出郭相扶将；阿姊闻妹来，当户理红妆；小弟闻姊来，磨刀霍霍向猪羊。"杀猪宰羊很早就成为款待亲朋的隆重仪式。猪肉在世界肉类消费中排名首位，占总消费量的39%，以东亚、东南亚和欧洲为主。2015年世界生猪出栏量为14.69亿头，中国为7.08亿头，美国1.15亿头位居其次。猪肉产量1.18亿吨，中国为5 487.0万吨，美国为1 112.1万吨，德国、西班牙、越南、巴西和俄罗斯均超过300万吨。

经济价值

　　在进化过程中，猪获得了诸多良好经济性状。例如，繁殖率高，世代间隔短；食性广，饲料转化率高；生长期短，周转快，积脂力强；适应性强，分布广等。猪容易养殖，产肉性能好，营养美味，成为人类最主要的肉食来源之一。猪肉营养丰富，约含脂肪14%，其中一半为不饱和脂肪酸，蛋白质含量为27%，维生素B$_6$、维生素B$_{12}$、胆碱等微量养分和磷、锌等矿质营养含量较高。猪肉纤维较为细软，结缔组织较少，肌肉组织中含有较多的肌间脂肪，经过烹调加工后肉味特别鲜美。东坡肉、东坡肘子、红烧排骨、红烧肉、烤乳猪、猪肉炖粉条、腊汁肉夹馍等美食滋味醇厚，既是日常生活的美味佳肴，还具有补虚强身、滋阴润燥、丰肌泽肤等作用。猪的很多生理特点与人类非常接近，可构建医学动物模型，作为药物毒性和器官移植等模拟材料。猪粪尿能沤制优质有机肥，曾是我国主要的有机肥源。

地方猪种资源

　　我国是猪种资源最丰富的国家，1986年整理出的地方猪种有48个，占当时全球猪种的43%。我国地方猪种繁殖率高，耐粗饲，抗逆强，肉质优良。以八大名猪为例。太湖猪，世界上产仔数最多的猪种，窝产仔数达26头，最高纪录产过42头。互助八眉猪，产仔数较多，保姆性好，沉积脂肪能力强。荣昌猪，杂交配合力好，遗传性能稳定，瘦肉率较高。宁乡猪，积脂力强，屠宰率高，肉质细嫩。陆川猪，母猪成熟早，产仔多，母性好。淮猪，耐粗饲，杂交优势明显，肉质鲜美，风味独特。金华两头乌猪，腌制火腿的最佳原料。东北民猪，肉质好，抗寒，耐粗饲。总体而言，地方猪种存在增重慢，饲料报酬率低，背膘厚，胴体瘦肉率低等局限。以往生产偏重生长和产肉性能，致使地方猪种数量锐减，甚至濒临灭绝。

中国养猪业

　　我国是养猪大国和猪肉消费大国，养猪业是畜牧业的支柱。猪肉产量约占世界总产一半，是城乡居民肉类消费的主要来源，约占2/3。四川、河南、湖南、湖北和河北是生猪主产区，2015年出栏数约占全国的40%，其中四川为7 236.5万头，占全国的1/10。据统计，全国基础母猪存栏500头、年出栏万头以上的大型养猪场约2 500个，湖北省万头养猪场超过500个，位列全国首位。2017年广东温氏集团母猪存栏量80万头，生猪销售量近2 000万头，成为世界第二、亚洲第一的生猪养殖公司；宁波天邦食品有限公司拥有自主知识产权的核心原种猪，母猪存栏量为30万头，排名世界第九。我国生猪生产区域布局呈现向北方和粮食主产区转移的趋势，东北及西部地区土地辽阔，饲料资源丰富，是生猪重点发展区域。同时，小型散养户将逐渐退出，年出栏500~3 000头的适度规模家庭猪场将成为养猪业的主体。

▲ **养猪现场会**   马建亚

　　人民公社时代，养猪是社队重点扶持的一项重要的家庭副业。饲养室房檐上的横幅"养猪业必须有一个大发展"反映了20世纪70年代户县对养猪的政策扶持。例如，给养殖户划出0.1～0.2亩的饲料地，交售生猪奖励饲料粮和布票，养猪积肥交生产队可得工分等。由于政策落实到位，养猪业发展迅速。1970年出栏2.5万头，1980年增至7.96万头。从80年代起，户县规模化饲养发展加快，2005年末千头以上的猪场5个，存栏25.35万头，成为全国瘦肉猪基地县。

　　画面再现了"肥猪满圈"这一常见春联的含义。在菜籽油、豆油等植物油紧缺的时代，猪油是居民食用油的主要来源。是否肥腻，曾是评价猪肉好坏的重要标准。当时品种多为脂肪型和肉脂兼用型，如中约克夏、巴克夏及地方猪种等，瘦肉型极少。与植物油相比，猪油更加油腻，赋予炒菜独有的香味，且脂肪酸含量较高，能提供极高的热量，这对于肚子里油水稀少的人们诱惑十足。

◀ **美餐**   仝延魁

第3节　马

马（*Equus ferus caballus*），和驴、斑马等同属马科、马属动物，相互之间交配可产生骡、驴骡、斑驴等异种间的杂种。马在4 000年前被人类驯服，寿命平均30～35岁，最高可达60余岁。全世界马的品种约有200多个。我国是家马起源、驯化地之一。塞外蒙古高原、新疆天山北麓乃至中原大地，遍布旧石器时代野马的遗迹。普氏野马（*Equus ferus przewalskii*）原产于新疆准噶尔盆地东部一带，具有6 000万年的进化史，被誉为"活化石"。2015年世界马匹存栏量为5 836.5万匹，美国为1 026.6万匹，墨西哥、中国、巴西和蒙古顺列其后。在美国，马业可提供近30万就业岗位，年产值约220亿美元，拥有、照顾马匹并参加比赛被认为是有益于青少年身心健康的教育活动。

经济价值

马善奔跑，速度快，平衡能力强，挽力大，古代主要用于农业生产、交通运输和军事活动。"昭陵六骏"石刻的原型是唐太宗最喜爱的6匹战马，是他驰骋沙场、建国立邦时所乘的坐骑。中国发明的马镫使中世纪欧洲的重甲骑士得以产生；发明的胸戴挽具替代了项前肚带挽具，这样马能全力拉东西而不会窒息，拖力提高了4～5倍。近代以来，马的用途逐渐转向马术、赛马等文体活动。在西方国家，马是贵族的象征，气质优雅，步态流畅，安静而聪明，勇敢而灵动。马术是一项绅士运动，需要骑师和马匹配合默契，考验马匹技巧、速度、耐力和跨越障碍的能力，人与马的完美配合中传递出儒雅的绅士气派和高贵气质。马术比赛是奥运会唯一的男女同场竞技项目。此外，马的血清是生产疫苗的优质原料。

中国著名马种

（1）**蒙古马**。世界古老的马种之一，原产蒙古高原。体格不大，身躯粗壮，四肢坚实有力。耐劳耐粗饲，不畏寒冷，能在艰苦恶劣的条件下生存。战场上不惊不乍，勇猛无比，是良好的军马。

（2）**河曲马**。分布于黄河第一湾的广阔草原上，是中国地方品种中体格最大的优秀马种。颈宽厚，躯干平直，胸廓深广，体形粗壮。驮运100～150公斤，可日行50公里，多作役用，是良好的农用挽马。

（3）**西南马**。产于西南地区，起源于古羌马，结构紧凑而清秀，短小精悍，有的体高不到1米，是著名矮马品种。善爬山越岭，可驮运货物100公斤，日行30公里以上，是茶马古道的主要运输工具。

（4）**伊犁马**。"天马"的后裔，以昭苏骏马为代表。外貌俊秀，体格魁伟，抗病力强，适应性强。成年公马平均体高近1.5米，体重约400公斤。乘挽兼优，具有超凡的速度和耐力，屡获赛马冠军。

中国养马业

我国历史上是一个养马大国，历来重视马种的选育和改良，培育了许多著名马种。汉武帝对引进优良马种十分重视，派张骞去乌孙取得有天马之称的乌孙马数十匹。《史记·大宛列传》记载："初，天子发《易》云'神马当从西北来'。得乌孙马好，名曰'天马'。及得大宛汗血马，益壮，更名乌孙马曰'西极'，名大宛马曰'天马'云。"李贺写了一组共23首咏马诗，通过对马的咏叹，表现了投笔从戎、削平藩镇、为国建功的热切愿望和英雄情怀。其中最著名的是第五首："大漠沙如雪，燕山月似钩。何当金络脑，快走踏清秋。"中华人民共和国成立后，养马业发展迅速，至1977年达到最高峰1 144.5万匹，居世界第一。1985年以后，机械逐步替代了畜力，军马和农耕役用马大量退出，马匹数量锐减，2015年存栏量减至590.8万匹，较历史最高年份少了500多万匹。目前，我国马业已由传统马业转向了赛马、马术、娱乐、旅游、健身等现代马业。

▲ **又是一桩喜事**　　白绪号

　　中华人民共和国成立之前，户县饲养的大家畜有马、骡、驴和牛等。马和骡子俗称"高脚子"，力大灵活，用于耕地、套碾磨、驮运、拉车运输或供人骑行，但饲料要求严格，耗料多，多为富户饲养使役。而牛则以青草、麦秸、麦糠为食，耗料少，力大耐性好，性情温顺，为普通农家饲养。

　　人民公社时期，骡马是农业主要畜力，价格高昂。一个全劳力每天挣工分最多也就1元左右，而一头成年骡子价格甚至高达3 000元，可谓天价。生产队母马下了一头小骡驹，自然是奔走相告的大喜事。生产队鼓励饲养骡马，每繁殖一头，供销社奖励饲养员20元，布票5尺；骡马驹养育1年，再奖20元。1960年全县有骡马5 000头，1970年有11 400头，1975年达12 400头。90年代后随着农业机械的普及，饲养量大幅度下降，2005年仅551头。

　　马车曾是农村的主要交通运输工具。出门办事坐马车，既快捷又节省脚力。春天解冻前往田里送粪，秋收时拉庄稼，入冬后交公粮，春节前搞运输赚钱等，马车都大有用武之地。马车最光彩的用处是送亲。几辆生产队马车，载着新娘、亲戚和嫁妆，一起出动，声势壮观。马身上披上红彩，戴上响铃，马车上贴上大红喜字，挂上红花彩带，在鞭炮的烘托下喜庆热闹。

秦川婚俗　　曹全堂 ▶

第4节 牛

牛属于牛科牛亚科（*Bovinae*），是世界上分布最广的大型反刍动物，数量庞大，品种繁多，包括黄牛、奶牛、瘤牛、水牛、牦牛和各种野牛。牛最初以役用为主，耕田拉车，是农业生产的主要动力。按经济用途，牛可分为乳用、肉用、兼用（乳肉）和役用等四类品种。乳用品种有荷斯坦牛、中国荷斯坦牛、娟姗牛等；肉用品种有安格斯牛、夏洛来牛、利木赞牛、海福特牛等；兼用品种有短角牛、西门塔尔牛、三河牛等；役用品种有中国黄牛和水牛等。

2015年世界存栏量14.52亿头，巴西（2.15亿头）和印度（1.85亿头）位居前二，美国、中国、埃塞俄比亚和阿根廷顺列其后。牛肉（除水牛肉）是世界第三大肉类，约占总消费的25%，仅次于猪肉（39%）和家禽（30%），2015年产量为6 495.8万吨，美国、巴西和中国位居前三。牛奶主要有两种：一种是以印度和巴基斯坦为主产国的水牛奶，总产1.09亿吨；一种是通常意义的牛奶（乳牛奶），总产6.67亿吨，美国、印度和中国产量位居前三。

经济价值

牛肉是高蛋白、低脂肪的健康食物。脂肪含量为15%，蛋白质含量为26%，富含维生素B_2、维生素B_3、维生素B_6、维生素B_{12}等B族维生素，以及磷、铁、锌、硒和铜等矿质营养。肉质鲜美，柔嫩多汁，风味浓郁，烤牛排、肥牛火锅、黑椒牛柳等风靡世界。牛奶被誉为"白色血液"，蛋白质和脂肪含量均约为3.2%，碳水化合物含量5.3%，维生素B_2和维生素B_{12}含量较高。牛奶是人体钙的最佳来源，且钙磷比例适当，利于婴儿肌肉、骨骼和大脑发育。奶酪是牛奶经浓缩、发酵而成的奶制品。每公斤奶酪浓缩了近10公斤牛奶的营养，且经过发酵后吸收率大幅度提高，堪称乳品"黄金"。奶酪是蒙古族（奶豆腐）、哈萨克族（奶疙瘩）的传统食品。世界著名奶酪有马苏里拉（Mozzarella）、帕玛森（Parmigiano-Reggiano）、切达（Cheddar）等。

中国黄牛

黄牛是我国分布最广、数量最多的大家畜。根据《中国牛品种志》记载，我国现有28个地方品种，依产地可分为北方牛、中原牛和南方牛三大类型。南阳牛、晋南牛、延边牛、秦川牛、鲁西黄牛是我国五大名贵牛种。我国以特有黄牛为母本，与引进公牛杂交，培育出了很多优秀的品种，如新疆褐牛、夏南牛、延黄牛和辽育白牛等。我国黄牛大多为黄色，亦有黑色、花色，体型为典型的役用特征。在生物学和生产特性上，有较强的役力、抗病力和耐粗性，但生长缓慢，成熟晚，肉用、乳用性能较差。黄牛是我国传统的役用畜，随着农业机械的推广，黄牛役用减少，而向肉役兼用或肉用方面改良。

中国养牛业

中国养牛历史悠久，远在周代就有"择良牛献主"的记录。"牛肉细嫩、具纹，烙饼牛羹，膏脂润香。"作为传统的使役工具，牛在数千年农耕文明中扮演着重要角色。"耕犁千亩实千箱，力尽筋疲谁复伤？但得众生皆得饱，不辞羸病卧残阳"。老黄牛是勤勤恳恳、埋头苦干、任劳任怨、默默奉献的代名词，备受推崇。自1972年国务院做出解禁宰杀耕牛的规定公布以后，我国养牛业由役用逐渐向肉用、奶用转型。2015年牛肉产量665.6万吨，牛奶产量3 754.7万吨。肉牛发展迅速，国产高档牛肉正挺进高端餐饮，备受消费者喜爱，夏南牛、秦川牛、延黄牛等我国培育的优质肉牛品种迎来发展良机。肉牛养殖由牧区转向农区，总体上处在发展阶段，面临繁育体系不健全、牛肉排酸期长等问题。奶牛年平均单产4吨，仅为美国的40%～45%。

幸福农家院 ▶
金秋艳

秸秆青储好　　张青义 ▶

饲料问题是养牛业发展的关键。与牧区相比，农区养牛的饲料主要是牧草和作物秸秆。关中土地肥沃，农作物种类多，历代广种苜蓿等饲料作物，支撑了悠久的养牛历史，也为秦川牛选育提供了良好的基础牛群。近代以来，玉米等作物秸秆逐渐成为主要饲料来源，特别是在缺少鲜草料的冬季，青贮秸秆是育肥养膘的最好饲料。

文学说画

我怀念倒沫的老牛。在槽前卧着，一盏风灯，两只牛眼，一嘴白沫，那份安然，宁人。我甚至怀念牛粪的气味。黄昏时分，在氤氲着炊烟的黄昏，牛粪的气味和着炊烟在村庄上空飘荡着，烟烟的、呛呛的、泛着一丝丝的日子的腥臭和草香，还有嚼过后老牛反刍的那种发酵过的气味，臭臭的，有一种续命的腥香……它游走在一堵一堵的矮墙边，温霞霞的，那是一种混杂着各种青色植物的气场。在这样的气场里，你会自如、自贱、心态低低的，也不为什么，就安详的多，淡然的多。偶然，你抬起头，就会听到老牛"哞"的一声，像是要把日子定住似的。

（李佩甫《生命册》）

第5节　羊

　　羊，洞角科羊亚科，常见的有绵羊（*Ovis aries*）和山羊（*Capra aegagrus hircus*）。山羊最初在西亚、南亚和东欧被驯化，绵羊驯化于公元前11 000～9 000年的美索不达米亚。最初仅供肉、奶和皮用，后来用于纺织，羊毛编织历史最早可追溯到公元前4 000～3 000年的伊朗。2015年世界山羊存栏9.79亿头，以中国（1.45亿头）和印度（1.32亿头）为主。绵羊存栏11.60亿头，中国为1.58亿头，澳大利亚、印度、伊朗、尼日利亚和苏丹也是主产国。2015年世界绵羊肉产量926.1万吨，山羊肉产量565.9万吨，是第四大肉类品种。澳大利亚是世界养羊业最发达的国家之一，羊毛出口约占国际贸易总量的40%。

　　经济价值

　　羊肉是食药两用、营养丰富的传统肉食品，被奉为冬季进补的佳肴。羊肉尤其是羔羊肉纤维细嫩，脂肪少，瘦肉多，膻味轻，味美多汁，容易消化。宁夏滩羊肉质细嫩，无膻味，味道鲜美，脂肪分布均匀，做成的手抓羊肉更是油而不腻，饱满多汁，香醇可口，为西部著名美食。羊毛（绒）是纺织工业的重要原料。我国产的山羊绒细而柔软，光泽好，保温性能强，制成的针织品和纺织品风靡全球，有软黄金之称。羊皮保暖力强，滩羊和中卫山羊的二毛皮[1]，轻暖美观，是冬季御寒的佳品。羊奶的脂肪球比牛奶小，易消化，磷脂含量高，是对牛奶蛋白过敏病人的替代营养品。羊粪尿是优质的有机肥料，不仅氮、磷、钾含量较高，还具有改良盐碱土和黏土土质的效果。

　　品种资源

　　全世界现有绵羊品种1 314个，有细毛羊（如新疆细毛羊等）、半细毛羊（茨盖羊）、粗毛羊（西藏羊）、肉脂兼用羊（阿勒泰羊）、裘皮羊（滩羊）、羔皮羊（湖羊）和乳用羊（东佛里生羊）等经济类型。现有山羊品种570个，有绒用山羊（辽宁绒山羊）、毛皮山羊（中卫山羊）、肉用山羊（波尔山羊）、毛用山羊（安哥拉山羊）、奶用山羊（关中奶山羊）、兼用山羊（新疆山羊）等经济类型。我国现有绵羊品种98个，山羊品种70个。列入2014年出版的国家级畜禽遗传资源保护名录的品种27个。同州羊[2]始于唐代，羊毛细柔、羔皮洁白，肉质肥嫩，有硕大的尾脂，至今仍是我国的优良绵羊品种。湖羊是杭嘉湖地区著名的绵羊品种，源自宋元时期南下的蒙古羊，具有早熟、肉好、皮优、繁殖力强的特点。地方品种耐粗饲、抗逆性和抗病力强，生产性能各具特色，是养羊业的宝贵资源。

　　中国养羊业

　　河南新郑裴李岗遗址出土的一件陶羊头，表明我国驯养羊的历史至少已有八千年之久。"天苍苍，野茫茫，风吹草低见牛羊。"南北朝时期的民歌《敕勒川》描绘了苍穹下一派沃野千里、牛羊成群的殷实富足景象，烘托出牧民的博大胸襟和豪放性格。我国目前是世界第一养羊大国。绵羊集中在内蒙古、新疆和甘肃，山羊以内蒙古、河南和山东为主。2015年羊肉产量440.8万吨，绵羊毛产量42.7万吨，山羊毛产量3.7万吨，羊绒产量1.9万吨。绵羊、山羊以散养为主，品种良种化率低，畜舍简陋，设备落后，管理粗放，不少地区尚未摆脱靠天养畜的局面，与发达国家相比差距较大。以生产效率为例，2008年澳大利亚每只出栏绵羊、山羊平均胴体重为21公斤和25公斤，我国分别为15公斤和14公斤，仅相当于澳大利亚的71.4%和56.0%。2014年我国羊肉进口量世界第一，总量为28.3万吨，金额11.3亿美元，来自新西兰、澳大利亚和乌拉圭，分别占56.2%、40.4%和3.4%。

---

　　① 二毛皮是宁夏五宝之白宝。二毛，本意指"斑白的头发"，此处借用其"白"的含义。
　　② 产于陕西大荔（古同州）。

羊滩春早 ▶
樊志华

　　牧羊是人类最古老的生产活动之一，羊群依赖牧羊人的饲养和保护，在牧羊人的带领下寻找草场觅食。欧美、大洋洲的部分传统牧区仍然保留着游牧传统，2018世界足球先生——克罗地亚球星莫德里奇小时候就是个放羊娃。我国新疆至今保留着逐水草而居的游牧生活，牧民们随着季节更替，在阿尔泰山和天山之间的不同海拔高度上变换着牧场。转场期间，在雪山、草原、戈壁的映照下，十万牧民驱赶着数百万只山羊、绵羊，黄沙滚滚，气势恢宏，带着浓郁的历史感和民族风扑面而来。

　　在西方文学作品中，牧羊人谈吐优雅，感情真挚，胸襟宽广，性情达观，秉性善良。他们远离欲望都市的诱惑和污染，与大自然亲善和睦，与牛羊称兄道弟，人性美在人与自然和谐中得以抒发。牧羊人具有自给自足、自由快乐、平等仁爱、诚实善良等优秀品质，成为西方理想人格的化身。

　　"苏武在匈奴，十年持汉节。白雁上林飞，空传一书札。牧羊边地苦，落日归心绝。渴饮月窟冰，饥餐天上雪。东还沙塞远，北怆河梁别。泣把李陵衣，相看泪成血。"李白这首诗赞美了我国历史上伟大的牧羊人。苏武在公元前100年奉命以中郎将持节出使匈奴，被扣留。单于软硬兼施，威逼利诱其投降，苏武不为所动，被流放到苦寒之地的北海边，牧羊十九载方得归汉。其赤胆忠心、铮铮铁骨、爱国气节，名昭日月，跨越千年流传至今，构成了中华民族的精神脊梁。

文学说画

牧 羊 曲
王立平

日出嵩山坳，晨钟惊飞鸟，林间小溪水潺潺，坡上青青草。
野果香，山花俏，狗儿跳，羊儿跑，举起鞭儿轻轻摇，小曲满山飘。
莫道女儿娇，无瑕有奇巧，冬去春来十六载，黄花正年少。
腰身壮，胆气豪，常练武，勤操劳，耕田放牧打豺狼，风雨一肩挑。

（电影《少林寺》插曲）

第6节　鸡

鸡（*Gallus domesticus*），雉科原鸡属，祖先是美丽的野鸡（雉类），驯化历史至少约4 000年，最初用于娱乐（斗鸡）、祭祀和庆典。鸡是人类饲养最普遍的家禽，是世界上数量最多的鸟类，已融入世界各民族的生活和文化中。"先有鸡还是先有蛋"这个问题被哲学家们探讨了上千年。法国国家足球队的队徽即是一只雄赳赳的公鸡。2015年世界鸡存栏量221.11亿只，中国为49.95亿只，美国（20.02亿只）、印度尼西亚（19.69亿只）和巴西（13.27亿只）位居其后。产蛋7 194.6万吨，中国为2 549.3万吨，美国、印度位居其次。鸡肉总产1.10亿吨（含火鸡565.9万吨），是仅次于猪肉的世界第二大肉类；美国、巴西和中国位列前三，分别为1 840.2万、1 314.9万和1 207.5万吨。

经济价值

鸡按用途可分为肉用鸡、蛋用鸡、蛋肉兼用鸡和专用鸡（斗鸡、观赏鸡、药用鸡）等。鸡肉含脂肪13%，以不饱和脂肪酸为主；蛋白质25%，维生素B_5、铁以及胆碱等微量营养含量较高。鸡肉肉质细嫩，滋味鲜美，既可热炒、炖汤，也能冷食凉拌。中医认为，鸡肉活血脉，调月经，止白带，是妇科药膳的主要配料。鸡汤是产妇滋补的传统食品，有助于身体恢复，促进乳汁分泌。鸡蛋的氨基酸比例合适，易为人体吸收，利用率高，生物价高达94%，为各类食物之首；还富含卵磷脂、钙、磷、铁和维生素，有助于神经系统发育。鸡蛋的营养构成易受饲养管理方式的影响，喂饲含有不饱和脂肪酸的鱼油、亚麻仁等，可以提高鸡蛋中ω-3长链不饱和脂肪酸[1]等有益成分，且散养较笼养的效果更好。

地方品种

我国有雉科动物王国（野鸡王国）的美称，有61种鸡形目鸟类，包括8种松鸡、53种雉科鸟类（鹑类、雉类）。列入国家级畜禽遗传资源保护名录的品种有28个（2014年版）。浙江萧山的九斤黄鸡，最初养于越王宫内供观赏用，流入民间后培育成肉美蛋多的良种鸡，1845年传往英国，1947年传入美国。江苏南通的狼山鸡，重5～8斤，年产蛋100～150个，1872年输往美国。英、美两国不少良种鸡都含有我国九斤黄鸡和狼山鸡的血统。浙江江山乌骨鸡，有特殊的药用价值，是中药"乌鸡白凤丸"主料。地方品种一般未经长期系统选育，生产性能较低，体型外貌不一，但抗病力强，适应性广，耐粗饲；特别是蛋品、肉品风味浓郁独特，是优质肉鸡和蛋鸡育种和生产中的重要品种资源。

中国养鸡业

河北磁山、河南裴李岗遗址中出土的鸡骨是世界最早的家鸡遗存，证明我国家鸡的驯化史可早到8 000年前。鸡在中华传统文化中具有多重意义。"故人具鸡黍，邀我至田家。""白酒新熟山中归，黄鸡啄黍秋正肥。"鲜美的鸡肉是款待亲朋的美味佳肴。"鸡声茅店月，人迹板桥霜。""三更灯火五更鸡，正是男儿读书时。"闻鸡起舞，雄鸡吹响了自强不息的奋进号角。"一唱雄鸡天下白，万方乐奏有于阗，诗人兴会更无前。"雄鸡的高亢鸣叫昭示着伟大民族在东方再度崛起。我国还是斗鸡的起源地之一。斗鸡始于春秋，盛于唐，漳州斗鸡、中原斗鸡、吐鲁番斗鸡和西双版纳斗鸡，并称为"中国四大斗鸡"。我国是世界第二大鸡肉产国和第一大鸡蛋产国。人均鸡肉年消费量约10公斤，仅为美国、日本的1/4左右，上升空间较大。福建圣农、山东益生、辽宁大成等现代养鸡企业建立了从父母代种鸡、肉鸡养殖、饲料，到肉鸡屠宰加工的一体化产业链，推动了养鸡业从传统小户散养向现代集约饲养的转变。

---

[1] 俗称ω-3鱼油，来自海水鱼类，其成分主要包括二十碳五烯酸（EPA）和二十二碳六烯酸（DHA）等，可降低心血管疾病以及肥胖症、Ⅱ型糖尿病等代谢疾病的发生率。

▲ **大队养鸡场**　马亚莉

　　我国肉鸡生产的主要品种是白羽鸡和黄羽鸡。白羽鸡是外来种，羽毛色白，出栏时间40～49天，每公斤体重需消耗1.9公斤饲料，超高的产肉率使它成为世界主要的肉鸡品种，用于制作烧鸡、炸鸡等快餐食品。黄羽鸡是我国传统品种，羽毛黄色，出栏时间在90天以上，每公斤体重消耗2.6公斤饲料。黄羽鸡生产周期长，脂肪含量高，滋味口感好，通常活禽交易，适合家庭整只烹饪，制作煲汤、扒鸡等传统美食。

　　春暖花开的季节，也是购买仔猪、鸡雏，开始一年畜禽养殖的季节。乍暖还寒时节，最难将息。雏鸡孵化后育雏、生长、发育、产前阶段，都要细心地照料。鸡雏还小，需要保温措施。塑料布揭开后，一阵寒风袭来，小鸡们马上就挤在一起，抱团取暖了。黄乎乎、毛茸茸的鸡雏，甚为可人，谁见了都会捧在手心，亲密地抚摸两把。

春暖　张青义 ▶

第7节　鸭

鸭是雁鸭科（*Anatidae*）水禽的统称，也称真鸭。中国家鸭是由绿头鸭和斑嘴鸭的祖先驯化而来的。番鸭与家鸭属不同科，最早驯化于中美洲、南美洲，大概在清初传入我国。公番鸭与家鸭杂交产生"骡鸭"，生长快，瘦肉率高，肉质嫩美。按经济用途，常见的鸭品种可分为三种类型：肉用型鸭，代表有北京鸭等，体型大，容易肥育；蛋用鸭，代表有绍兴鸭等，体型较小，性成熟早，产蛋量多；兼用型鸭，代表有高邮鸭等。2015年世界鸭存栏量为12.28亿只，中国为7.96亿只，越南和孟加拉国位居二、三位。

经济价值

鸭肉蛋白质含量约为15%，脂肪含量约为20%，均匀地分布于全身，脂肪酸以不饱和脂肪酸为主。鸭肉醇厚味浓，北京烤鸭、南京盐水鸭（桂花鸭）、武汉鸭脖子等美食深受喜爱。鸭蛋可与鸡蛋媲美，蛋白质、脂肪含量均约为13%，富含磷脂、维生素D和钙、磷等矿物质。鸭蛋消费以咸鸭蛋、皮蛋为主。鸭蛋腌制后会产生柔亮润泽、香酥味美的蛋黄，尤以高邮咸鸭蛋最为著名，不仅是佐餐佳品，还是端午节与粽子搭配的民族特色食品。皮蛋粥是广东、广西等地的家常食品。鸭绒轻柔保暖，是羽绒服的主要填料。

肉鸭品种

我国肉鸭品种主要有中国北京鸭、英国樱桃谷鸭及地方麻鸭。肉脂型北京鸭生长速度快，皮下脂肪厚，皮脂率高，适合加工北京烤鸭和广东烧鸭。瘦肉型北京鸭胸腿肉率高，皮脂率低，适合加工咸水鸭、板鸭和卤鸭。樱桃谷鸭含有80%以上的北京鸭血统，饲料转化率高，2公斤饲料产1公斤肉，养殖周期仅为40天。麻鸭有花边鸭、临武鸭和吉安红麻鸭等，生长速度慢，肉品质好，用于加工咸水鸭、卤鸭、板鸭和酱鸭等传统鸭肉食品。目前，北京鸭品种占市场10%～15%，樱桃谷鸭占65%～70%，麻鸭品种约占20%。据估算，南京市每年消费近1亿只鸭子，其中90%上是樱桃谷鸭，老南京盐水鸭原料则是地产的湖熟麻鸭。

蛋鸭品种

绍兴鸭、金定鸭、山麻鸭、攸县麻鸭和荆江鸭等是我国著名的蛋鸭品种。绍兴鸭经过多年选育形成了高产、早熟和青壳等特征，是产蛋率高的优良品种。金定鸭体格强健，走动敏捷，觅食力强，具有产蛋多、蛋大、蛋壳青色、觅食力强、饲料转化率高和耐热抗寒等特点；尾脂腺较发达，羽毛防湿性强，适宜海滩、河流、池塘和稻田放牧。山麻鸭善于奔跑，觅食力强，适合梯田放牧饲养。攸县麻鸭具有体型小、生长快、成熟早、产蛋多等优点，适合稻田放牧。荆江鸭适应性广，抗热耐寒能力强，夏季产蛋率可保持在70%以上，冬季仍能潜水觅食。

中国养鸭业

"竹外桃花三两枝，春江水暖鸭先知。"我国养鸭业历史悠久，早在公元前500年就有大群养鸭、食用鸭肉和鸭蛋的记载。近30年来，养鸭业增长迅猛，出栏量年增长率均超过5%。据国家水禽产业技术体系调查数据，2015年中国肉鸭出栏量约30.86亿只，占世界的71.8%。蛋鸭存栏2.61亿只，鸭蛋产量为382.2万吨。羽绒（毛）年产量达到36.0万吨，鸭绒（毛）约占75%，是羽绒出口第一大国。养鸭业带动了羽绒、食品加工、餐饮等行业发展，鸭肉、鸭蛋、羽绒产品出口欧盟、日韩等地。我国祖代种鸭主要依赖进口，市场为英、美等国占据。例如，美国枫叶公司1日龄祖代雏鸭价格高达135美元/只；英国樱桃谷公司的祖代鸭雏价格高达500元/只，占我国一些祖代鸭场50%股份。

▲ 大队鸭群　　李振华

户县地处秦岭脚下，水面较多，水草茂盛，芦苇丛丛，田螺、河蚌、小鱼、小虾等鸭子喜欢啄食的水产品丰富。放牧鸭子，既可节约饲料，又利于鸭子健康发育。当年生产队曾有过养鸭生产，放鸭也是一个工种，计工分。开春后，先购买鸭苗，买回后在河岸或池沼边搭起鸭棚，用竹篱围起一个圈，圈子内水面和陆地各占一半，让鸭子自由地下塘喝水、洗毛或到岸上梳理羽毛、打盹。和牧羊一样，某处池沼的食物被鸭子吃空了，就要换地方，这样还可保持鸭圈的卫生。

"平野无山见尽天，九分芦苇一分烟。悠悠绿水分枝港，撑出南邻放鸭船。"簇拥在一起、随风摇曳的芦穗，像一支支饱蘸诗情的妙笔，在风中恣意挥洒，流淌出自在空灵的神韵，把整个芦荡装点得诗情画意。女孩手持竹枝，指挥着鸭群游动；男孩吹着喇叭，清越激昂的旋律从心田流出。王文吉先生借鉴中国画的意趣空灵与西画的光色效果，表现出了一种浓烈的生命意识。

芦荡歌声　　王文吉 ▶

第8节　鹅

　　鹅，鸭科雁属（*Anser*），来自野生的鸿雁或灰雁，是人类最早驯化的家禽之一。养鹅历史可追溯到公元前4 000年。中国家鹅起源于鸿雁，欧洲大多数鹅种和我国的伊犁鹅则由灰雁进化而来。"鹅，鹅，鹅，曲项向天歌。白毛浮绿水，红掌拨清波。"骆宾王这首著名的咏鹅诗生动展现了鹅的优美风姿，表达了对鹅的喜爱。鹅习性机警勇敢，人或动物进入领地时会不断鸣叫，发出警报，可以"站岗放哨"。古时定婚时，男方父母会用一对鹅替代雁（终身一夫一妻）作为聘礼，祝愿夫妻和睦，百年偕老。世界养鹅业集中在中国，西方国家养鹅目的主要在于生产鹅肥肝。

经济价值

　　鹅是杂食性家禽。主要以青草、蔬菜、籽粒、糠麸等植物性食物为食，是一种节粮型禽类，具有抗逆性强、耐粗饲等特点。肌胃压力比鸭大0.5倍，比鸡大1倍；消化道较长，小肠呈碱性。这些特征使鹅能有效消化、吸收青草饲料中的大部分营养，对青草粗纤维消化率可达40%以上。生产上有"青草换肥鹅"之说，无论舍饲、圈养或放牧，养鹅成本均较低。

　　鹅肉高蛋白、低脂肪、低胆固醇，被消费者视为绿色食品和健康食品。肉质鲜嫩松软，清香不腻，可煨煮、烧炖或卤制。鹅肉炖萝卜是北方秋冬的进补佳肴，卤狮头鹅是潮汕宴席的必备大菜，铁锅大鹅的粗犷组合更能激发出鹅肉醇厚的本味。鹅肝、鹅头、鹅脖、鹅肠、鹅肫等也颇受食客钟爱。鹅肥肝质地细嫩，口味鲜美，与松茸蘑、鲜鱼子酱并列为西方人心中的"世界三大珍馐"。鹅羽绒轻柔保暖，具有良好的吸湿保暖性能，是制作高档羽绒被服的理想材料。

鹅种资源

　　家鹅有近90%分布在中国，其余集中在埃及、罗马尼亚和波兰等少数国家。我国各地自然生态条件复杂多样，经人工和自然选择形成了30余种地方良种鹅。除了新疆伊犁鹅外，鹅地方品种资源主要在东部沿海和西南地区。东北有以产蛋量高著称的籽鹅、豁眼鹅；西北边陲新疆有适应高原寒冷气候的伊犁鹅。华南广东湛江有体大肉肥的狮头鹅，清远有肉质美、体型小的乌鬃鹅。西南成都、重庆一带有生长快、产蛋多的四川白鹅。华中湖南有产肝性能好的溆浦鹅。华东地区的江苏有肉质好、产蛋多的太湖鹅；安徽有生长快、产绒多而好的皖西白鹅；浙江有生长快、抱性好的浙东白鹅。种类繁多的鹅种资源为养鹅业奠定了坚实的品种基础。

中国养鹅业

　　我国是世界上养鹅最多的国家，在养鹅数量、鹅肉、羽绒及制品产量上均居世界第一。2015年肉鹅出栏5.64亿只，占世界90%以上。南方素有吃鹅的习惯，鹅在广东象征着大富大贵，有"无鹅不成席"之说。近年来崇尚绿色食品的消费潮流逐渐兴起，鹅肉需求量呈快速增长态势。广东、江苏、江西、安徽、浙江等传统南方食鹅省份对肉鹅需求量巨大，但产量有限，因而带动了北方养鹅业的大发展，形成了北养南销的格局。吃鹅的习惯也由南向北扩散，铁锅大鹅炖酸菜、土豆等美食成了雪后初寒时节东北百姓的热切期盼。鹅肉约占我国肉类市场消费份额的4%，仍呈上升趋势。近年，鹅肥肝在国内市场逐渐走俏，每公斤价格在220～300元，更增加了养鹅业的吸引力。在长江中下游等地区，家禽养殖呈现出鹅、鸭等水禽取代鸡的趋势，养鹅成为农民增收的一个新渠道。

▲ **荷塘欢歌**　　仝延魁

　　"镜湖流水漾清波，狂客归舟逸兴多。山阴道士如相见，应写黄庭换白鹅。"王羲之喜爱鹅的故事广为流传。现今绍兴兰亭的"鹅池"，即为当年王羲之养鹅处。白鹅性格高洁，脖子细长，有弹性，摆动时自然形成一幅曼妙的舞姿。羲之爱鹅，主要出于精神层面，把鹅清高、洁白的品格作为自己的人生追求；同时，鹅优美的体态对他书法风格很有启发。王羲之模仿鹅的形态，挥毫转腕，所写的字雄厚飘逸，刚中带柔，既像飞龙又像卧虎。据说，天下第一行书《兰亭集序》中二十个"之"字的写法就是根据鹅的姿态演化而来。

　　鹅是最能利用青绿饲料的家禽。池塘、沼泽里的小鱼、小虾、藻类，以及收割后稻田里的鱼虾、田螺、掉落的稻谷，都是鹅的美味。我国南方地区气候温和，雨量充足，青绿饲料可以全年供应，为放牧养鹅提供了良好条件。近年来，一些地区发展种草养鹅，取得了显著的经济效益。白鹅以其较宽的食谱，在家禽养殖中牢固占据了重要位置。

荷塘高歌　　张青义 ▶

第9节　淡水鱼

　　我国幅员辽阔，内陆江河湖泊纵横交错，淡水鱼种类丰富，约有800多种，主要经济鱼类约40余种，淡水鱼产业发展的资源基础雄厚。大宗淡水鱼是指草鱼、鲢鱼、鳙鱼、鲤鱼、鲫鱼、鳊鲂鱼、青鱼等7个品种，是我国淡水养殖的主体，其中青鱼、草鱼、鲢鱼、鳙鱼是传统的四大家鱼。我国是世界淡水养殖和消费第一大国，淡水产品产量约占世界的60%。英、美等西方国家因资源条件、历史文化和饮食习惯等原因，较少食用淡水鱼，这也是四大家鱼等亚洲鲤鱼"移民"美国后，种群剧增而泛滥成灾的一个原因。

经济价值

　　淡水鱼的肌纤维比较短，蛋白质组织结构松散，水分含量比较多，与禽畜肉相比更加鲜嫩，易于消化。作为一种高蛋白、低脂肪、营养美味的健康食品，淡水鱼是我国居民膳食的主要蛋白质来源之一。剁椒鱼头、番茄鱼、水煮鱼、酸菜鱼、沸腾鱼、石锅鱼、碳烤鱼等美食不断演变，将鱼肉之鲜美发挥至无穷。

　　淡水鱼在扩大就业、增加农民收入、带动相关产业发展等方面发挥了重要作用。2011年全国渔业产值为7 884亿元，淡水养殖和水产种苗产值合计4 145亿元，占52.5%。渔业从业人员2 060万人，约70%从事水产养殖业。2011年渔民人均纯收入达万元，高出我国农民人均纯收入近3 000元。淡水鱼养殖还带动水产苗种繁育、饲料、渔药、养殖设施以及水产品加工、储运物流等相关产业，创造大量就业机会。

　　淡水鱼养殖具有资源高效和环境友好的优势。大部分淡水鱼是草食性和杂食性鱼类，甚至以藻类为食，食物链短，饲料效率高，是节粮型渔业的典范。尤其是草鱼对饲料蛋白要求低，可投喂各种青、干草料和麸皮等谷物加工副产物，与种植业、畜牧业相结合，提高资源综合利用率。淡水鱼多采用多品种混养的生态养殖模式，通过鲢、鳙的滤食作用，既可在不投喂人工饲料条件下生产动物蛋白，还能消耗藻类，降低氮、磷总含量，修复富营养化水体，是环境友好型渔业。

垂钓文化

　　我国的垂钓活动最早出现于原始社会旧石器时代。西安半坡遗址出土的骨质鱼钩，是我国发现得最早的垂钓文物，距今人约6 000年。最著名的垂钓故事当属姜太公钓鱼这一"大钓无钩"的典故。"闻道磻溪石，犹存渭水头。苍崖虽有迹，大钓本无钩。"在唐代，垂钓更为文人墨客所青睐，自号"烟波钓徒"的张志和写下了名篇《渔歌子》："西塞山前白鹭飞，桃花流水鳜鱼肥。青箬笠，绿蓑衣，斜风细雨不须归。"柳宗元则在《江雪》中透露出了孤标清寂的意趣情操："千山鸟飞绝，万径人踪灭。孤舟蓑笠翁，独钓寒江雪。"垂钓逐渐由生产活动中分离出来，成为一种高雅、益智的健身运动，令无数钓友陶醉其中。

中国淡水鱼

　　我国淡水鱼生产主要满足国内市场，在水产品有效供给中起到了关键作用。2014年淡水鱼产量2 603.0万吨，占淡水养殖产量的88.7%。其中，草鱼产量最大，为537.7万吨，鲢、鲤、鳙和鲫的产量分别为422.6万吨、320.3万吨、317.2万吨和276.8万吨。鲂和青鱼的产量分别为78.3万吨和55.7万吨。淡水鱼主要出口香港，约占85%，出口省份主要有广东、辽宁、天津、江苏、湖南和山东。淡水鱼生产促进了我国众多鱼米之乡的人民富裕、生活安康，也养育了积淀深厚的渔业文化。查干湖冬捕，这项自辽金时代开始，活跃了千年的仪式，以其传统的马拉绞盘冬捕方式与"祭湖"习俗，成为国家非物质文化遗产，吸引着各地游客前来感受那金阳白雪映照下令人热血沸腾的古老狂欢。

▲ **公社鱼塘**　董正谊

　　本幅画作是户县农民画乃至中国农民画的重要代表作。作者董正谊（1918—1989），户县甘亭镇人，中国美术家协会会员。这幅画董正谊共绘制了5幅，其中一幅曾陈列于人民大会堂陕西厅，一幅被美国前总统尼克松收藏。本幅画构图饱满，追求透视，人物形象准确，姿态优美。画面为一大型拖拉网在鱼塘网满色彩鲜艳的鱼儿，两端各有七八男女社员身穿防水衣奋力拉网。湛蓝的塘水近处水草游动，远处鱼群流动，反映了鱼塘的丰收场面和劳动者的喜悦心情，一派欣欣向荣、生机勃勃的新社会图景。

　　这是户县农民画展览馆珍藏的版本。随着岁月流逝，画面已有裂纹，色彩逐渐暗淡、斑驳。作为20世纪后半叶我国农业、农村发展和农民精神面貌的记忆载体，农民画历史佳作的收藏、保护、研究问题逐渐凸显。

　　"渔翁夜傍西岩宿，晓汲清湘燃楚竹。烟销日出不见人，欸乃一声山水绿。回看天际下中流，岩上无心云相逐。"柳宗元的《渔翁》以淡逸清和的笔墨勾勒出一幅令人迷醉的山水画，描写了一个在山青水绿之处自遣自歌、独往独来的渔翁，透露出作者寄情山水、深沉热烈的内心世界。

渔归　王文吉 ▶

第10节　特种经济动物

特种经济动物是指家禽、家畜以外的，能人工繁殖、具有较高经济价值和一定饲养规模的养殖动物。它是国家法律法规允许的人工驯养动物，而不是在野外生活的野生动物。2003年，国家林业局公布了首批54种可商业利用的陆生野生动物名单。其中，允许上餐桌或利用毛皮的41种，包括貉、银狐、北极狐等5种皮毛动物，花面狸、野猪、梅花鹿等31种食用药用动物，花鼠、仓鼠、麝鼠等5种宠物。对于鸡尾鹦鹉、虎皮鹦鹉、金丝雀等13种野生动物，只允许作为观赏用。同时要求，以上动物的驯养繁殖，必须依法具有驯养繁殖资格，防止非法猎捕、走私的野生动物借驯养繁殖之名混入市场。

我国幅员辽阔，生态环境类型多样，蕴藏着丰富的特种经济动物资源。梅花鹿、马鹿、貉、雉鸡、鹌鹑、蚕、蜜蜂、兔等是特色经济动物；敖鲁古雅驯鹿、吉林梅花鹿、中蜂、东北黑蜂、新疆黑蜂、福建黄兔、四川白兔等已列入国家级畜禽遗传资源保护名录。蚕、蜂、鹿、毛皮动物等特种养殖具有鲜明的地域特征和深厚的文化底蕴，在国际市场上占有主导地位。我国是世界蚕业的发源地，栽桑养蚕已有5 500年的历史，蚕丝织品经由丝绸之路向西方世界传播了中华文明。

用途分类

特种经济动物按照经济用途，可分为七类。①毛皮动物。以生产毛皮为主，如水貂、貉、狐、海狸鼠、水獭、艾虎、獭兔等。②药用动物。身体的全部或局部器官有较高药用价值，如鹿、麝、熊、毒蛇、蜈蚣、蝎子、蟾蜍、海马、蚯蚓和土鳖等。③食用动物。肉用和蛋用价值较高，如肉兔、肉犬、肉鸽、雉鸡、鹌鹑、鹧鸪、鸵鸟、番鸭、野鸭、甲鱼、黄鳝、泥鳅、牛蛙、蜗牛等。④观赏伴侣动物。用于观赏或家庭宠物，如宠物犬、宠物猫、观赏鸟、观赏兔、观赏鱼、观赏龟和蜥蜴等。⑤饲料类动物。活体和其加工品作为动物性蛋白质饲料，如黄粉虫、蝇蛆、蚯蚓、蚕蛹、蜗牛等。⑥实验动物类。遗传背景明确或来源清楚，用于科学实验，如大鼠、小鼠、豚鼠、兔、青蛙、蟾蜍、比格犬、恒河猴等。⑦特殊用途动物。满足狩猎、工业和军事等特殊领域需要，如狩猎犬、导盲犬、军警犬、猎鹰、白蜡虫、蚕等。需要说明的是，同一动物会因多种用途而归属于不同的种类。例如，犬有肉用、实验用、药用、皮用、观赏伴侣和特殊用途等多种经济利用方式。

发展概况

我国特种经济动物产业的规模约为5 600亿元，提供就业岗位1 280万个左右，是现代畜牧业的重要组成部分。目前规模较大的特种经济动物产业有：养鹿业（梅花鹿、马鹿）；珍禽养殖业（雉鸡、野鸭、鹌鹑、鸽子等）；毛皮动物养殖业（兔、貂、狐、貉、狸等）；蜂饲养业；蚕饲养业；野猪、民猪养殖业；猫、犬等宠物养殖业。2015年我国貂、狐、貉、茸鹿等饲养总量1.4亿只，兔5亿只，珍禽2.6亿羽，蜜蜂900万群，蚕种1 600万张，分别占世界的64%、45%、72%、13%和82%。宠物养殖规模位居世界前列，现有1.2亿只宠物狗、8 000万只宠物猫。

21世纪以来，国民经济持续快速发展，居民物质消费、精神需求档次持续提升。丝绸制品、裘皮等高档服饰购买力不断增强，鹿茸、蜂蜜等保健品走进日常生活，宠物也越来越多进入百姓家庭。在这种背景下，特种经济动物产业快速发展，成为具有吸引力的热点行业。例如，皮草服饰市场在过去10年的复合增速高达22.4%，宠物行业在2010年到2016年之间的年增长率达到49.1%。特别是宠物行业，2016年市场规模达到1 720亿元，2020年将超过2 000亿元，宠物食品、用品、玩具、服装、美容、医疗、寄养等服务领域迎来大发展良机。与常规畜牧业生产相比，特种经济动物生产具有"新、奇、特"的特点，是满足未来居民高品质生活需求的重要行业，具有广阔的发展空间和市场前景。

存在问题

猪、鸡等家畜、禽类养殖规模庞大，需求稳定，对国计民生影响深远，备受各界关注。相对而言，特种经济动物规模狭小，市场波动大，且处在自发状态，盲目性较大。特别是养殖户与市场之间信息不对称，经营风险较大，需要加强监管和服务。我国特种经济动物养殖主要存在下列问题。①市场问题。市场较混乱，价格波动频繁，往往炒种成风，圈套、陷阱很多；部分养殖户不根据市场行情和自身实际，盲目地跟着热点而希望快速致富，常会血本无归。②技术问题。大多数为家庭作坊式养殖，规模小而分散，抗风险能力差，从品种、设备、饲料药品到产品加工，多限于经验，缺少技术含量。③产业链问题。基本处在利润较低的产业链上游，即饲养和初级加工阶段。例如，我国虽是蚕、蜂、鹿和皮毛动物养殖大国，但出口产品主要是生丝、蜂蜜、皮张等初级原料和半成品，产品附加值低。④科技支撑问题。研究机构与研究人员缺乏，研究经费严重不足，极不适应迅猛发展的产业态势。中国农业科学院特产研究所于2018年牵头成立了"国家特种经济动物科技创新联盟"，旨在共同解决制约行业发展的关键技术难题，促进特种经济动物产业的健康发展。

▲ **山坡养蚕**　　陈秋娀

我国蚕业始于五六千年前的新石器晚期，最初以栽桑养蚕为主。商周时期，蚕被赋予灵性，作为"蚕神"崇拜，西安沣西、宝鸡茹家庄等西周墓中都发现过玉蚕陪葬品。今天江浙等地，小满节被视为蚕神的诞辰日，要摆供祭神，演戏酬神，以此来祈佑新丝丰收、生丝交易兴旺。我国蚕业有桑蚕和柞蚕两种。2015年桑园面积为1 233万亩，桑蚕产量63.4万吨；柞蚕放养面积1 160万亩，蚕茧产量8.8万吨。广西是最大蚕桑基地，产茧量占全国的45%。

《诗经·豳风·七月》这首伟大的农业史诗，以时间为线索，记述了蚕桑业等古代农业生产在一年中的因时而动和季节变换。"七月流火，八月萑苇。蚕月条桑，取彼斧斨。以伐远扬，猗彼女桑。七月鸣鵙，八月载绩。载玄载黄，我朱孔阳，为公子裳。"诗歌大意为：七月火星向西落，八月要把芦苇割。三月修剪桑树枝，取来锋利的斧头。砍掉高高长枝条，攀着细枝摘嫩桑。七月伯劳声声叫，八月开始把麻织。染丝有黑又有黄，我的红色更鲜亮，献给贵人做衣裳。农民就这样在忙碌、周而复始的艰辛劳作之中度过一年、一生，看似在为自己忙碌着，实际上都在为他人作嫁衣裳。"遍身罗绮者，不是养蚕人。"

文学说画

鹧 鸪 天
辛弃疾

陌上柔桑破嫩芽，东邻蚕种已生些。平冈细草鸣黄犊，斜日寒林点暮鸦。
山远近，路横斜，青旗沽酒有人家。城中桃李愁风雨，春在溪头荠菜花。

赏析：这首词通过对柔桑、幼蚕、细草、黄犊等富有生气的鲜明形象，描绘出江南农村早春时节欣欣向荣的景象。城中桃李，娇生惯养，禁不起风吹雨打，终日忧心忡忡；而田野里的荠菜花却无忧无虑，生意盎然，稳占春光。以花拟人，表现了对乡野生活的热爱和赞美。

▲ **打丝**　黄菊梅

　　我国是历史上最早养蚕和生产丝织物的国家，在新石器时代已知养蚕缫丝，仰韶文化遗址、良渚文化遗址均出土过丝织物。长安是古丝绸之路的起点，以长安为中心的泾渭汉流域是我国蚕桑丝织的发祥地之一。2 000年前，丝绸从长安沿着丝绸之路传向欧洲，以其卓越的品质、精美的花色和丰富的文化内涵闻名于世，成为汉唐盛世和东方文明的象征。

　　缫丝，关中地区称打丝，是将蚕茧抽出蚕丝的工艺。沸水煮茧缫丝起源于秦汉，是我国缫丝工艺的一大革新，其大致过程是：将蚕茧浸在热盆汤中，用手抽丝，卷绕于线轮上。盆、筐是原始的缫丝器具。缫丝前首先要剥茧、选茧，全靠手工操作，非常麻烦。所以邻居们见了都会来帮一把，将鲜茧倒在竹制的蚕匾里，大家边聊天边逐个选茧、剥茧，有蚕家乐的味道。剥好的茧子放入滚水中，加热至蚕茧透明，能看到里面的蛹时就可以用筷子撩丝头。撩出的丝线头放在线轮上，滚动的线轮将蚕丝不断从茧中抽出来。为防止抽丝断线，开水中要放一些碱，降低蚕丝间的相互粘连度。

文学说画

浣 溪 沙

苏　轼

麻叶层层苘叶光，谁家煮茧一村香？隔篱娇语络丝娘。

垂白杖藜抬醉眼，捋青捣䴛软饥肠，问言豆叶几时黄？

　　赏析：久旱甘霖后，东坡先生来到乡村。此时田里的麻类作物长势不错，株密而茂，叶子油绿。正值初夏，桑蚕丰收，家家都在煮蚕缫丝，香味四溢。缫丝的少妇、姑娘隔着篱笆谈话说笑，娇声脆语，犹如纺织娘。这首词也反映了北宋年间我国纺织原料的生产情况（麻类和蚕丝为主），以及当时的主食构成（麦子和豆类）。

▲ 野山蜂　黄菊梅

蜜蜂在作物生产中具有特殊重要的作用，76%的农作物、84%的野生植物依靠蜜蜂传授花粉才能结实。蜜蜂的授粉功能在英国等西方国家得到了优先重视，在田间地头预留草地或种植有花植物以养育、保护蜜蜂种群，成为提高作物产量的一个新选择。

"不论平地与山尖，无限风光尽被占。采得百花成蜜后，为谁辛苦为谁甜？"这首诗赞美了蜜蜂辛勤劳动、酿制甜美的高尚品格。我国养蜂业始于西汉，蜜源植物有棉、油菜、紫花苜蓿、刺槐、漆树、枣树、苹果、梨、瓜类花以及山林野生树木。我国蜂蜜产量达到47.7万吨，位居世界第一，但国际竞争力较差。2015年蜂蜜平均出口单价为1 995美元/吨，较阿根廷、墨西哥等国平均低1 000美元/吨。

画中描绘的百花蜜是土蜂采集多种花蜜酿成的混合蜂蜜。它集百花之精华，清香甜润，营养滋补，具有消热解毒、润肠通便、安五脏、补不足等功效。吉尔吉斯的百花蜜品质世界公认最好。其蜜源地为高山草原，周围500公里无工厂、耕地，远离污染，且以3 000多种草药为蜜源，被称为"中亚药蜜"。

文学说画

五月初，我的后坡上便爆出一片白雪似的槐花，一串串垂吊着，蜜蜂从早到晚都嗡嗡嘤嘤如同节日庆典。那悠悠的清香随着微微的山风灌进我的旧宅和新屋，灌进大门和窗户，弥漫在枕头床被和书架书桌纸笔以及书卷里。我不想说沉醉。我发觉这种美好的洋槐花的香气可以改变人的心境，使人从一种烦躁进入平和，从一种浮躁进入沉静，从一种黑暗进入光明，从一种龌龊进入洁净，从一种小肚鸡肠的醋意妒气引发的不平衡而进入一种绿野绿山清流的和谐和微笑……尤其是我每每想到这槐香是我栽植培育出来的。

（陈忠实《绿风》）

▲ **人类朋友**　　仝延魁

宠物已深入到现代社会的各个方面，甚至成为家庭成员而集万千宠爱于一身。美国约70%的家庭饲养宠物，英国近一半成年人拥有一只宠物。研究发现，人类和狗在眼神接触过程中能分泌有"爱的荷尔蒙"之称的催产素，涌现出爱、呵护感和亲密感，进而培养信任、增进感情，共同进化成亲密无间的好伙伴。在看到小猫、小狗时，人就像看到婴儿一样，大脑会分泌多巴胺，而言语温柔，举止和善。宠物还具有社会性的一面，是人类的忠诚伴侣。老人由宠物陪伴，可降低血压，排遣孤独，提振精神。狗善解人意，感情专一，即使在遇到危险的时候也不离不弃，甚至英勇救主。在城市公园或乡村庭院，人与宠物之间的真情互动无处不在，所折射出的人性光辉，为日渐物质的、机械的工业社会、商业文明注入了生命的热度和活力。

文学说画

一、把我带回家之前，请记得我的寿命只有10～15年，若你离弃我，会是我最大的痛苦。

二、请对我有耐心，多一点时间来了解我。

三、信任我——那对我十分重要。

四、请别对我生气太久，也别把我关起来当作惩罚。你明白吗？你有你的工作、你的娱乐、你的朋友，而你是我的唯一。

五、请时常对我说话，纵使我不懂你说话的内容，但我会感觉到，你的声音在陪伴我。

六、你如何对待我，我将永记在心。

七、你打我时请记得，我拥有可以咬碎你手骨的尖锐牙齿，我只是选择不做这样的事。

八、当你责骂我不合作、固执或懒惰，请你想想，是否有什么正困扰着我？或许我没获得我想要的食物，很久没在温暖的阳光下奔跑，或者我的心脏已经太弱或太老。

九、在我年老时请好好照顾我，因为你也会变老。

十、当我要捱过生老病死最辛苦的历程时，请千万不要说，我不忍心看，我不想在场。只要有你和我在一起，所有的事都会变得容易接受。请你永远不要忘记，我爱你。

（网络内容《狗狗的内心独白》）

第4章
农业资源与环境

　　农业资源是指农业生产活动中所利用的各种投入，包括自然界和人类社会等两方面的投入。农业环境是指以农业生物（作物、畜禽和鱼类等）为中心的周围事物的总和，包括大气、水体、土壤、光照、热量，以及农业生产者的劳动、生活场所（农区、林区、牧区等）。农业资源与农业环境是同一问题（农业生产要素）的两个侧面，可持续利用农业资源是保护农业环境的根本途径。

　　本章首先介绍农业资源与环境的基本概念和问题（第1节），再从人的多维感知出发，阐述人与资源、环境之间的关系。首先是物理感知，感受它的空间变化，具有明显的地域分异规律（第2节，一方水土）；感受它的时间变化，随季节而改变，以24节气为代表，周而复始（第3节，四季轮转）。农业资源环境还能被心灵感知，作物、家畜、家禽、农田和原野共同构成了我们魂梦所系的心灵家园（第4节，心灵家园）。

　　本章精选20幅农民画佳作。所选的风景画呈现了农业风光的秀丽旖旎，农村环境的舒缓静谧，以及农人劳作的勤奋艰辛；所选的人物画侧重情感寄托，体现出对既往时光的回忆和对乡土的眷恋。以画为载体，详解画面背后的农业资源与环境基础知识。选择其中5幅画做了文学解读，精选宋词名篇，以及费孝通、陈忠实、高建群的经典作品，展现文人对农业资源与环境的心灵感知，以期在如画的风景、如梦的情境中凝聚、释放故园情思，培养家国情怀。

第1节 概 述

农业资源是指农业生产活动中所利用的各种投入，包括自然界和人类社会等两方面的投入。广义的农业资源指自然资源、自然条件和社会经济技术资源的总和；狭义的仅指农业自然资源和自然条件，即自然界中可被农业生产利用的物质和能量，以及保证农业生产正常进行所需的自然环境条件的总称。农业自然资源包括气候资源、水资源、土地资源和生物资源等。

农业环境是指以农业生物（作物、畜禽和鱼类等）为中心的周围事物的总和，包括大气、水体、土壤、光照、热量，以及农业生产者的劳动、生活场所（农区、林区、牧区等）。众多环境要素相互制约，共同构成了农业环境综合体，对农产品数量和质量起着决定性作用。农业环境是人类赖以生存的自然环境的重要组成部分，农业环境遭受污染终将影响到人类健康。

农业资源是以人类经济活动为中心的，属于农业生产的物质投入范畴。而农业环境是以农业生物为中心，属于生物生长发育的环境条件范畴。热量、降水、土壤等农业生产要素既是农业经济活动的资源，也是农业生物生长发育的环境。因此，农业资源与农业环境是同一问题（农业生产要素）的两个侧面，可持续利用农业资源是保护农业环境的根本途径。

农业自然资源的基本特性

在农业资源的开发利用中，需要从农业自然资源的基本特性出发，因地制宜，科学有序。农业自然资源具有如下基本特性：①整体性。各资源要素相互作用而构成统一的整体，发展农业生产必须优化资源配置，最大程度发挥资源组合效应。②地域性。不同区域农业自然资源分布和组合特征不同，发展农业生产必须因地制宜。③动态平衡性。农业自然资源及其组合而成的生态系统是不断发展演变的，处在由平衡到打破平衡再到形成新平衡的不断进化过程中。④可再生性。气候的季节更迭、水分的循环补给、土壤肥力的恢复和生物繁衍等，只要开发利用得当则可永续利用。⑤数量有限性和潜力无限性。自然资源的数量在特定时间、空间内是有限的，但是随着现代农业科技的飞速发展，人类对农业资源的开发、利用程度将不断深入。

农业自然资源的基本特征

我国农业自然资源总体上呈现出体量巨大但质量一般、分布不均、结构较差的基本特征。①光热资源丰富，降水偏少，水成为大部分地区的限制因素，尤以秦岭淮河以北约70%的土地存在不同程度的水分亏缺。②热量和降水量的年际变化大，气候灾害频繁。东北地区的冻害，黄淮海地区的旱灾和南方地区的洪涝灾害，以及草原牧区的雪灾等时有发生。③水资源总量多，人均、单位耕地面积水量少，且地区分布不均匀，由东南向西北内陆递减。④土地类型多样，但结构不理想。耕地比重小，质量不高；草地数量多，质量差。后备土地资源、宜农荒地数量少，质量差。⑤土地退化严重。土壤侵蚀、洪涝威胁严重，土地沙漠化继续发展，草原生产力下降，工业污染加剧。⑥人地矛盾尖锐，人均耕地仅为1.5亩，随着人口的增加，土地资源紧缺的状况日益突出。

农业资源与环境问题

我国农业资源与环境问题正呈现出逐步好转的态势。"十二五"期间，沙化土地面积年均减少1 980平方公里，石漠化面积年均减少1 600平方公里。但总体上不容乐观，局部地区甚至有恶化的趋势，具体表现为：①水土流失，土地荒漠化。水土流失严重的态势有所缓和，但未有根本转变，仅黄河流域年流失土壤8亿吨。荒漠化土地达262万平方公里，耕地退化面积占总面积的40%以上。②土地污染，耕地质量下降。来自城市和农村的双重污染日益严重。约330万公顷耕地受到中、重度污染，每年因重金属污染减产粮食1 000多万吨，受重金属污染粮食1 200万吨，经济损失达200亿元。③水资源紧缺，水污染严重。人均水资源2 300立方米，不到世界的1/4，为13个贫水国之一。华北平原地下水过渡开采，形成20万平方公里的地球上最大漏斗区。污水灌溉导致农田污染、土壤退化。④生态系统破坏，多样性减少。草原生态总体恶化局面尚未根本扭转，中度和重度退化草原面积仍占1/3以上。湿地面积近年来每年减少约510万亩，900多种脊椎动物、3 700多种高等植物生存受到威胁。⑤农业副产物量大，利用效率低。年畜禽粪便总量为25亿～30亿吨，还田率仅为30%～50%，用于生产有机肥的仅占2%左右。作物秸秆年产7.8亿吨，60%以上未被有效利用。

农业资源与环境保护

解决我国农业资源与环境问题的根本出路在于改变不计资源成本和环境代价的掠夺式农业发展模式，以可持续发展的理念经营农业。农业可持续发展相关背景、策略见本书第6章第5节。现阶段，为了解决迫在眉睫的资源与环境问题，应该首先依靠法律手段，加强农业立法和执法，增强全民的法制意识和守法观念。2012年12月新修订的《中华人民共和国农业法》对农业资源与环境保护做了明确规定，是依法合理利用农业资源，保护农业生态环境的有力武器。现择其与森林、草地、湿地、渔业、珍稀生物等资源保护，农业投入品监管和农业污染防治等部分条文摘录如下。

第六十条：国家实行全民义务植树制度。各级人民政府应当采取措施，组织群众植树造林，保护林地和林木，预防森林火灾，防治森林病虫害，制止滥伐、盗伐林木，提高森林覆盖率。

第六十一条：有关地方人民政府，应当加强草原的保护、建设和管理，指导、组织农（牧）民和农（牧）业生产经营组织建设人工草场、饲草饲料基地和改良天然草原，实行以草定畜，控制载畜量，推行划区轮牧、休牧和禁牧制度，保护草原植被，防止草原退化沙化和盐渍化。

第六十二条：禁止毁林毁草开垦、烧山开垦以及开垦国家禁止开垦的陡坡地，已经开垦的应当逐步退耕还林、还草。禁止围湖造田以及围垦国家禁止围垦的湿地。已经围垦的，应当逐步退耕还湖、还湿地。

第六十三条：各级人民政府应当采取措施，依法执行捕捞限额和禁渔、休渔制度，增殖渔业资源，保护渔业水域生态环境。

第六十四条：国家建立与农业生产有关的生物物种资源保护制度，保护生物多样性，对稀有、濒危、珍贵生物资源及其原生地实行重点保护。

第六十五条：各级农业行政主管部门应当引导农民和农业生产经营组织采取生物措施或者使用高效低毒低残留农药、兽药，防治动植物病、虫、杂草、鼠害。农产品采收后的秸秆及其他剩余物质应当综合利用，妥善处理，防止造成环境污染和生态破坏。从事畜禽等动物规模养殖的单位和个人应当对粪便、废水及其他废弃物进行无害化处理或者综合利用，从事水产养殖的单位和个人应当合理投饵、施肥、使用药物，防止造成环境污染和生态破坏。

第六十六条：县级以上人民政府应当采取措施，督促有关单位进行治理，防治废水、废气和固体废弃物对农业生态环境的污染。排放废水、废气和固体废弃物造成农业生态环境污染事故的，由环境保护行政主管部门或者农业行政主管部门依法调查处理；给农民和农业生产经营组织造成损失的，有关责任者应当依法赔偿。

第2节　一方水土

一方水土是指降水、热量和土壤等农业自然资源、环境在空间上的分布和组合特征。早在春秋时期，我国先民即认识到了水土在农业生产中的作用。《晏子春秋》中记载："橘生淮南则为橘，生于淮北则为枳，叶徒相似，其实味不同。所以然者何？水土异也。"橘只能生长于淮河以南，如移栽到淮北，就变成味道不同的枳了。为什么会这样呢？这是因为淮河南北的"水土"不同，即包括温度、水分和土壤等环境因子存在明显的地理变异。农业资源、环境的空间变异是影响农业生产水平、效益的重要因素，决定了农业生产的区域性差异，是我国多样化农业类型形成的客观基础。

地域分异规律

动植物的生长、发育、繁殖离不开气候、土地、水等自然资源条件。这些农业自然资源在类型、数量、质量和结构等方面存在着有规律可循的区域差异，即地域分异规律，尤以热量、水分等气候条件的地域差别最大，规律最明显。自然资源的地域分异规律是农业必须因地制宜的根本原因。基于对资源环境与动植物分布之间关系的科学认识，古代先民发展了"扬长避短、因地制宜"的营农思想。《史记·货殖列传》记载："陆地牧马二百蹄，牛蹄角千，千足羊，泽中千足彘（猪），水居千石鱼陂，山居千章之材。安邑千树枣；燕、秦千树栗；蜀、汉、江陵千树橘；淮北、常山已南，河济之间千树萩；陈、夏千亩漆；齐、鲁千亩桑麻；渭川千亩竹；及名国万家之城，带郭千亩，亩钟之田，若千亩卮茜，千畦姜韭。"这是因地制宜、统筹布局农林牧渔生产，发挥区域资源优势的生动写照。揭示农业生产的地域分异规律，探讨区域农业发展方向和途径，进行农业区划，是农业宏观经济决策和制定区域农业政策的一项重要基础工作。

地域分异规律的成因和形式

农业自然资源的地域分异规律主要有纬度地带性和垂直地带性两种。

（1）**纬度地带性**。主要表现为热量、水分等沿纬度方向呈有规律的变化。我国从南到北，热量条件逐渐变差，积温越来越少，依次分为热带、亚热带，暖温带、中温带和寒温带。热量条件决定了一个地区的作物生产是一年一熟（如东北单季水稻）还是一年多熟（华南双季稻）。我国属于季风性大陆气候，降水量从东、南部沿海到西、北部内陆逐渐降低，自然景观依次为湿润区、半湿润区、半干旱区和干旱区，农业生产则由农区向农牧交错区和牧区过渡。"北风卷地白草折，胡天八月即飞雪。"我国南北的热量差异对比让边塞诗人岑参感受强烈。"羌笛何须怨杨柳，春风不度玉门关。"王之涣道出了季风是塑造我国东部和西部之间景观差异的一个重要原因。

（2）**垂直地带性**。主要表现为海拔高度引起的热量和水分的规律性变化。海拔越高，热量越少，气温越低。一般而言，海拔每升高1 000米，气温降低6℃。湿润气流遇到山脉等高地阻挡而被迫抬升的过程中，随着气温降低，水汽冷却凝结，而形成地形雨。贺兰山、横断山、太行山和大兴安岭等南北走向山脉的西面，处于暖湿气流的迎风坡，降水较多；而这些山脉的东面，即背风坡，过山气流在下沉过程中变得干热，形成焚风，为干热风的一种，是影响小麦等作物灌浆成熟的主要气象灾害。水、热的垂直匹配、差异构成了立体农业的基础。"人间四月芳菲尽，山寺桃花始盛开。长恨春归无觅处，不知转入此中来。"白居易细腻感知到了高山与平原在物候上（桃花开花期）的差异，写出了唐人对热量垂直分布的直观感受。

农业自然资源的地域分异特征

我国疆域辽阔，南北跨越寒温带到热带，季风气候异常发达，热量条件的纬度地带性差异明显。我国又是一个多山的国家，山地、丘陵和高原约占国土面积的70%，地形十分复杂，深刻影响了光、热、水资源的垂直地带性分布。农业自然资源的空间分布呈现如下特征。

（1）**光、热、水匹配不协调**。我国最大的农业地域差异是东西部的地域差异，主要反映在光照、热量和降水等方面。西北内陆干旱区光、热资源丰富，但降水严重不足，水、热匹配差，水资源稀缺。青藏高原光能资源最好，是全国太阳能最丰富的地区，但热量条件差，光、热不协调，限制了光能利用。东部地区光、热、水总体上较西部协调，但地区差异明显。东北热量偏少，华北水分不足，四川盆地和贵州高原光照条件较差，云贵高原冬季热量较好但降水不足，江南地区常发生伏旱等季节性干旱。

（2）**土地生产力不平衡**。东、南部季风区，水热丰富，雨热同季，土壤肥沃，土地生产力较高，是我国主要的农区、林区，也是畜牧业发达的地区。西北内陆区，光照充足，热量丰富，但干旱少雨，水资源奇缺，沙漠、戈壁、盐碱地面积大，草地多，耕地、林地少，土地生产力较低。青藏高原日照充足，但热量不足，土地生产力低。

（3）**垂直地带性影响强烈**。在东部季风湿润区，从山麓到山顶，热量逐渐减少，垂直带结构在寒温带山地跨2～3个带，在热带山地跨4～5个带，农业的垂直分异现象复杂。在西部内陆干旱区，随海拔上升，气温渐降，湿度增加，自下而上按荒漠、荒漠草原、草甸草原、森林、亚高山的次序排列。在青藏高原，海拔<3 400米，为高原寒温带，有农业和林业；海拔3 400～4 800米，为高原亚寒带，只有牧业；海拔>4 800米，为高原寒带无人区。

▲ 山村农家乐　张青义

　　水是人类的生命之源，是社会、经济发展的重要决定因素。人类文明多起源于灌溉方便、取水便捷的傍山近水之地。对于农业来说，水资源的丰富度、可得性直接与五谷丰登、六畜兴旺相关。

　　秦岭是我国地理的南北分界岭，山高水长。司马相如在《上林赋》中写道："终始灞浐，出入泾渭，酆镐潦潏，纡馀委蛇，经营乎其内，荡荡乎八川分流，相背而异态。"东浐灞、北泾渭、西沣涝、南滈滈为西安赢得"八水绕长安"的美誉，构成了丰富的水利资源，映照了十三代王朝的风云际会，滋养了汉唐盛世的华丽容颜。

　　发源于秦岭的众多溪流，四季奔涌，澄澈甜美，既为关中平原的农业、工业和百姓生活提供了量足、质优的水资源，使其成为令人向往天府之国；也造就了诸如翠华山、南五台、彩虹瀑布、高冠瀑布等众多壮丽、秀美的山水胜景，为都市人群提供了假日休闲、旅游的最佳去处。

◀ 高冠瀑布　张青义

▲ **黄土情**　　张战岗

　　我国拥有从寒温带到热带所有的土壤类型，是世界上土壤类型最丰富的国家，呈现出东方青土、南方红土、西方白土、北方黑土、中央黄土的土壤分布格局。青、红、黄、白、黑等五色土是华夏传统文化的典型符号，以五色土建成的社稷坛（北京）象征着先人对土地的崇拜。

　　黄土孕育了华夏民族。据"风成说"理论，每当冬春季节，强劲的西北风就把荒漠地区的沙尘向东南地区吹扬，遇到风力减弱或秦岭、太行等高山阻挡，沙尘就纷纷沉降，经过几百万年逐渐堆积，就形成了黄土。黄土厚度在50～80米，最厚达150～180米，以其厚重、伟岸的身躯养育了独特的炎黄文化，成为中华民族的主要发祥地之一。

文学说画

　　顾兰子则从大门口的官道上，包了一包土，装进黑建新发的那个黄挎包里。她对黑建说，你每一次喝水的时候，要捏一撮黄土面面，放进水里，让它沉淀了，你再喝，这样走到新地方，你就不会换水土了。

（高建群《大平原》）

　　靠种地谋生的人才明白泥土的可贵。城里人可以用土气来藐视乡下人，但是乡下，"土"是他们的命根。在数量上占着最高地位的神，无疑的是"土地"。"土地"这位最近于人性的神，老夫老妻白首偕老的一对，管着乡间一切的闲事。他们象征着可贵的泥土。我初次出国时，我的奶妈偷偷地把一包用红纸包裹着的东西，塞在我的箱子底下。后来，她又避了人和我说，假如水土不服，老是想家时，可以把红纸包裹的东西煮一点汤吃。这是一包灶上的泥土。

（费孝通《乡土本色》）

第3节 四季轮转

四季轮转是指光照、热量和降水等农业自然资源、环境在时间上的变异，呈现出的一年四季周期性变化规律。花开有时，花落有序。大自然的物种都按照一定的季节时令生长发育。生物长期适应温度、光照等环境条件的周期性变化，形成与之适应的生长发育节律，这种现象称为物候现象。《夏小正》是中国现存最早的一部物候历，记载了60条物候信息。南宋吕祖谦的《庚子·辛丑日记》记载了三年内腊梅、樱桃、杏、桃、紫荆、李、海棠、梨、蔷薇、萱草、莲、菊等20种植物的开花日期，以及第一次听到春禽、秋虫鸣叫的时间，是世界现存最早的物候观测记录。农业生产中植物发芽、开花，动物始鸣、迁徙等物候均与气候息息相关，有规律可循，决定了农事操作的季节性节律，需因时而动方能不违农时。

二十四节气

二十四节气是中国古人通过观察太阳周年运动，认知一年之中时节、气候、物候的变化规律而形成的知识体系和应用模式。古人根据太阳在黄道上的位置划分节气，视太阳从春分点（黄经0°，此刻太阳垂直照射赤道）出发，每前进15°为一个节气；运行一周又回到春分点，为一回归年，合360°，共计24个节气。二十四节气反映了气温、降水和日照等三个关键气象要素的变化。①反映气温的有立春、立夏、小暑、大暑、立秋、处暑、立冬、小寒、大寒9个。大暑和大寒是一年最热和最冷的那天。②反映降水的有雨水、谷雨、白露、寒露、霜降、小雪、大雪7个，大部分在春播和秋播季节，强调降水的重要性。白露、寒露和霜降是降水现象，与气温也有关系，表示降温程度。③反映日照的有两分两至。春分、秋分反映了白昼时间与黑夜时间一样长，均为12小时；夏至日照最长，冬至最短。春分和秋分之间的半年是农忙季节。④惊蛰、芒种、清明和小满4个节气，反映物候和其他农事，也与气温、降水和日照等相关。

二十四节气与农业生产

二十四节气是反映气候、物候变化，掌握农事季节的重要工具，标志着古人从原始的无知状态进步到了顺应天时、掌握自然规律的发展阶段，开始利用科学知识指导农业生产。自秦汉时期确立以来，它已经伴随了国人两千余年，时至今日仍然发挥着重要作用。农人把二十四节气灵活运用于农业生产中，根据各地实际情况，将丰富的生产经验总结成了大量通俗易懂的实用农谚。例如，有指示适宜播种期的，如陕西关中平原的"小满正栽秧，家家谷满仓""清明前后，种瓜种豆""种棉谷雨前，棉花用不完"等。有描述植物生长发育时间节点的，如江淮地区的"谷雨麦怀胎，立夏麦吐芒。小满麦齐穗，芒种麦上场"。又如华北地区的"立秋核桃白露梨，寒露柿子红了皮"。有预测作物收成的，如"白露白迷迷，秋分稻秀齐"，是讲双季稻区白露前后若有雾，则晚稻易结实，有好收成。又如"寒露不低头，割回喂老牛"，是说晚稻播种晚了，到寒露还未灌浆充实，穗子还是直立的（不低头），就不会有收成，不如割了喂牛。为便于记忆二十四节气农事特点，智慧的国人又编写了《二十四节气农事歌》，涵盖了一年之中我国不同地区关键农时、农事和特别注意事项，是二十四节气与农业生产的结合典范。应用二十四节气指导生产，可使作物、畜禽生命活动与自然节律合拍，而茁壮成长。

二十四节气与传统文化

二十四节气是我国古代劳动人民独创的指导生产、生活的一套重要历法，风行华夏千百年，逐渐演化出了咬春（立春）、扫墓（清明）、洗桃花水（谷雨）、敬蚕神（小满）、食伏面（小暑）、贴秋膘（立秋）、喝白露茶、吃冬至饺子等一系列底蕴深厚的民俗文化。二十四节气融合了古人的生活态度和处世哲学，知温度变化，懂风雨无常，顺四季轮转，从中细腻感知人间冷暖，洞悉世间转变，营造诗意生活。"微雨众卉新，一雷惊蛰始。田家几日闲，耕种从此起。""时雨及芒种，四野皆插秧。家家麦饭美，处处菱歌长。""玉阶生白露，夜久侵罗袜。却下水晶帘，玲珑望秋月。""邯郸驿里逢冬至，抱膝灯前影伴身。想得家中夜深坐，还应说着远行人。"经过漫长时光的积累，二十四节气建构了中国人的生活韵律之美，成为中国独特的民族文化和记忆。

二十四节气农事歌

二月：立春春打六九头，春播备耕早动手，一年之计在于春，农业生产创高优。
　　　雨水春雨贵如油，顶凌耙耱防墒流，多积肥料多打粮，精选良种夺丰收。

三月：惊蛰天暖地气开，冬眠蛰虫苏醒来，冬麦镇压来保墒，耕地耙耱种春麦。
　　　春分风多雨水少，土地解冻起春潮，稻田平整早翻晒，冬麦返青把水浇。

四月：清明春始草青青，种瓜点豆好时辰，植树造林种甜菜，水稻育秧选好种。
　　　谷雨雪断霜未断，杂粮播种莫迟延，家燕归来淌头水，苗圃枝接耕果园。

五月：立夏麦苗节节高，平田整地栽稻苗，中耕除草把墒保，温棚防风要管好。
　　　小满温和春意浓，防治蚜虫麦秆蝇，稻田追肥促分蘖，抓绒剪毛防冷风。

六月：芒种雨少气温高，玉米间苗和定苗，糜谷荞麦抢墒种，稻田中耕勤除草。
　　　夏至夏始冰雹猛，拔杂去劣选好种，消雹增雨干热风，玉米追肥防黏虫。

七月：小暑进入三伏天，龙口夺食抢时间，玉米中耕又培土，防雨防火莫等闲。
　　　大暑大热暴雨增，复种秋菜紧防洪，勤测预报稻瘟病，深水护秧防低温。

八月：立秋秋始雨淋淋，及早防治玉米螟，深翻深耕土变金，苗圃芽接摘树心。
　　　处暑伏尽秋色美，玉米甜菜要灌水，粮菜后期勤管理，冬麦整地备种肥。

九月：白露夜寒白天热，播种冬麦好时节，灌稻晒田收葵花，早熟苹果忙采摘。
　　　秋分秋雨天渐凉，稻黄果香秋收忙，碾谷脱粒交公粮，山区防霜听气象。

十月：寒露草枯雁南飞，洋芋甜菜忙收回，管好萝卜和白菜，秸秆还田秋施肥。
　　　霜降结冰又结霜，抓紧秋翻蓄好墒，防冻日消灌冬水，脱粒晒谷修粮仓。

十一月：立冬地冻白天消，羊只牲畜圈修牢，培田整地修渠道，农田建设掀高潮。
　　　　小雪地封初雪飘，幼树葡萄快埋好，利用冬闲积肥料，庄稼没肥瞎胡闹。

十二月：大雪腊雪兆丰年，多种经营创高产，及时耙耱保好墒，多积肥料找肥源。
　　　　冬至严寒数九天，羊只牲畜要防寒，积极参加夜技校，增产丰收靠科研。

一月：小寒进入三九天，丰收致富庆元旦，冬季参加培训班，不断总结新经验。
　　　大寒虽冷农户欢，富民政策夸不完，联产承包继续干，欢欢喜喜过个年。

惊蛰天暖地气开，冬眠蛰虫苏醒来，冬麦镇压来保墒，耕地耙耢种春麦。

▲ 二十四节气农事歌之惊蛰　　张青义

谷雨雪断霜未断，杂粮播种莫迟延，家燕归来淌头水，苗圃枝接耕果园。

▲ 二十四节气农事歌之谷雨　　张青义

立夏麦苗节节高，平田整地栽稻苗，中耕除草把墒保，温棚防风要管好。

▲ 二十四节气农事歌之立夏　　张青义

芒种雨少气温高，玉米间苗和定苗，糜谷荞麦抢墒种，稻田中耕勤除草。

▲ 二十四节气农事歌之芒种　　张青义

秋分秋雨天渐凉，稻黄果香秋收忙，碾谷脱粒交公粮，山区防霜听气象。

▲ 二十四节气农事歌之秋分　　张青义

霜降结冰又结霜，抓紧秋翻蓄好墒，防冻日消灌冬水，脱粒晒谷修粮仓。

▲ 二十四节气农事歌之霜降　　张青义

冬至严寒数九天,羊只牲畜要防寒,积极参加夜技校,增产丰收靠科研。

▲ 二十四节气农事歌之冬至   张青义

大雪腊雪兆丰年,多种经营创高产,及时耙耢保好墒,多积肥料找肥源。

▲ 二十四节气农事歌之大雪   张青义

▲ 阳春三月　李凤兰

▲ 牧歌　白绪号

▲ 农家秋色　王乃良

▲ 岁月留声　李广利

　　春光明媚，夏日炎炎，秋色绚烂，冬雪皑皑。在万物复苏的春天，人们播种希望；汗滴禾下土的夏日劳作，就为了金秋收获的喜悦；寒冬腊月，萧杀一片，但在冰雪覆盖之下，仍是一个休整待发的生命世界。天不言而四时行，地不语而百物生。凡农之道，候之为宝。耕耘于天地之间的农民，深谙个中玄妙。春种、夏耘、秋收和冬藏。四者不失时，故五谷不绝也。人与自然因节令而和谐。

　　"今夜偏知春气暖，虫声新透绿窗纱。"相比农耕时代，今天的人们与自然日渐疏离。久困于繁华都市，错失了田野色彩的改变；深居于空调房舍，忽略了季节冷暖的交替；栖身于水泥丛林，隔绝了大地亲密的触摸。生活色彩逐渐变得单一、贫乏，情感体验也变得肤浅、苍白。回归乡野，感知自然律动，享受天人和谐，正逐渐成为都市人休闲度假的新选择。

文学说画

　　<春> 伫倚危楼风细细，望极春愁，黯黯生天际。草色烟光残照里，无言谁会凭阑意。拟把疏狂图一醉，对酒当歌，强乐还无味。衣带渐宽终不悔，为伊消得人憔悴。　　　　　　　　　（柳永《蝶恋花》）

　　<夏> 林断山明竹隐墙，乱蝉衰草小池塘。翻空白鸟时时见，照水红蕖细细香。村舍外，古城旁，杖藜徐步转斜阳。殷勤昨夜三更雨，又得浮生一日凉。　　　　　　　　　（苏轼《鹧鸪天》）

　　<秋> 槛菊愁烟兰泣露，罗幕轻寒，燕子双飞去。明月不谙离恨苦，斜光到晓穿朱户。昨夜西风凋碧树，独上高楼，望尽天涯路。欲寄彩笺兼尺素，山长水阔知何处？　　　　　　　（晏殊《蝶恋花》）

　　<冬> 东风夜放花千树，更吹落，星如雨。宝马雕车香满路。凤箫声动，玉壶光转，一夜鱼龙舞。蛾儿雪柳黄金缕，笑语盈盈暗香去。众里寻他千百度，蓦然回首，那人却在，灯火阑珊处。

　　　　　　　　　　　　　　　　　　　　　　　　　　　　　　（辛弃疾《青玉案》）

第4节　心灵家园

心灵家园是指人对农业资源、环境的心灵感知，体现着农业的社会学功能。稻田麦地、牧场畜舍、鱼塘莲池等生产场景，绿水青山、村落场院、溪流石桥等乡村风光，以及生活、劳作其间的父老乡亲等构成的农业景观整体，是游子产生亲切感和归属感的心灵家园。它是农耕文明的载体，承载着中华民族的乡愁，是超越时空、印记于心、永不荒芜的精神乐土。按照可持续的理念经营农业，合理利用农业资源，并对农业环境予以最严格的法律和制度保护，就是守护我们自己的心灵家园。

乡土观念

乡土观念是指人们对于出生、成长的故土家园、亲朋好友的深厚感情，也包括对家乡文化、习俗、生活方式等方面的归属感和认同感。古人视乡土为"根"，重视自己的祖籍、祖居、祖业、祖坟，功成名就时要衣锦还乡以光宗耀祖，告老致仕时要落叶归根。与宦游、羁旅有关的乡愁诗歌，更是千百年来反复咏唱和演绎。"床前明月光，疑是地上霜。举头望明月，低头思故乡"，这是夜深人静时李白对故乡的思念。"少小离家老大回，乡音无改鬓毛衰。儿童相见不相识，笑问客从何处来"，这是在外漂泊一生的贺知章归乡后的慨叹。"小时候，乡愁是一枚小小的邮票，我在这头，母亲在那头……"，这是余光中对祖国母亲的眷恋。

费孝通先生将乡土观念的特征归纳为三点：①与泥土分不开，以土地为中心形成了人们居住的环境，形成了具有氏族性的家庭和中国乡土社会的基本单元——村落。②不流动性，聚村而居的中国乡土社区，是"生于斯，长于斯"的，在人与空间上是不流动的，这种不流动性被千百年来的人们固化为一种"安土重迁"的价值观。③熟人社会，虽然村落之间是孤立的、隔膜的，很少流动，但在村落内部却是"熟悉"的、没有陌生人的社会，乡土社会的规矩不是法律，规矩是"习"出来的礼俗，熟人社会也是礼俗社会。

记住乡愁

中国是世界上乡村社会发展历史最悠久、成熟度最高的国家，中国人的乡土观念、乡愁情结也最浓烈。以乡村为根系，以乡土观念为纽带的乡情、乡思、乡恋已经融合在民族的血液中，固化在国人的基因里。故乡，是梦想扬帆起航的出发港，也是遭遇风浪后的心灵避风港。所谓对故乡的魂绕梦牵，不过是烙在脑海里的儿时快乐、美好记忆的反复回放，既在"春风得意马蹄疾，一日看尽长安花"的畅快里，也在"云横秦岭家何在，雪拥蓝关马不前"的困顿中。高建群先生在《大平原》中写道："当我们作为游子，在远方游历的时候，我们给心灵的一角，安放下故乡的排位，疲惫时躲在里面叹息，委屈时躲在里面哭泣。那里收容下我们疲惫的叹息和委屈的哭泣。"

随着城市版图不断扩张，大批移民离开故土涌向繁华都市，甚至到异国他乡求学、经商、打工，成为新都市人。然而，他们身后的乡村却脚步迟缓，甚至呈现凋敝的景象。部分地区在急功近利发展观的诱导下，"一阵风"式的大拆大建，许多乡村已从地图上消失或面目全非，甚至许多悠久历史村落，也成了城镇化的牺牲品，取而代之的没有温度、物质感十足的钢筋水泥。传统文化随之逐渐被人们淡忘，致使人们找不到自己的"精神家园"。"乡愁"就成了一个引人伤感、唏嘘不已的字眼。于是，乡愁在繁忙的工作生活中酝酿，在传统节日到来前成熟、释放，化成一张辛苦得来的车票，搭载着游子回到老屋祖宅，感受合家团圆的温馨，重温家乡特有的风土民情，在欢乐祥和中放缓生活节奏，蓄养再度出发的精神力量。

▲ **金色的梦** 张青义

爸妈在田间忙着，耍累的小朋友枕着麦香甜美地睡着了。他经常梦见欢乐的过年。爷爷给的五元压岁钱，奶奶缝的老虎鞋，爸爸买的新衣，妈妈做的臊子面，舅舅送的那盏小猪造型的红灯笼。有时，梦里也有一些小哭泣。不小心弄坏了自制的手枪，打破人家的窗户，或者和小伙伴玩打犟牛闹了点别扭。或许，梦里还有山那边传说中啥都不缺、未曾谋面的繁华都市。有梦的人是幸福的。他追逐梦想的脚步，艰苦跋涉，成了丰衣足食的城里人。而农村，梦开始的地方，则成了他永远的心灵家园。

文学说画

士兵清清嗓子，大声诵念起来：啥高？山高，没有娃的心高。啥远？海远，没有娃的脚远。啥宽？地宽，没有娃的眼宽。啥大？天大，没有娃的胆大。司令听得情绪激昂，高扬手臂拍起手来，士兵们更热烈地鼓掌。司令说："咱们关中乃至整个陕西人，自己都说自己是'冷娃'，什么'关中冷娃'、'陕西冷娃'。关中娃陕西娃，何止一个'冷'字哇！听见这个灞桥小老乡唱的他婆教给他的口曲了吗？心——高，脚——远，眼——宽，胆——大。这才是关中娃陕西娃的本色。"司令亲昵地抚着小乡党的后脖颈："你婆会编这么好听的口曲儿，不简单！"

(陈忠实《娃的心娃的胆》)

▲ **吃抢食**   黄菊梅

▲ **童年**   黄菊梅

故乡永远是童年的样子，是一部和小伙伴联合主演的喜剧。不论天之阴晴，月之圆缺，无忧无虑、天真快乐的心境总能衍生出变化无穷的全天候欢乐大戏。玩具可以很简陋，一根木棍也行，甚至可以没有，就是追追打打，抓鱼摸虾，或是爬爬树，吹吹牛，只要有你在一起玩耍就够了。童年的感情是最纯真的，结下的友谊是最持久的。长大后各奔前程，天各一方，但不论身份、地位分化如何巨大，童年的玩伴总会在你日趋世俗、虚无游移的眼光里激发出一缕纯真和专注，向一起光屁股长大的小伙伴投以阳光般灿烂的笑容。

▲ 炊　　王文吉

炊烟，来自田里秸秆、山间薪柴的热烈燃烧，自带一方水土的味道；来自父母的辛勤操劳和深沉爱意，充满了家的温暖。这是人间的烟火，百姓的生活，熟悉的味道里溶解了浓浓的乡情，直抵内心最柔软的部位，激发出无限的感慨和情思。炊烟卷暮色，蹄声林中过。离家在外的行旅人士，最难将息的不是乍暖还寒时节，而是在夕阳西下的傍晚，伴随一轮新月升起的那一缕炊烟。

文学说画

心若清静，哪里都是故乡。夕阳下的炊烟，总让人想起年迈的双亲伫立村口，一双望穿暮霭的眼眸，痴痴地守候和期望着儿女们匆匆的归程。有时坐火车或飞机掠过晨昏时的村庄，望见一座座房屋上升腾着的那一缕缕炊烟，内心常常产生莫名的感动。那炊烟升腾的是一缕缕幸福，人们安守着的是一份安宁与温馨。望见炊烟，悠悠往事凝聚胸间，忽浓忽淡。在城市吃着买来的煮玉米和毛豆、炒花生、烤白薯、蒸南瓜，这些东西看起来干净，吃起来也方便，但吃不出那种包含炊烟的味道和口感。如今忙里偷闲回老家，父母就像招待客人一样忙活。往往刚吃过早饭，娘就起身开始忙碌，准备中午那顿香甜可口的饭菜。娘点起灶膛里的柴火，那红红的火苗映红灶膛，也映红了娘那张历经岁月沧桑的脸庞。

（厉彦林《炊烟》）

▲ 游子的心　李广利

　　人的一生都走在回家的路上，风雪自然阻断不了归程。一到年底，国人的思乡情愫就郁结到了极点，化成辛苦淘弄来的车票，带上爱人和孩子，穿越拥挤的车厢、公路回到故乡。那是生养我们的地方，发展脚步缓慢滞后，但固守着仁爱、忠孝、和睦、诚信、道义、勤俭等做人做事准则，涵养着民族优秀的道德传统。三岁看大，七岁看老。那是我们最初成长的故土，塑造了人生观、价值观的雏形，催生了亲情、友情的萌芽。于是，在熟悉的乡音中，在温暖的炕头上，在亲朋的问候中，一整年的奔波劳苦得到了彻底的舒缓、释放，思乡情结也随着炊烟飘散。

　　有钱没钱，回家过年。这是中国人最简单也是最厚重的思想。回到故乡，回到童年长大的地方，就回到了自己的出发点，梦开始的地方。在父老乡亲眼里和口里，你不再是领导、老总和专家，你是丫蛋、小囡、黑妮、大胖、柱子、老根和星仔，甚至是狗剩、马驹和二毛驴。你得谦逊地管他们叫爷、叫奶，叫叔、叫姑、叫舅、叫姨。这是一种很美妙的感觉，也是很重要的心理暗示，因为它明确地告诉你，你是谁，你从哪里来，而这又被称作是一个很多人都搞不懂的人生哲学问题。

　　这种怀旧、恋旧的个人情怀，对于一个民族也有启示。我国实现了由农业社会向工业社会的伟大转变，发达的生产体系制造了海量的消费品，极大地提升了人们的物质生活水准。但在精神上，本来的农业文化与外来的西方文化交汇碰撞，尚未形成新的适应国情的思想道德体系，还没找到合适的精神寄托。回到农业文化这个出发点，追忆从农业社会向工业强国进军时的原初动力和美好梦想，无疑对解决今日的精神危机大有裨益。

文学说画

　　兄弟三人站在离他们最近的母亲坟前，白孝文叫了一声"妈"，就跌伏到坟头上，到这时他才动了真情。他酣畅淋漓地哭了一场，带着鼻洼里干涸的泪痕回到家里，才感觉到自己与这个家庭之间坚硬的隔壁开始拆除。母亲织布的机子和父亲坐着的老椅子，奶奶拧麻绳的拨架和那一摞摞粗瓷黄碗，老屋木梁上吊着的蜘蛛残网以及这老宅古屋所散发的气息，都使他潜藏心底的那种悠远的记忆重新复活。尤其是中午那顿臊子面的味道，那是任何高师名厨都做不出来的。只有架着麦秸棉秆柴禾的大铁锅才能煮烹出这种味道。

（陈忠实《白鹿原》）

第5章
农业科技

　　农业科学是探索农业生产的自然规律和经济规律的应用科学，包括自然科学（作物科学、畜牧科学、农业环境学、农业工程学）和社会科学（农业经济学）。农业技术是指农业生产、经营、管理中的手段与工艺。农业科学技术是我国农业从传统向现代转化的关键推力。

　　本章内容以农业科学与技术体系为框架。首先介绍农业科技的基础知识、我国农业科技的重要贡献及存在问题（第1节）。接着介绍农业科学主要门类及学科概况，即作物科学与技术（第2～6节），畜牧科学与技术（第7～10节），农业环境科学与技术（第11、12节），农业工程科学与技术（第13节）。传统农具是传统农业科技和农耕文明的物质载体，属于农业机械工程范畴，第14节简介传统农具的分类及其社会价值，旨在感受传统文化魅力。农业推广是联结农业科技和农业生产的纽带和桥梁，第15节概述农业推广相关知识。本章未涉及农业社会科学，相关部分将在第6章第2节简要介绍。

　　本章内容相对专业，包含有大量术语、概念和科技知识。为增强可读性，选取反映农业科学主要门类、学科及分支学科风貌的40幅画作，以画为载体，通俗解读画面背后的农业科学、技术知识；辅以户县案例，通过事实和数据形象展示我国农业由传统向现代转变过程中的科技进步历程。选择其中8幅画做了文学解读，借用汪曾祺、陈忠实、叶广芩、高建群等的经典作品，以及《舌尖上的中国》解说词等，深挖农业科技的社会、文化内涵，以历史的纵深感洞见农业科技的发展方向。

第1节　概　述

科技是科学技术的简称，是自然科学与应用技术的总称。农业科技是人类在农业生产领域中认识自然、改造自然的活动及其成果。农业科学是探索农业生产的自然规律和经济规律的应用科学，农业技术是指农业生产、经营、管理中的手段与工艺。

农业科学体系

农业生产对象的多样性和生产条件的复杂性，决定了农业科学的范围广泛和门类繁多，既有侧重基础理论的，也有侧重应用技术的。除林业科学和水产科学另有相对独立的学科体系外，农业科学可以大体概括为五个主要门类，每个门类又有若干学科及分支学科。

（1）**作物科学**。研究对象除大田作物外，还包括果树、蔬菜、花卉等园艺作物。包括作物育种学、作物栽培学、耕作学、园艺学、植物病理学、农业昆虫学、杂草学和农药学等学科。

（2）**畜牧科学**。以提高肉、奶、蛋、皮毛等畜禽产品产量、品质和效益为目的的科学。包括家畜育种学、家畜营养学、兽医学等学科。其中兽医学有兽医微生物学、兽医寄生虫学、家畜传染病学、兽医内科、兽医外科、兽医产科和兽医药物学等分支学科。

（3）**农业环境科学**。研究农业生物与环境的发生、发展，组成、结构，调节、控制，改造、利用等科学问题。包括土壤学、农业资源学、农业生态学、农业环境学、农业气象学等学科。

（4）**农业工程科学**。现代生物学和工程学相结合的一门应用科学。包括农业机械工程学、农业建筑和环境控制工程学、水土工程学、农村能源工程学以及农业系统工程学等学科。

（5）**农业经济科学**。以农业生产力和生产关系运动规律为对象，研究农产品生产、交换、分配和消费诸过程中的各种社会关系，以及农业生产力诸要素利用和组合状况，农业内部各生产部门的比例关系与布局、农业生产技术措施的经济效果等。包括农业生产经济学、农业技术经济学和管理经济学等学科。

农业高新技术

农业高新技术是以农业科学的最新成就为基础，处于当代农业科学前沿的、建立在综合科学研究基础之上的技术。高新技术不仅是原有技术的创新和发展，是首次应用的技术，更重要的是它具有知识密集型和资本密集型的特征，能带来明显高出常规技术的经济效益，提升市场竞争力。国际上，以生物技术、信息技术为代表的高新技术不断向农业领域渗透和融合，逐渐形成了分子育种技术、转基因技术、数字农业技术、节水农业技术、核农业技术、食品生物技术、设施农业技术、新型生物农药、新型缓控释肥料、无土栽培技术等农业高技术体系。以美国为代表的发达国家，利用生物技术培育及快速繁育作物、畜禽新品种，以电子设备、卫星和互联网为手段研发精确农业管理技术等，促进了世界农业生产方式的革新。发展高新技术，有利于增强我国农业的国际竞争力，推动农业增长方式的根本转变。

农业科技贡献

科学技术是第一生产力，在农业生产中扮演着关键角色。"十二五"期间，我国农业科技的自主创新能力显著增强，主要科技创新指标跻身世界前列，国际科技论文数量连续多年稳居第2位，被引次数从第8位升至第2位，其中水稻功能基因组研究继续保持全方位国际领先地位。农业高新技术产业快速发展，选育并审定主要农作物新品种3 100多个，累计推广15亿亩。我国农业科技进步贡献率由2010年的52%提高到2015年的56%以上，林业科技进步贡献率由43%提高到48%，基本保持在每年近1个百分点的增长速度。主要农作物良种基本实现全覆盖，全国粮食作物平均单产由2010年的每亩331.7公斤增长到2015年的365.5公斤。奶牛良种覆盖率提高到60%左右，畜禽品种良种化、国产化比例逐年提升，良种在农业增产中的贡献率达到43%以上。全国主要农作物耕种收综合机械化水平由2010年的52%提高到2015年的63%。农业科技的不断突破有力支撑了我国现代农业产业技术的突飞猛进。

农业科技发展面临的问题

与发达国家相比，我国农业科技在研究水平、推广应用等方面尚存在着明显的差距。据估算，农业科技研究总体水平与国际先进水平相差10～15年，而农业生产的技术水平与国际先进水平差距则在15～20年。主要畜禽品种和高档蔬菜、果树等品种依然主要依靠进口，生物制药、现代装备、基因工程等高新技术水平依然落后发达国家10～20年。农业科技对农业经济发展的贡献率与发达国家相比差15～20个百分点，科技成果转化率与发达国家相比差距也在20%以上。整体上，我国农业科技与发达国家的差距正在逐步缩小，由改革开放初期的百年差距缩小至二十年以内，取得了巨大的进步。但欲进一步缩短差距，跃居世界领先，还面临着诸多严峻挑战，有很长的路要走。一方面，西方国家乘借上百年的历史积淀[1]，建立了巨大的先发优势，通过掌握核心技术和专利，牢牢把控了新型农药、优良畜禽品种、转基因作物、现代农机装备、自动化控制等高科技制高点，进而控制了整个农业产业链，而把中国等发展中国家作为产品生产的廉价工厂和商品销售的巨大市场。另一方面，我国现行的农业科研体制尚不足以应对日趋激烈的国际竞争态势，突出表现在目标导向和评价体系偏向论文发表、成果鉴定、评奖评优，乃至由此产生的头衔帽子，忽视原创性和社会贡献，不能很好满足农业生产的实际需求。唯有苦练内功才能应对外来挑战，探索建立激励创新、求真务实的科研体制是我国农业科技参与国际竞争、实现质变的内在要求。

第2节　作物育种

作物育种学是研究作物优良品种选育、繁育理论和方法的科学。作物育种学的基本任务是研究和掌握作物性状的遗传变异规律，发掘、研究和利用作物种质资源，明确各地区的育种目标和原有品种基础，并采用适当方法，选育高产、稳产、优质和适应机械化的作物品种。作物新品种是育种工作的产物，是现代农业科技的集中体现，作物良种则是最重要的农业生产资料。"一粒种子改变世界"，恰当地指出了作物育种在农业生产、科研中的关键作用和核心地位。

作物品种

作物品种是人类在一定生态条件和经济条件下，根据人类的需要所选育的某种作物的某种群体。这种群体具有其相对稳定的遗传特性，在生物学、形态学及经济性状上相对一致，而与同一作物的其他群体在特性、特征上有所区别。每个品种都有其适应的种植区域和耕作栽培条件，只在一定时期起作用，具有地域性和时间性。现代农业对作物品种的基本要求如下：①高产。在相同栽培环境和措施下，获得较高的产量。以水稻、小麦为例，高产品种一般是穗子多少（每亩穗数）、穗子大小（每穗粒数）和籽粒轻重（粒重）这三个要素的优化组合。②稳产。在推广过程中应能保持连续而均衡地增产，具备较强的病虫害抗性，如抗赤霉病、白粉病小麦品种，抗稻瘟病水稻品种等。③优质。满足居民高品质生活以及粮油加工、食品加工的特殊需要，如优质食味水稻品种、面包小麦品种、高油大豆品种、高蛋白菜用大豆品种和高赖氨酸玉米品种等。④适应机械化。适应机械化播种、移栽、田间管理和收获的需要，如适应机收的矮秆高粱品种、适应机采的棉花品种、适应机直播的油菜品种等。

现代育种技术

（1）花药培养技术。花药培养是将作物花药在合适条件下培养，最终形成单倍体植株，再通过染色体加倍得到二倍体植株的方法。我国在世界上首先培育出小麦、玉米、甘蔗、柑橘等作物的花药单倍体植株，采用花药培养与常规育种方法相结合，育成了一大批作物新品种。例如，河南农科院建立了花药培养高效植株再生技术体系，选育出了一系列花培小麦优良品种。

（2）远缘杂交技术。植物分类学上的不同种、属或亲缘关系更远的物种之间进行的杂交，称为远缘杂交。它能充分利用野生亲缘物种在抗性、品质等方面的优异基因，创造出丰富的变异类型。例如，李振声院士利用小麦和长穗偃麦草远缘杂交，选育出"小偃"系列优良品种，累积推广3亿多亩，增产750万吨。

---

[1] 英国洛桑试验站（Rothamsted Experimental Station）创建于1843年，是世界上历史最悠久的农业科学研究所，被认为是现代农业科学的发源地。

（3）**转基因技术**。选择并导入有用的外源基因，获得性状能够表达的转基因植株，以改良作物的育种新技术。它能拓展优异基因资源，对育种目标性状进行单基因甚至多基因定向改造，大幅度提高后代选择效率。例如，郭三堆研究员打破美国垄断，使我国成为世界第二个拥有转基因抗虫棉知识产权的国家。目前，国产抗虫棉约占我国棉花的95％，既节省农药支出，增加农民收入，又保护了生态环境。

（4）**基因编辑技术**。基因编辑技术指能够让人类对目标基因进行"编辑"，实现对特定DNA片段的敲除、插入等，大幅度增强育种的靶向性和精确度，缩短育种时间。例如，英国科学家内皮尔（J. Napier）采用基因编辑技术，定向改变植物脂肪酸合成途径，选育了富含 ω-3长链不饱和脂肪酸（俗称 ω-3鱼油）的亚麻芥新品系，并获得了英国政府批准试验种植，为利用陆地作物生产深海鱼油类保健品提供了新思路。

▲ **科学种田**　　马振龙

杂交育种能打破品种间的生殖隔离，有目的地创造变异类型，形成杂种优势，这样产生的第一代杂种在生长势、生活力、繁殖力、抗逆性、产量和品质上均比其双亲更优越。我国水稻、玉米、油菜、高粱、谷子等作物已实现了杂交化，尤以杂交水稻、杂交玉米在粮食生产中占有关键地位，杂交水稻品种还推广到亚洲、非洲国家，为世界粮食安全做出了贡献。

本幅画再现了20世纪70年代杂交高粱育种的画面。农业科研人员在田间考察杂交后的子代穗子性状，插地牌标注了晋杂5号高粱及其母本和父本。据报道，晋杂5号产量高达400公斤，当地常规品种仅有250公斤，产量优势十分明显，但未解决好品质问题，连骡马都不爱吃，反映出在当时的技术条件下杂交育种方法尚未成熟。

▲ 拾棉花　　陈秋娥

　　棉花的花期较长，由下往上依次开花，往往历时2个月。植株顶部的花刚刚开放的时候，下部最先开花的棉铃已经吐絮。如果采用机械在特定时间将全株棉铃收获，势必会导致收获的棉铃成熟度不一，有的过熟，有的未熟，从而显著降低籽棉等级。因此，在棉花育种中，重点选育株形紧凑、成熟期尽可能接近的品种，以适应机械化收获的需要，这也是油菜、大豆等其他作物育种的重要目标。

第3节　作物栽培

作物栽培学是研究作物生长发育、产量和品质形成规律及其与环境条件的关系，依此采取适宜的技术措施实现高产、优质、高效、生态和安全等目标的一门应用科学。作物生产的实质是向土地投入种子、化肥、水分和农药等生产资料，换取粮食等农产品的过程。作物栽培学即是将良种、肥料、灌溉和植保等多项技术组装应用于作物生产，具有较强综合性、实用性的应用科学，集中体现了农业科技改造环境、满足人类需求的本质。我国粮食产量持续稳定增长，其中水分、肥料、密度和播期等栽培技术进步的贡献率约为1/3。因此，作物栽培学科对于解决百姓温饱、保障粮食安全具有重要意义。

栽培目标

我国社会已由满足温饱进入建设全面小康阶段，农业的生产目标发生了根本转变，已由单纯关注产量转向产量和品质并重，同时注重生态环境安全和人类健康，作物栽培科技的发展目标也相应调整为高产、优质、高效、生态和安全。

（1）**高产**。稳定、提高粮食产量，确保粮食安全，这是作物栽培的首要目标，也是作物生产的首要任务。合理施肥和灌溉是提高作物产量的两个主要栽培技术手段。

（2）**优质**。提供种类多样、营养丰富、食味可口的高品质主粮，这是居民生活水平提高后的必然要求。精准施肥是作物优质生产的主要栽培措施。例如，为了提高大米的口感而严格控制后期氮肥用量。

（3）**高效**。提高水、肥等资源利用效率，降低投入，增加收益，这是提升农业产业竞争力的必由之路。例如，根据技术经济学的投入产出曲线，合理确定氮肥的投入量。

（4）**生态**。减少面源污染和温室气体排放，保护生态环境，这是农业可持续发展的必然需求。例如，使用缓控释肥料或机械化深施可以减少肥料流失到水体中。

（5）**安全**。提供安全卫生的主粮，这是居民饮食健康的根本保障。例如，通过合理施肥、灌溉塑造健康的作物群体，减少农药用量，提高粮食的食用安全性。

发展趋势

现代农业要求作物生产技术具有规范性、精确性、稳定性和可持续发展性，作物栽培技术正朝着模式化、轻简化、生态化、机械化和信息化等方向快速发展。

（1）**模式栽培技术**。在研究作物产量形成规律的基础上，明确栽培措施和调控技术的作用原理，定时定量地分析其效应和应用原则，形成模式化技术。例如，水稻、小麦、玉米的叶龄模式栽培技术。

（2）**轻简栽培技术**。为了适应农村青壮年劳动力转移的新形势，以省工、省力、操作简单等为特征。例如，棉花化学调控、叶面施肥、缓控肥料、油菜直播等技术。

（3）**绿色栽培技术**。按照生态学和环境学原理，以减少化肥、灌溉水和农药用量为目的。例如，节水旱作、节氮增效、低碳减排等稻作技术。

（4）**机械化种植技术**。各项栽培措施最终都需要以机械化为载体，涵盖播种、育苗、栽插和收获等主要生产环节。例如，工厂化育苗、水稻机插、小麦机播、以及棉花、油菜、高粱等作物机械化收获技术。

（5）**信息化栽培技术**。应用作物知识模型和地理信息系统，通过农机与农艺相结合，实现不同时空尺度下栽培方案的精确化设计以及实时管理措施的数字化调控。例如，水稻、小麦的精确栽培技术等。

▲ 棉田管理　　许恒科

　　这是20世纪70年代棉花中期管理场景，凸显了传统作物栽培的特点：人工投入多，操作繁杂，安全性较低。画面左半部分表现的是掐尖、打杈。这是技术活，往往由眼尖手快的来做；也是繁重的体力活，枝杈不断长出，往往要往复几次，持续数周才能去除干净。当前采用化控技术，大幅降低了打杈作业的劳动强度。右半部分表现的是病虫害防治。过去依赖1605等剧毒、高残农药，为增加药效，多在高温的中午进行，易引发中毒。随着转基因抗虫棉品种的大面积应用，低残留生物农药的日渐普及，棉花打药次数大为减少，棉农的身体健康得到了保证。

　　高粱涨红了脸，谷子笑弯了腰。圆鼓鼓、沉甸甸的收获，离不开栽培科技的助力。近年来，各种作物高产记录不断涌现，且不停地在不同地区被刷新，标志着我国作物高产栽培理论与技术已取得了明显进展，为"藏粮于技"提供了保障。而如何将这些小面积上的高产技术，转换成大面积的高产、优质、高效，则是作物栽培学面临的重要课题。

◀ 丰产田　　佚名

第4节　耕作制度

　　耕作学，又称农作学，以耕作制度为研究对象，研究内容包括作物种植制度，如作物布局、复种、轮作、间作、混作和套作等；以及与之相适应的养地制度，如土壤耕作、土壤培肥、水土保持等。耕作学研究的目的在于合理利用自然资源，提高作物生产力，推进农业持续增产，维护生态平衡。我国悠久的农耕历史形成了以用地与养地相结合为特征的精耕细作传统，长久维持了较高的土地产出水平，维系了中华民族的繁衍生息，为解决资源耗竭、生态危机和环境退化等当世难题提供了借鉴。

种植制度

　　种植制度是指一个地区或生产单位的作物组成、配置、熟制与种植方式的综合，包括作物布局，复种或休耕，单作、间作、混作、套作或移栽，轮作或连作等。当前生产上以复种和轮作最为常见，而间作、混作、套种等传统种植制度因不易机械化而逐年减少，特别在农机普及率高的平原更是少见。

　　复种是指一年之内在同一块地上种植一茬以上生长季节不同的作物。一年内只收获一季作物的为一年一熟制，如东北的单季稻、单季玉米；一年收获两季的为一年两熟制，如华南的双季稻，华北的麦玉两熟，长江中下游的稻麦、稻油两熟。复种指数是一个地区一年内作物种植面积与耕地面积之比。我国复种指数约为140%，即通过复种使作物播种、收获面积增加了40%。连作则是指在同一块地上，一种作物常年连续种植，称作连作，也叫重茬。轮作是指同一块地上，不同作物在一定年限内，按一定顺序轮换种植，称为轮作，也称换茬或倒茬。如：冬小麦/玉米（头年）→冬小麦/绿肥（次年）。轮作利于蓄养地力，防治病虫草害。间作是指在同一块地里分行或分带相间种植两种或两种以上生长期相近的作物。套种是指将两种生长季节不同的作物，在前作未收获前于行间套播后作的种植方式。如小麦后期套播玉米，可提早玉米播种，避免农时紧张。间作、套种能立体利用空间，促进田间通风透光，利用边行优势，增加作物产量。

土壤耕作

　　传统的深耕细作兴起于战国时代，提倡"深耕、疾耰、易耨"。至魏晋北朝时期，北方旱地"耕、耙、耱、压、锄"相结合的抗旱保墒技术体系趋于成熟。宋元时期，南方水田"耕、耙、耖、耘、耥"相结合的耕作技术也已成熟；同时，随着稻麦两熟制的发展，采取作墒开沟、沟沟相通的整地排水技术以解决小麦涝渍问题。传统耕作技术遵循"因地制宜，因时制宜，因物制宜"的原则，充分考虑到季节、作物、土壤、前茬等因素，利用犁、耙、耱、耖、耘荡、耧锄等工具，以松翻促进土壤熟化、养分释放，以细整构建平整均匀的田块，以耙耱、镇压等塑造内松外实、保墒保温的土壤结构，以中耕消灭杂草、减少病虫害。"晨兴理荒秽，带月荷锄归。"传统耕作技术体系科学合理，细思缜密，操作规范，精益求精，是古代农学最光辉的成就之一，体现了古人的勤劳智慧，更突显了他们对土地的珍爱。

　　现代土壤耕作分为基本耕作和表土耕作两类，主要借助大型机具，由拖拉机牵引完成，具有打破犁底层，恢复耕层结构，平整地表，提高蓄水保墒能力等作用。基本耕作包括翻耕、深松耕和旋耕，机具有铧式犁、圆盘犁、凿式松土机、旋耕机等。表土耕作包括耕翻前的浅耕灭茬，耕翻后的耙地、耱地、平整、镇压、打垄、作畦等作业，以及作物生长期间的中耕、除草、开沟、培土等作业，机具有耙、耱、镇压器和中耕机械等。现代耕作具有省时、高效和标准化等优点，但在生态脆弱地区则存在土壤扰动过大、易导致水土流失等弊端。为此，国际上提出了保护性耕作措施，即通过少耕、免耕、地表微地形改造技术及地表覆盖等综合措施以减少土壤侵蚀的耕作技术体系。保护性耕作具有减少劳动量，节省燃油，保持水土，保护土壤有益动物（蚯蚓）等功效，在我国西北等地具有一定前景。

▲ **间作套种**　　张青义

中华人民共和国成立初期，受制于肥料短缺和灌溉不足，农田土壤肥力不足，无法满足一年内生产两季作物的水肥需求。当时户县作物生产主要是一年一熟，间套作和复种很少。1958年以后，水利建设和化肥工业大发展，改善了水肥条件，作物耕作制度发生了根本性的改变，小麦/玉米复种成为主流。粮食复种指数由1950年的130%提高到1983年的189.3%，显著提高了土地利用率。

画作表现了20世纪70年代初户县推广带状间作套种的情况，主要是麦田套玉米，1975年达27万亩，约占作物种植面积的1/4。同时期推广麦垄点玉米，1980年达到4万亩。这两个种植方式因增产效果不明显，几年后停止。90年代以后，因不适应机械化，且田间管理不便，间作套种逐渐退出了户县平原地区，但在丘陵山地还有一定面积。

▲ **春夏秋冬**　　王乃良

　　这幅画切中了农业的实质，即为百姓提供量足、味美、安全、营养的食物。画作中央，除夕的鞭炮响过后，祖孙俩在家门口挑着吃筋道的软面。周围是春锄、夏忙、秋收和冬蓄四季农耕图。春天，麦苗返青，农人在田间锄草；夏天，麦子成熟，用镰刀收割，木锨、扫把扬场，同时播种玉米；秋季，玉米收获，用镢头、砍刀收割，其后播种小麦；冬季，小麦出苗，架子车拉着农家肥，就着灌溉蓄养土壤肥力。这种小麦/玉米一年两熟制是华北平原、关中平原等粮食主产区最主要的种植制度，能充分利用光热资源，在有限的土地上获得最大程度的产出。另一方面，农民也因此一年四季紧跟着作物生长的节奏，不得空闲。多熟制是我国农民智慧的伟大创举，更是他们勤劳、坚韧品质的客观反映。

第5节 园艺科技

园艺作物包括果树、蔬菜和观赏植物，广义上还包括药用植物。园艺是园艺作物的生产技艺，是农业生产和城乡绿化的一个重要组成部分。园艺学是研究园艺作物的种质资源、生长发育规律、繁殖、栽培、育种、贮藏、加工、病虫以及造园等方面的应用科学，包括果树园艺学、蔬菜园艺学、观赏园艺学和造园学四个分支学科。中国是世界园艺大国，蔬菜、果树和花卉位居世界第一，园艺产业占种植业总产值的45%以上，是最有活力的农业产业之一。园艺业除了提供必需的食品、营养品和工业原料，还可以绿化和改善环境条件，营造美丽、温馨的幸福家园。园艺是人类文明的象征，是经济发达、社会进步、人民安居乐业的重要表现。随着居民生活质量的稳步提升，园艺学在国民经济和社会发展中的重要性将更加突出。

传统园艺

我国是世界上最早兴起园艺业的国家。七八千年前的新石器时代，已有种植蔬菜的石制农具，栽种葫芦、白菜、芹菜、蚕豆和甜瓜等。春秋战国时期，果园、菜圃的出现标志着园艺成为独立产业。秦、汉时期，果蔬生产从园圃扩大至山野，出现了一些颇具规模的果园和菜圃，并开始有品种的概念。汉通西域后，经丝绸之路引进了葡萄、无花果、石榴、扁桃和榅桲等果树，以及黄瓜、西瓜、胡萝卜、菠菜和豌豆等蔬菜。南北朝时期，南方栽培果树种类明显增多，如柚、枇杷、韶子等。

在唐代，陆羽推动了茶叶栽培和制茶技术的革新，食用菌开始人工栽培。"唯有牡丹真国色，开花时节动京城。"牡丹成为盛世大唐的国花。"一丛深色花，十户中人赋。"从宫廷到民间的赏玩风潮推高了国花身价，促进了花卉栽培技术的大发展。"上张幄幕庇，旁织笆篱护。水洒复泥封，移来色如故。"可见牡丹养护的精心备至。宋元时期，调控菊花、梅花、牡丹开花时间的堂花技术已达到较高水平。宋徽宗对奇石异卉的偏爱加速了北宋的灭亡，但在客观上推进了园林营造技术的发展。明清时期，从欧洲和美洲引进了芒果、菠萝、番木瓜、苹果、西洋梨、西洋李和西洋樱桃等果树，番茄、辣椒、结球甘蓝、花椰菜、洋葱、南瓜、马铃薯、软荚豌豆和菊芋等蔬菜，丰富了果蔬种类。同时，宽皮橘、甜橙和牡丹、菊花、山茶等也传向世界其他国家。

发展趋势

我国园艺学近年来发展迅速，在柑橘（脐橙）、梨等果树遗传与新品种选育，日光温室等保护地蔬菜栽培，黄瓜、白菜、甘蓝、番茄等重要蔬菜基因组研究，菊花、兰花和牡丹等花卉种质资源研究与利用等方面取得了重要进展，并开发出了银杉、金花茶、红花油茶、深山含笑等名贵品种。但与发达国家相比，存在着自主知识产权品种占比较低，优良品种主要依赖进口，绿色、标准化栽培技术相对滞后等问题。未来园艺学需要解决的主要科技问题有：①实现园艺产品的周年均衡供应。即一年四季均衡提供鲜活园艺产品。例如，蔬菜、柑橘、桃、樱桃、杨梅等保护地栽培技术，葡萄反季节栽培技术，葡萄、枇杷和柑橘等果树一年多次开花技术等。②增强园艺产品的健康成分，剔除不良性状。例如，剔除使人体"过敏""上火"的物质成分，易剥皮、无籽或少籽的水果品种，适宜夜间观赏的花卉，提高苦瓜素、番茄红素等生物活性成分等。③满足多样化需求。针对不同消费者群体的特定需求，开发专用品种。例如，高固酸比柑橘品种，高酸加工用苹果，适合橙汁加工的脐橙品种，观赏性蔬菜品种等。

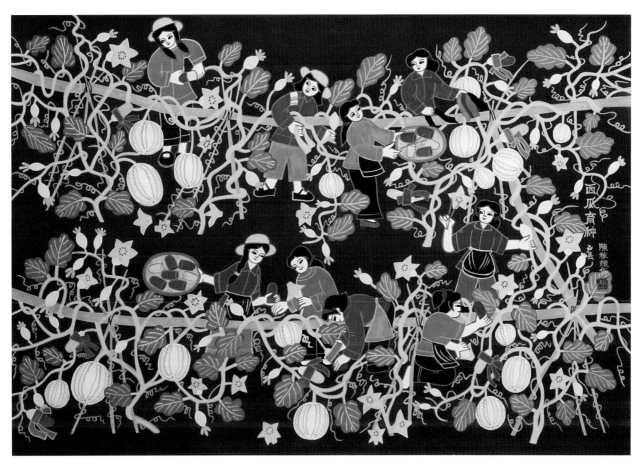

▲ **西瓜育种**　　陈秋娥

　　这幅画是陈秋娥根据亲身经历所做，展示了西瓜育种的杂交环节。西瓜是异花授粉作物，雌雄同株异花。首先将选好目标亲本（母本），将其雌花在未开放前就用纸袋子套上，防止其他雄花授粉。待目标父本开花后，采集花粉或者直接摘取雄花，去掉雌花上的纸袋进行授粉。授粉后再用纸袋套上。为了区别授粉的和未授粉的雌花，需要用不同颜色的纸袋，比如图中红色袋子表示未授粉的雌花，而黄色袋子为已授粉的。

▲ **红葡萄熟了**　　王乃良

　　户县是"中国户太葡萄之乡"和"中国十大优质葡萄基地"。当家葡萄品种是农民育种家纪俭先生培育的户太8号。该品种一年可三次成熟，成熟后树挂时间长，产量是传统葡萄的3～6倍。最大的特点是味道甘甜香醇，口感酸甜适中，有明显的香气，细品有一种清淡的玫瑰香味，回味悠长。2015年，全县葡萄种植农户约5 000户，种植面积达到6.6万亩，年产量10万多吨，为北京、上海、香港等地乃至欧盟国家提供优质鲜食葡萄，葡萄成为群众增收致富和地方经济增长的新支柱。

　　纪俭先生带动了户县葡萄产业的大发展。他还总结了一套适合"户太"葡萄品种的多次结果和无籽化栽培技术，指导了西安10万亩优质葡萄基地建设，研发出冰葡萄酒等系列产品，开辟了冰酒新产地。以纪俭为代表的众多农村致富带头人，根植于乡村沃土，或专研种植、养殖技术，或精通农产品贸易，或擅长农业企业管理，勤勤恳恳，甘于奉献，带领一方百姓共同致富，是新时代的英雄模范。

文学说画

　　八月，葡萄"着色"。

　　别以为我这里是把画家的术语借用来了。不是的。这是果农的语言，他们就叫"着色"。

　　下过大雨，你来看看葡萄园吧，那叫好看！白的像白玛瑙，红的像红宝石，紫的像紫水晶，黑的像黑玉。一串一串，饱满、磁棒、挺括，璀璨琳琅。你就把《说文解字》里的玉字偏旁的字都搬了来吧，那也不够用呀！

　　可是你得快来！明天，对不起，你全看不到了。我们要喷波尔多液了。一喷波尔多液，它们的晶莹鲜艳全都没有了，它们蒙上一层蓝兮兮、白糊糊的东西，成了磨砂玻璃。我们不得不这样干。葡萄是吃的，不是看的。我们得保护它。

　　过不两天，就下葡萄了。

　　一串一串剪下来，把病果、瘪果去掉，妥妥地放在果筐里。果筐满了，盖上盖，要一个棒小伙子跳上去蹦两下，用麻筋缝的筐盖。——新下的果子，不怕压，它很结实，压不坏。倒怕是装不紧，逛里逛当的。那，来回一晃悠，全得烂！

　　葡萄装上车，走了。

　　去吧，葡萄，让人们吃去吧！

（汪曾祺《葡萄月令》）

第6节　植物保护

植物保护就是综合利用多学科知识，以经济、科学的方法，控制有害生物，避免生物灾害，以提高农林生产效益的一门科学。植物在生长发育过程中，经常受到植物病原物、害虫、杂草和害鼠等有害生物的影响。植物有害生物对农业危害巨大。据联合国粮农组织统计，病虫害造成粮食作物的损失率为20%，棉花为30%左右，果树为40%左右。蝗虫曾给中华民族带来沉重的灾难，飞蝗过处，草木一空，饥民流离。2015年我国病虫草鼠害发生4.70亿公顷次，损失粮食1 972万吨，采用植保技术挽回损失9 884万吨。作物生产的健康、持续和高效，离不开植保科技的保驾护航。

植保理念

我国先民采用农业防治、生物防治、天然药物防治、人工捕捉等综合措施防治作物病虫害。用黄猄蚁防止柑橘害虫的实践，是世界上以虫治虫的最早先例。战国时代已用莽草（毒八角）、嘉草（蘘荷）、牡菊（野菊）等熏洒治虫，之后天然植物源抗虫药物的种类更加丰富，如雷公藤、毒鱼藤、除虫菊、苦参、巴豆、烟草和棉油等。现代植保以化学防治为主，具有高效、廉价和方便特点。但过度使用化学农药会促使有害生物产生抗药性，杀伤天敌，导致害虫再猖獗，并产生严重的农药残留问题。为此，国际上提出了"综合防治"的植保理念。在技术选择上，不再单独依赖化学农药或试图完全消灭有害生物，而是加强病虫害发生的精确测报，增加用药种类、数量、时间的靶向性和精准性，降低用量，保护有益天敌。同时，应用抗病、虫品种，运用以水肥精确管理为核心的健康群体塑造技术，采用稻麦水旱轮作，禾谷类作物与豆科作物轮作，以及不同绿肥、饲草作物混种等多种农艺措施，优化作物生产发育环境，从而将有害生物种群数量控制在一定范围内，使之不造成明显的经济损失。

植保技术

（1）**病虫测报**。系统、准确监测农田病虫草鼠发生动态并对其发生危害趋势做出预测，以及时、有效指导病虫防治，将其控制在初发阶段。据测算，每年通过病虫测报减少的粮食损失约3 000万吨。

（2）**植物检疫**。以阻止外来生物入侵为目的、以预防为主的植保技术。引种南美洲马铃薯曾导致晚疫病在爱尔兰大流行，引种埃及长绒棉导致红铃虫暴发等事件充分说明了植物检疫的重要性。

（3）**抗病虫品种**。植物抗病虫品种是指能够避免受害、耐受危害或受害后具有很强补偿能力的植物品种。如转*Bt*基因抗虫棉，一旦棉铃虫取食，Bt杀虫毒素蛋白便会使其中毒死亡。

（4）**农业防治**。利用农艺措施减轻有害生物危害。如采用麦棉套作，当小麦成熟时，瓢虫、蜘蛛等小麦蚜虫天敌将转移到棉花上，可有效控制棉花苗期蚜虫。

（5）**生物防治**。利用生物及其产物来控制有害生物种群数量。如利用赤眼蜂防治松毛虫，瓢虫防治蚜虫，白僵菌防治鳞翅目幼虫，或利用昆虫性外激素诱杀害虫或干扰其交配繁殖。

（6）**化学防治**。以喷洒农药为主的防治手段，是当前主流植保技术。我国已将六六六、滴滴涕、克百威（呋喃丹）、涕灭威（神农丹）、氰戊菊酯、丁酰肼（比久）、乙酰甲胺磷、乐果等64种高毒、高残留农药品种全面禁止销售和使用，同时鼓励发展生物农药[1]和高效低毒环保新型农药。

---

[1] 利用生物活体（真菌、细菌、昆虫病毒等）或其代谢产物（信息素、井冈霉素、多抗霉素等）针对农业有害生物进行杀灭或抑制的制剂。

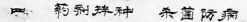

▲ 棉田管理的十项要求之植保要求　　佚名

现代作物生产水分、肥料用量大，群体密度大，个体发育质量差，易受病虫害的侵袭。20世纪户县立枯病、黄萎病、棉蚜虫、红蜘蛛等棉花病虫害频发，不少年份重度发生，危害严重。这是一幅植保题材画作，作者佚名，创作于1962年。

之四 药剂拌种 杀菌防病

棉花播种前要进行晒种，其后进行温汤浸种和药剂拌种。药剂拌种提倡用杀虫剂和杀菌剂混合拌种，方法是先拌杀虫剂，闷种晾干再拌杀菌剂，防患于未然。

之六 幼苗喷药 铲除杂草

农药是防控病虫草害的弹药。中华人民共和国成立前夕，户县开始使用化学农药，最初仅有砒霜、棉油皂。50年代前期有六六六、滴滴涕等，但不普遍。50年代后期开始用1605、1059、乐果等有机磷农药。70年代开始用多菌灵、硫菌灵及除草剂等。80年代后开始用敌杀死、粉锈宁以及2,4-滴丁酯、丁草胺等除草剂。化学除草逐渐取代人工锄草，成为主流除草方式。

之八 备好药械 买足农药

药械是植保工作的武器装备。1952年户县贷款购进手压式喷雾器357架，1954年6月陕西省农林厅无偿分配给户县300架。60年代后，由于棉田经常打药，每个生产队都有几架，至1978年全县共有11 472架。1974年开始引进北京怀柔产机动喷雾器，其后成立了植保公司和植保队，至2004年全县有机动喷雾器983台，基本实现了机械化喷施。

之十 固定专人 落实措施

植保工作既要熟悉病虫害发生、防治方法，又要懂得农药特性、用途和药械使用，技术含量高。1962年户县开始配备专职植保干部，并在代表性农区安排农民兼职测报员。在植保技术员的指导下，1974年开始人工繁殖赤眼蜂治棉铃虫，同时采取杨树枝诱杀虫蛾，黄色塑料板涂机油黏杀棉蚜虫。这些综合防治措施成效显著，东韩大队每亩田农药费用由15.63元下降至2.58元。

▲ **科技进农家**　　李春利

　　植保机械化是作物生产全程机械化的短板。我国农药施用以人工喷洒和地面机械施药为主，体力劳动繁重，安全性低，对作业人员身体健康不利；农药利用率仅为30%，其余流失到土壤、水体或漂移到环境中，引发环境污染。随着农村青壮年劳动力向城市转移，农业从业者年龄偏大，传统打药方式繁重、危险的弊端日益凸显。作业效率高、用工少、适用范围广的无人机和小型飞机等航空植保机具应运而生，受到农民特别是种田大户的欢迎，为我国农药施用技术革新提供了新选择。

　　植保无人机广泛应用于播种、施肥、除草、灭虫、喷药等作业环节。与传统的人工施药和地面机械施药方法相比，航空植保一方面能够控制细小雾滴飘移，实现精准、减量施药，节省农药15%～20%，降低农田环境污染，保障农产品质量安全，并有效减少对操作人员身体健康的伤害。另一方面，对于玉米、甘蔗等高秆作物以及泥泞的稻田，传统植保机具无法进地或操作困难，而采用轻型无人机低空航空喷雾作业就能有效解决这一难题，从而提高作物生产机械化水平。

　　发达国家已普遍采用航空植保。美国每年农业航空植保作业面积占总耕地面积的50%；日本60%水田的农药喷施由无人机完成。我国植保无人机发展迅猛，2014年全国保有量为695台，2015年为2 324台，2016年为4 890台。截至2017年5月，无人机保有量达到8 393台，成为全球植保无人机保有量最大的国家。我国研发的电动多旋翼无人机处于国际领先水平，出口日本、美国和澳大利亚。航空植保应用的面积仅占全部耕地的2%，植保无人机在研发、成本、飞手培训、购机补贴等方面还有很多问题有待解决。

第7节　家畜育种

家畜育种学是研究家畜育种理论和方法的学科，内容包括引种、选种、近交（动物）、杂交以及品种（系）的培育、保存、利用和改良等。其主要任务是利用现有畜禽资源，采用多种手段改进家畜的遗传素质；通过对后备种畜的种用价值进行准确的遗传评估，寻找具有最佳种用性能的种畜；结合适当的选配措施，人为控制种畜间配种过程，提高优良种畜的利用强度和范围；最终提高种畜品质，增加生产群体的良种数量，生产出符合市场需求的高质量畜产品。优良品种是畜牧业高产、优质、高效的物质基础。我国家畜育种起步较晚，与发达国家差距较大，奶牛、肉牛、生猪、肉鸡、蛋鸡等主要畜禽品种对国外依存度较高，提升家畜育种水平是民族畜牧业振兴的根本出路。

家畜品种

家畜品种是家畜物种在长期的饲养、选种、选配等人工干预条件下发生内部分化，形成具有可稳定遗传的生理生态特征，在产量和品质上符合人类要求的群体。家畜品种应具备以下条件：①具有共同的来源，遗传基础比较相似。②具有能稳定遗传的、有别于其他品种的共同表型标志和相似生产性能。③具有一定的现实或潜在的经济和文化价值。④具有因自然隔离或人工培育而形成的数个各具特点的类群，如品系、地方类群和育种场类群等，具有品种内的遗传异质性。⑤具有足够的数量，以避免过高的近亲交配，保持品种所固有的特征、特性。以家禽为例，地方品种，鸡、鸭不少于5 000只；培育品种，鸡、鸭不少于20 000只。

育种方法

家畜育种是从遗传上逐代改进家畜群体重要性状以提高经济效益的技术和方法。家畜育种特别强调群体（畜群、品系、品种等）重要性状平均水平的遗传改进，而且是大群体的遗传改进。人类在对野生动物的驯养和驯化过程中，根据外貌选择最适合需要的畜禽留作种用，逐步积累了育种经验。当前主要的家畜育种方法有选择育种法和杂交育种法两类。

（1）**选择育种法**。选择育种法的理论基础是选择的创造性作用，亦即选择能扩大变异，积累和加强变异，以决定变异的方向，从而产生目标性状发生根本改变的新个体。这是家畜育种的经典方法，现代也有不少育成新品种的实例。这些新品种多来自十分古老的品种，培育时间较长。例如，我国的荣昌猪、秦川牛、湖羊、滩羊等和国外的海福特牛等均为选择育种法培育。

（2）**杂交育种法**。19世纪中叶，鉴于选择育种法在育种速度和经济效益上的局限，育种学家改进了策略，采用杂交技术培育新品种。此法又称育成杂交法，旨在结合两个或两个以上品种（类群）的不同优点，采用适当方式进行杂交，然后进行理想型杂种的自群繁殖、选育，以创造新品种。目前，育成杂交法是培育家畜新品种的常用方法。

根据所用亲本品种个数，育成杂交法可分为简单育成杂交（2个品种杂交）和复杂育成杂交（3个以上品种）。简单杂交育成的品种有新金猪、新淮猪、三江白猪和草原红牛等；复杂育成杂交选育的品种有北京黑猪、泛农花猪、三河牛和新疆毛肉兼用细毛羊等。

秦川牛 ▶
张青义

我国是世界上家畜品种资源最为丰富的国家之一。联合国粮农组织的家畜多样性信息系统收录了我国300余个地方品种的资料，如太湖猪、金华猪、蒙古牛、仙居鸡等。这些地方品种资源变异多样，具备耐粗饲、体质健壮、繁殖力强、抗病能力强等特性，是难得的基因库。

以太湖猪为例，它是世界繁殖力最强、产仔数量最多的优良猪种之一。优秀母猪窝产仔数达26头，最高纪录产过42头。恰如《母子乐》所描绘的，每窝20头以上仔猪的高产母猪是养猪效益的保障。

秦川牛是中国五大黄牛品种之一，是我国著名的役肉兼用型品种。体格大，役力强，产肉性能良好，肉味浓郁，是生产高档牛肉的首选肉牛品种，可与国外优良品种相媲美。

太湖猪、秦川牛等优异地方品种具有可耗竭性，一旦消亡或灭绝，则不可复得，携带的优异基因将永远丢失。遗传资源保护至关畜牧业的可持续发展。

母子乐 ▶
黄菊梅

▲ **母子情**　雏志俭

经过人类长期的选育，家养畜禽与其野生祖先已相差甚远。很多野生习性丧失，如蛋鸡的就巢性；或者出现异常，如猪饱食终日，缺乏觅食行为，百无聊赖地空嚼。人类的改造力量固然强大，但某些动物的本性、基因并未改变。其中最顽强的基因莫过于精心抚养下一代了。

11个可爱的猪宝宝围在周围，四肢踢腾，争先恐后，贪婪地吸乳汁。温柔、安详的猪妈妈则任其折腾，幸福地享受这一些。雏志俭的这幅《母子情》，黑红的基调，色彩对比强烈，突出表现猪妈妈对孩子的爱怜和牺牲精神。画作在澳大利亚展出时，感动了一位男士，特意买下作为礼物送给妻子。

动物也有类似人类的感情，对待动物的方式能折射出人类的文明程度。更多关注动物行为和感受，提高动物福利，是国际养殖业发展的新潮流，也是人类对动物的责任。

文学说画

雍严格给我讲了一个他父亲的事，他父亲是秦岭山中的老猎人。1958年，全体村民围剿金丝猴，大批猴子已经落网，他父亲和另外两个猎人追赶一只母猴，将母猴逼到一片空旷地带。母猴到了走投无路的地步，它背着自己的孩子，怀里还抱着另一只母猴留下的遗孤，空地中央有一棵树，母猴带着两只小猴爬上了树。树不大，不足以庇护它们，它们完全暴露在猎人的枪口之下。猎人举起了枪，准备射击了，这时候母猴向猎人指指自己的乳房，于是两只小猴一"人"叼住一个奶头，吸吮着母奶。母猴将小猴紧紧地搂在怀里，显出依依离别之情。不谙世事的小猴吸了几口奶便不吸了，母猴将它们搁在高高的树杈上，摘下很多树叶，将剩余的奶水，一滴滴挤在树叶上，摆放在小猴能够到的地方。母猴将自己的奶水挤得干干的，将它认为该做的都做完了，然后转过身面对着猎人们的枪口，双手将自己的脸捂了，静静地等待着死亡。

猎人们的枪放下了，在他们的眼中，眼前的生灵已不是猴子，而是母亲。谁也不能对着母亲开枪！

（叶广芩《老县城》）

第8节　家畜饲养

家畜饲养学是动物营养学原理在动物饲养实践中的应用，汇集了动物生理学、动物生物化学、动物营养学、饲料学等学科知识及其研究成果。其目的与任务是在揭示饲料（原料）与畜产品（成品）之间关系的基础上，解决饲料养分供给与动物实际需求之间矛盾。经济、高效、安全地生产出数量充足、品质优良的动物性食品，满足居民高品质生活需求是我国畜牧业发展的重要任务，也是家畜饲养学需要着力解决的关键科技问题。

饲养方式

饲养方式一般指牲畜就食饲料的方式，包括以饲料就牲畜（舍饲）与以牲畜就饲料（放牧）两种基本类型。从放牧到舍饲是畜牧业从粗放经营向集约经营发展的必然趋势。①放牧。畜牧业中最早的饲养方式是完全利用天然牧场的游牧。近年来，电围栏、牧草种植及草场改良机械化技术的应用使放牧逐步实现了现代化。②舍饲。最初作为放牧的补充，后来因放牧受到天然饲料的限制，种植业成了主要的饲料来源，舍饲逐渐变为主要饲养方式。工厂化饲养能全面控制环境，高产高效，是发达地区畜牧业的主要生产方式。③半舍饲。采用半舍饲的原因主要有两种：一是放牧不能满足饲料需要，故补以舍饲；二是为利用附近的天然草地、田边野草等资源，扩大舍饲的饲料来源。半舍饲的形式有：白天放牧，晚间舍饲；夏秋放牧，冬春舍饲；育成阶段放牧，育肥阶段舍饲。

饲养机械化

畜牧业机械化是农业现代化的重要组成部分，包括草原建设机械化、饲草收获机械化、饲料加工机械化和畜禽饲养机械化。饲养机械化的环节包括畜禽喂饲、供水、清粪和粪便处理、畜禽舍环境控制、产品采集和初加工等方面的机械化设施。畜禽机械化能减轻畜牧业劳动强度，提高劳动生产率，提高畜禽产品产量和品质。我国畜禽机械化正处在起步阶段，机械化、半机械化养殖场约占10%，工厂化养猪方兴未艾，移动式挤奶设备等逐渐得到应用。以陕西千阳的规模奶牛场全程养殖机械化模式为例，涵盖全株玉米青贮机械化→奶牛精饲料加工、混合机械化→全混合日粮饲喂机械化→挤奶机械化→防疫卫生消毒机械化→粪污收集加工机械化等6个养殖关键环节，实现了从饲草到牛奶再到有机肥料的高效转化。

饲料科技

饲料是指能够被动物摄取、消化、吸收和利用，可以促进动物生长或修补组织、调节动物生理过程的物质，即饲养动物的食物。饲料来源广泛，种类多样，有豆粕、玉米、甜高粱、牧草、糠麸、鱼粉、乳清粉、油脂、肉骨粉等，还包括维生素、矿物质、抗生素等添加剂。饲料学是家畜饲养学的核心科学之一，其任务是在研究和阐明饲料养分在动物体内转化过程及其数量变化规律的基础上，制定科学加工饲料和饲养动物技术指南，实现按需供应和动物饲养的精准化。

饲料工业是国民经济的支柱产业之一。2015年全国饲料总产值7 810亿元，产量突破2亿吨，配合饲料、浓缩饲料、添加剂预混合饲料产量分别占86.9%、9.8%、3.3%。进入20世纪以来，我国居民更加关注自身健康和生活质量，不仅要求肉、奶、蛋等畜产品数量丰盛，更重视风味、口感等品质指标，并关注养殖业废弃物排放、处置产生的环境问题。饲料成分、配方对动物排泄物组成有重要影响，饲料生产正逐渐向绿色环保方向发展。

"草铺横野六七里，笛弄晚风三四声。归来饱饭黄昏后，不脱蓑衣卧月明。"吕岩在《牧童》中向我们展示了一幅鲜活的牧童晚归休憩图。广阔的原野，绿草如茵；晚风吹拂着原野，还没见归来的牧童，却先听见随风传来的悠扬笛声。牧童回来吃饱了饭，已是黄昏之后了，连蓑衣也不脱，就躺在月夜的露天地里休息了。通过牧童生活的恬静与闲适，透露出作者内心世界对远离喧嚣、安然自乐生活状态的向往。

吕岩对牧童生活的向往得到了后来者黄庭坚的呼应。"骑牛远远过前村，短笛横吹隔陇闻。多少长安名利客，机关用尽不如君。"在纷繁复杂的社会，最好在心里开垦一块牧场，不时放牧一下自己的心灵，以获得内心的宁静和悠然。

 **牧童** 周公远

"晓牧侵星大暑天，昼寻芳树绿阴眠。惜牛不使冲残日，归带黄昏饮小川。"这是宋代黄庶的咏牛诗，诗中饱含着视耕牛为宝、爱护备至的真挚感情。

养牛，曾在户县农业中占有重要地位。耕田拉车，解放人力，劲头足且持久，作业更精细，农田更高产。不挑食，放养吃遍荒山野岭，圈养则可消耗作物秸秆，变废为宝。牛粪还是主要的肥源，改良土质，为作物丰产提供养分。如此重要，自然全家出动。爸妈有力气，铡刀起落处，玉米秸秆碎化成一段段适口草料。爷爷端着一簸箕铡好的秸秆喂牛，奶奶用刷子给牛清理皮毛，小朋友则懂事地为妈妈敲着后背。在一家人的精心照料下，牛儿膘满体壮，健康快乐。

近年来，健康养殖成为最热门的一个话题，其核心是给动物提供良好的、有利于动物快速生长的立体生态条件和营养丰富均衡的饲料，尽可能减少可能引起动物疼痛、痛苦或过强应激的环境，以利于生产出安全、优质的畜禽产品。这是中国农牧企业未来的必然方向。而从传统的养殖方式中汲取营养，可丰富、拓展健康养殖的方式方法。

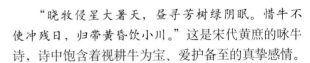 **百业兴旺** 王乃良

秋实 ▶
王乃良

十三只活泼可爱的白兔，蹦蹦跳跳，尽情享受新鲜、美味的白菜。鲜活的蔬菜，灵动的兔子，相得益彰，轻松、清新、快乐的气息扑面而来。

南瓜既是一种蔬菜，也是畜禽的良好多汁饲料，容易消化吸收。南瓜的产量高，亩产可达7 000公斤左右。南瓜切成小块，各种家畜都喜欢吃，尤其猪更喜欢吃。饲喂鸡时，在日粮中搭配，能缩短换羽时间，提高产蛋率。南瓜茎叶也是猪的青饲料。

饲料是动物生长发育的物质基础，畜牧业成本的70%来自饲料。近年来，抗生素滥用情况较为严重，药物残留以及超级细菌的不断涌现，已经对人类健康造成危害，百姓"谈抗色变"，缺少对畜禽产品安全性的绝对信任。

饲料无抗，即不添加任何抗生素，通过营养调控、抗生素替代品研发、创新生产模式、改善养殖环境、提高饲养管理水平等手段来替代抗生素的作用，是近些年养殖业的一个热门话题。

南瓜鸡 ▶
曹全堂

第9节 动物医学

动物医学，即传统上的兽医学，是研究动物生命活动规律、疾病诊断治疗和预防的科学。我国有两种兽医学术体系。一种是传统兽医学，通称为中兽医学，是由中国创立的应用自然疗法防治动物疾病和动物保健的兽医学术体系，为历代劳动人民同家畜疾病进行斗争的经验总结，内容包括基础理论、诊法、中药、方剂、针灸和病症防治等，为我国古代家畜繁衍做出了历史贡献。另一种是现代兽医学，即1904年传入的西方兽医学，以其严密的学科体系、科学实效的诊疗效果在畜禽疾病防治、疫病防控等方面发挥着关键作用，是现代动物生产健康、高效发展的根本保障。

学科体系

现代兽医学以探讨动物机体结构形态和生命活动规律为基础，研究动物疾病的发生、发展过程及其致病原理，借助实验室检查、器械检查等手段，采用化学合成、半合成等药物，对动物疾病进行诊断、治疗和预防。它具有严谨、科学、系统的学科体系，主要分支学科包括：动物解剖学、动物组织与胚胎学、动物生理学、动物生物化学、兽医病理学、兽医药理学、兽医毒理学、兽医微生物学、兽医免疫学、兽医传染病学、兽医寄生虫学、兽医诊断学、兽医放射学、兽医内科学、兽医外科学、兽医产科学等。现代兽医学研究不局限于家畜家禽疾病诊疗，而扩展到经济动物、伴侣动物、水生动物、观赏动物、实验动物以及野生动物等的疾病预防和诊疗，并涉及公共卫生学、医学、生物学、环境等领域。

动物疾病

疾病是在一定条件下致病原因与机体相互作用而产生的一个损伤与抗损伤的复杂斗争过程。在疾病过程中机体表现出各种机能、代谢和形态结构的异常变化，以及各种相应的症状、体征和行为异常。患疾病时，机体各器官系统之间、机体与外环境之间的协调平衡关系发生改变，动物的生命活动能力、生产性能和经济价值均降低。根据疾病的性质，动物疾病主要可分为四类：①传染病，由病原微生物引起的一类有传染性和流行性的动物疾病；②寄生虫病，由原虫、蠕虫和昆虫寄生在家畜体内或体表所引起的疾病；③内科病，家畜的非传染性内部器官疾病；④营养代谢病，家畜营养缺乏及代谢紊乱引起的全身性群发病。据估算，我国养猪业的病死率保守为5%。仅2004年的统计数据，当年我国因疫病造成畜禽死亡的直接经济损失高达238亿元。因此，动物疾病是制约畜禽养殖经济效益的关键因素，疾病防治对畜牧生产意义重大。

疾病防治

不同类型动物疾病的防治方法如下。①传染病防治方法包括：疫（菌）苗接种；抗体注射；磺胺类药物和抗生素治疗（细菌和真菌感染）；隔离、封锁、检疫、消毒、杀虫、灭鼠、病畜尸体处理、加强饲养管理等综合性防疫措施。②寄生虫病防治方法包括：化学药物驱杀；广谱驱虫药或疫苗定期预防；保持厩舍卫生，对粪便采用高温堆肥发酵杀灭虫卵或幼虫、扑杀中间宿主；牧区实行划区轮牧等。③内科病防治的办法包括：消除饲养、管理及环境中存在的诱因；进行对症药物治疗；建立各种监测预警系统对家畜、环境进行监视；重视环境保护和公共卫生。④营养代谢病防治方法包括：加强对亚临床病例和营养代谢疾病的诊断，根据病原采取相应治疗措施；平衡日粮配比，加强饲养管理等预防措施。

▲ **营业员侯英霞**　　杨生茂

　　连环画《营业员侯英霞》以户县大王镇供销社营业员侯英霞的真实故事为题材，记述她认真学习毛主席著作，努力提高业务水平的成长历程，反映了她爱岗敬业、乐于奉献、勤奋上进的高尚职业道德。上面4幅画讲述了侯英霞雨夜为生产队送猪板油，治愈骡马急砂结病的故事，真实再现了中兽医学在旧时畜禽疾病防治中的重要作用。据文献记载，中兽药治马骡砂结及横结肠梗阻的药方如下：千金子30克，二丑15克，通草9克，滑石30克，大黄30克，芒硝60克，枳实30克，厚朴30克，猪板油250克。将中药研细，猪板油切碎，开水冲调，一次灌服。

第10节　动物防疫

动物防疫是综合运用多种手段，发动全社会力量，依照动物疫病发生、发展和消亡的科学规律，对动物从引种、饲养、经营、销售、运输、屠宰到动物产品加工、经营、贮藏、运输、销售等各个环节严格实施预防、控制、扑灭和检疫措施，保障动物健康及其产品安全的一项系统性工作。

疫病是传染病的简称。国家规定应防治的动物疫病有157种。其中，一类动物疫病17种，二类77种，三类63种。据不完全统计，我国因动物疫病导致的猪死亡率约10%，家禽约20%，牛羊3%～5%，高出发达国家1倍以上；每年重大动物疫病造成的直接经济损失约300亿元，连同饲料、人工等间接损失达1 000亿元。现代化养殖业的畜禽饲养高度集中，调运、移动频繁，易受到传染病侵袭。而生态环境破坏、人口密度增大、人员流动加速、畜禽高密度饲养、以及滥用抗生素等因素，则增加了人畜共患高致病性传染病对社会公共安全的威胁。因此，动物防疫工作对养殖业的绿色高效、畜禽产品的安全卫生以及居民的身体健康均具有重要意义。

疫病发生特点

我国动物疫病防治工作取得了显著成效，有效防控了口蹄疫、高致病性禽流感等重大动物疫病，但动物疫病防治任务仍然十分艰巨。当前我国动物疫病发生呈现如下特征。

(1) 动物疫病种类不断增长。 我国动物疫病病种多、病原复杂、流行范围广。口蹄疫、高致病性禽流感等重大动物疫病仍在部分区域呈流行态势，存在免疫带毒和免疫临床发病现象。由于大量引进各类动物、胚胎、精液及进口动物产品，至少有31种畜禽疫病传入我国，其中法定动物疫病25种，包括16种禽病和7种猪病。近年来，尼帕病、非洲猪瘟、裂谷热、西尼罗河热和疯牛病等烈性动物疫病和人兽共患病已威胁到我国畜禽养殖业和人民健康。

(2) 人兽共患病发生几率增加。 研究表明，70%的动物疫病可以传染给人类，75%的人类新发传染病来源于动物或动物源性食品。随着畜牧业生产规模不断扩大，养殖密度不断增加，畜禽感染病原机会增多，病原变异概率加大，新发疫病发生风险增加。禽流感是危害养禽业和人类健康的重要传染病。禽流感病毒（AIV）的宿主已由传统的鸡过渡到水禽和野鸟，并不断发现猪、鼠、兔、虎等新宿主。2003—2005年全球爆发高致病性禽流感疫情，导致564人感染，330人死亡。2009年4月起源于墨西哥，由人流感病毒、AIV和猪流感病毒发生三源重组的甲型H1N1流感病毒已在全球蔓延，已导致17 798人死亡，引起全球公共卫生恐慌。

(3) 细菌性疫病耐药性逐渐增强。 由于滥用抗生素和在饲料里长期添加低剂量的抗生素，病原菌的耐药性越来越强。例如，鸡白痢耐药种数20世纪60年代以二耐、三耐[①]为主，70年代以四耐、五耐为主，到90年代以八耐、九耐为主。2010年8月发现的"超级病菌"NDM-1，对几乎所有在用抗生素都有抵抗力，且能跨种传播传递给霍乱弧菌等烈性细菌。

(4) 细菌性疫病病原加剧环境污染。 随着养殖密度、养殖规模的不断扩大，致病微生物的环境污染逐渐加重，且可通过多种途径传播，成为养殖场常在菌并引起发病。2008年对致病微生物的检测结果表明，畜禽养殖场的空气、饮用水、饲料和土壤中致病性微生物污染严重，其中90.9%的大肠杆菌、100%的沙门氏菌具有致病性，56.8%的大肠杆菌和85.2%的沙门氏菌菌株可在36小时内致小白鼠死亡。

疫病传播

疫病传播有3个环节：①传染源。向外界排放病毒、细菌、真菌等病原微生物的患病动物或隐性感染者。②传播途径。使病原微生物传播扩散并侵入易感动物体内的通道或方式。③易感动物群。某种动物对某种病原天生具有易感性，如家猪和野猪对猪瘟病毒没有抵抗力，容易感染，是猪瘟病的易感动物；而山羊和鸡等不会感染猪瘟，不是猪瘟的易感动物。一定数量的易感动物构成易感动物群，又叫易感畜群。易感动物受到

[①] X耐，即对X种药物有耐药性，是评价病原菌菌株对抗菌药物敏感性的指标。三耐，对三种药物有耐药性；九耐，对九种药物有耐药性。X值越大，耐药性越严重。

感染后又变成了新的传染源，开始了下一个传播循环。

防疫流程

综合防疫就是采取一系列有效方法，切断疫病流行中的一个或数个环节，从而有效阻止传染病的发生发展，进而控制甚至扑灭传染病。"养殖先防病，不然丢干净。"疫病风险大于市场风险，防病必须坚持"预防为主，防重于治"的原则，采取综合措施，把疫病损失降低到最低程度。

（1）动物疫病的预防。主要是指对动物采取免疫接种、驱虫、药浴、疫病监测和对动物饲养场所实施环境安全型畜禽舍改造，以及采取消毒、生物安全控制、动物疫病的区域化管理等一系列综合性措施，防止动物疫病的发生。

（2）动物疫病的控制。在发生动物疫病时，采取电隔离方法、化学阻隔、人员阻隔、扑杀、消毒等措施，防止其扩散蔓延，做到有疫不流行。对已经存在的动物疫病，采取监测、淘汰等措施，逐步净化直至消灭该动物疫病。

（3）动物疫病的扑灭。一般是指发生重大动物疫情时采取的措施，即发生对人畜危害严重，可能造成重大经济损失的动物疫病时，需要采取紧急、严厉、综合的"封锁、隔离、销毁、消毒和无害化处理等"强制措施，迅速扑灭疫情。

（4）动物、动物产品检疫。是指为了防止动物疫病传播，保护养殖业生产和人体健康，维护公共卫生安全，由法定（国务院兽医主管部门指定）的动物卫生监督机构，对动物、动物产品的卫生状况进行检查、定性和处理，并出具法定的检疫证明的一种行政执法行为。实施动物及其产品检疫的目的，一是为了防止染疫的动物及其产品进入流通环节；二是防止动物疫病通过运输、屠宰、加工、贮藏和交易等环节传播蔓延；三是为了确保动物产品的质量卫生安全。

动物防疫是保障动物健康及其产品安全的一项重要的系统性工作。马传染性贫血、马媾疫、牛气肿疽、牛流行热、猪口蹄疫、猪瘟、鸡马立克氏病等曾是危害户县畜禽生产的主要疫病。1956年开始采用集体大槽喂养耕牛，由于使役不当，加之疫病大发生，耕牛大批死亡，1958年较1955年数量下降22％。1965年，户县供销社从吉林购回45匹马，经中国兽医研究所及省市县三级检验，判定为马传染性贫血病群。经省政府批准，当年9月7日在庞光公社化羊庙全部扑杀深埋，并严密消毒控制疫情。

户县先后成立了畜牧兽医站21个，每个站有从业人员3～5名，至20世纪70年代形成了比较完整的防治体系。80年代大牲畜减少，乡镇兽医站工资无法保障，不少人改行。进入21世纪，禽流感、猪口蹄疫等疫病多次流行，乡镇兽医站逐步恢复。全县还成立了个体兽医诊所、宠物诊所30多个。

防疫　　宋厚成 ▶

▲ 鸡防疫　　李克民

　　本画作受到著名画家华君武的赞赏。作者没有受生活中大多数群鸡笼养的限制，而是根据传统鸡在晚上架卧的习俗，来进行美的创造。布满画面的鸡全是红冠、黄爪、白毛，每只鸡都画得动态毕露，活灵活现。妙的是作者用"防疫"来表现科学养鸡，避免了单纯画鸡的平淡，而赋予鲜明的时代特征。

　　作品所展示的集中笼养方式，也是我国畜牧业集约化、规模化和专业化发展的一个缩影。在这种生产模式下，种群结构（品种）单一，密度大，畜禽生活环境恶化，禽流感等爆发性疫病极易发生、传播，造成严重的经济损失，并危害居民健康。2004年发生的高致病性禽流感疫情，全国农户减收80亿元，企业减少销售收入200亿元。2003—2005年，亚洲地区因感染禽流感病毒死亡的人数达70多人，大约1.5亿只家禽被宰杀，由此造成的损失金额高达100亿美元。

第11节　土壤肥料

　　土壤肥料学是研究土壤、肥料和植物营养及其相互关系的一门科学，涵盖土壤学、肥料学、植物营养学、农田土壤管理等方面，是指导合理施肥的理论基础。土壤是人类赖以生存的基础资源。"万物土中生，有土斯有粮"，道出了土壤与食物供应的直接关系。"庄稼一枝花，全靠肥当家。"肥料是作物的粮食，收多收少的物质保障，也是重要的生产资料，占种植业成本的1/5左右。未被作物吸收的肥料是农业面源污染的主要来源，能导致土壤酸化、水体富营养化等环境问题。因此，土壤肥料学研究对农业增产增收和环境保护均具有重要意义。

土壤组成

　　土壤是指陆地表面能够生长植物的疏松层，是岩石风化物或松散沉积物之类的成土母质在生物、气候、地形和时间等多因素综合作用下的产物。土壤是由固相、液相和气相物质组成的疏松多孔体。取一把土放在手上，可以观察到有矿质颗粒、有机物质的半腐解物及完全腐解物——腐殖质，这些固体部分就是土壤的固相，体积约占整个土体的50%左右。当用手紧握土壤时，手会变湿，表明土壤中含有水分，即土壤液相，最多可占整个土体的30%～40%。将土壤放入水杯中，就会有气泡产生，说明土壤中还有空气，即土壤气相，约占整个土体的10%～20%。

土壤功能

　　土壤是作物生产的主要基质，作物从土壤中汲取无机养分和水，将其与空气中的二氧化碳一同转化为淀粉、蛋白质等有机物，满足人类需求。土壤是生态系统的缓冲剂、净化剂，能吸收、容纳、转化与净化环境污染物，消解其危害。土壤又是生物的栖息场所，蚯蚓、蚂蚁、轮虫、线虫等许多动物栖身其中，种类庞大、难以计数的硝化细菌、根瘤菌等微生物附着其上，这些土壤生物对土壤结构、组成和功能具有重要的调节作用。健康的土壤是农田生产力的根本保证，也是生态环境质量的一个重要标志。土壤退化是指因人类开发利用不当而加速的土壤质量和生产力下降的现象和过程。我国部分地区因工业污染、化肥用量过度、不合理灌溉等原因出现了严重的土壤退化，其修复将是一个十分漫长的过程。

化学肥料

　　化学肥料多由化学合成或由天然矿石加工制成，以氮肥、磷肥和钾肥为主，辅以钙、镁、硫肥和微量元素肥料。其有效成分以无机盐形式存在，含量高，易溶解，肥效快，施用方便。我国是世界最大的氮肥、磷肥生产国，也是最大的化肥消费国。2015年我国氮、磷和钾肥施用量分别为3 102.8万吨、1 580.7万吨和1 379.2万吨，占全球总量的31.2%左右。钾肥进口612.6万吨，自给率为55.6%。2014年化肥总产值约为8 700亿元，占全国GDP的1.4%，属于国民经济的基础行业。

有机肥料

　　施用有机肥是我国传统农业的精华，是保持地力常新壮的主要手段。传统有机肥料来源多样，有粪肥、绿肥、泥肥、饼肥、骨肥、灰肥、矿肥、杂肥等多种，充分利用了农业生产和生活中一切可以利用的废弃物。有机肥能提高土壤有机质含量，为作物提供氮、磷、钾及微量养分，改善土壤物理性质，增强保水保肥能力，还能消除土壤中的农药残毒和重金属污染。现代化肥工业的发展，使化肥取代了农家肥，成为作物生产上最主要的肥料，甚至在某些地区是唯一的肥料。随着化肥的大量施用所带来的土壤酸化、板结、环境污染和农产品质量下降等问题日趋严重，有机肥在农业生产中的作用重新受到重视。

▲ **户户修烟囱**　　钱志亮

　　土壤是作物生长的根基。根系深扎于土壤，支撑茎秆直立，伸向天空，获取阳光；同时，吸收土壤水分和养分满足作物生长发育所需。作物收获后，从土壤带走了大量矿物质，如果不能及时补充，将会耗竭土壤养分库存。因此，施肥对于作物可持续生产至关重要。在化学工业不发达的传统农业时代，千方百计广集肥源是重要的生产任务。

　　画作中高大、粗圆的烟囱显然不是仅为了烧火做饭。烟囱上的标语道出了它的用途。"户户修烟囱，粮棉堆满仓。"这是传统火粪的一种积制方法，由炕土、灶土发展而来。首先用稍黏的黄土人工打压成胡基（未经烧制的土砖），然后垒成高大的烟囱。这样，烧火产生的烟灰就会被胡基吸附、固定，天长日久就会累积成厚厚的、黑黑的一层烟灰，富含矿质元素，尤其是钾。水中泡软，砸碎后就成了优质的肥料。

▲ 小雪　　张青义

本幅画描绘了小雪时节，农人利用土地上冻机会，用木板车装运农家肥到麦田的情景。实际生产中，农家堆肥等有机肥体积较大，养分含量低，有脏臭气味。在劳动力日趋短缺，普遍采用轻简化栽培的形势下，很少有农户费时费力地堆制、施用有机肥。目前大型养殖场的畜禽粪便存在重金属、抗生素超标问题，很难直接施到田里。这样就造成了一方面农田因缺少有机肥的"调理"而质量退化，生产力下降，一方面巨量的畜禽粪便无法有效处理，极易导致水体污染。商品有机肥和有机无机复混肥等新型有机肥产业正蓬勃发展，有望为巨量畜禽粪便的利用难题提供解决方案。

文学说画

秋收秋播完毕到地冻上粪前的暖融融的十月小阳春里，早播的靠茬麦子眼看着忽忽往上蹿，庄稼人便用黄牛和青骡套上光场的小石碌碡进行碾压。麦无二旺，冬旺春不旺。川原上下，在绿葱葱的麦田里，黄牛悠悠，青骡匆匆，间传着庄稼汉悠扬的"乱弹"腔儿。白嘉轩独自一人吆喝着青骡在大路南边的麦田里转圈，石碌碡底下不断发出麦苗被压折的"吱喳"声。鹿子霖从大路上折过身踩着麦苗走过来。十月行步不问路，麦子任人踩踏牲畜啃。

当一场凶猛的西北风带来厚可盈尺的大雪，立即结束了给冬小麦造成春天返青错觉的小阳春天气，地冻天寒，凛冽的清晨里，牛拉着粪车或牛驮着冻干的粪袋，喷着白雾往来于场院和麦田之间。

（陈忠实《白鹿原》）

第12节　生态农业

以化石能源为主要动力的现代农业既带来了高效的劳动生产率和丰富的物质产品，也造成了土壤退化、水体污染、生物多样性锐减、能源危机加剧、农产品安全性下降等资源、环境和健康问题。为此，国际上以农业经济与生态环境协调发展为指导思想，于20世纪70年代提出了生态农业、生物农业、有机农业等多种农业模式以替代化石农业。各种模式的共性是按照物种共生、物质循环、能量多层次利用的生态学原理，整合现代科学技术与传统农业技术，实现农业高产、优质、高效和持续发展。

生态农业是因地制宜利用现代科学技术，并与传统农业精华相结合，充分发挥区域资源优势，根据经济发展水平及"整体、协调、循环、再生"的生态学原则，运用系统工程方法，全面规划，合理组织农业生产的农业发展模式。其最终目的是达到生态与经济两个系统的良性循环，实现经济、生态、社会三大效益的统一。生态农业是农业可持续发展的必然选择，也是建设美丽中国的一个主要途径。

中国生态农业

我国传统农业是以农为主，农牧结合为特征的生态农业，其核心是"种植业提供饲料，畜牧业提供畜粪，还田培肥地力"。这种模式实现了农业（种植业）、畜牧与土壤之间的有机整合，构建了一个结构合理、功能高效的农业生态系统和生产体系。明清时期的"农-牧-桑-鱼"农业生态系统，代表了中国传统农业技术的最高水平。我国传统的农牧结合系统，在国际上被称作"最完善的农牧结合形式"。

我国现代生态农业吸收了传统农业的精华，又借鉴了现代农业的生产经营方式。在20世纪70年代，主要措施是实行粮、豆轮作，混种牧草，混合放牧，增施有机肥，采用生物防治，实行少免耕，减少化肥、农药、机械投入等。80年代，创造了许多经济、生态效益兼收的生态农业模式。例如，稻田养鱼、养萍、林粮、林果、林药间作等立体农业模式；农、林、牧结合，粮、桑、渔结合，种、养、加结合等复合生态系统模式；鸡粪喂猪、猪粪喂鱼等有机废物多级综合利用模式。近年来，稻虾、稻鸭、稻蟹等立体种养技术广为采用，既可产出优质农产品，增加农民收入，还能改善环境，展示出良好前景。

生态农业实例

（1）**稻田养鱼**。利用稻田的湿地环境，既种稻又养鱼。鱼可取食稻田杂草、浮游生物，特别是落入水面的稻飞虱、叶蝉、螟虫等害虫。鱼在稻田中搅动，能疏松土壤，增加稻田氧气，排泄物又可作为水稻的肥料。我国稻田养鱼历史可追溯到1 700年前的三国时期，是世界上稻田养鱼面积最大的国家。

（2）**草-牛-鱼循环种养模式**。利用野草和牧草饲养肉牛，牛粪喂鱼，形成种养相互利用的模式。具体做法：玉米间作草木樨，玉米的籽粒产量不减，秸秆青贮作为牛的青饲料。牛粪发酵后可喂鱼，清挖塘泥可做玉米、牧草的肥料。一般30头肉牛搭配1公顷鱼塘。

（3）**兔-沼-草-果绿色食品兔生产模式**。兔的排泄物以及废草料投入沼气池，产生沼气供给生活区使用，沼液顺着自然落差，通过管道灌溉果园及牧草。菜园种植叶菜供应市场；蔬菜的不可食用部分和种植的牧草作为兔的青饲料，如此形成可循环、无排废的可持续系统。

（4）**稻-鱼-鸭系统**。以列入全球重要农业文化遗产名录的侗乡稻鱼鸭系统为例。谷雨前后，侗乡人在水稻插秧的同时放养鱼苗；待鱼苗长到两三指，再把鸭苗放入稻田。稻田为鱼、鸭提供了生长环境和丰富饵料；鱼、鸭在觅食过程中，为稻田清除了虫害和杂草，减少了农药和除草剂用量；鱼、鸭活动搅动了土壤，为稻田松了土，增加了氧气；鱼、鸭的粪便是水稻上好的有机肥，有利于生产优质米。

▲ **立体养殖**　张青义

　　本幅画描述了由蔬菜、鸡、猪和鱼构成的立体养殖生态系统。清洗鸡舍和猪圈的污水排到鱼塘里，作为浮游水生物的养料，最终转化成水草、藻类等被鱼吃掉。鸡、猪的粪便，以及鱼塘清池后的淤泥，作为有机肥直接施用在蔬菜地里。

　　我国农村土地资源有限，但劳动力相对丰富。在有限的空间内，利用生态学原理，设计复杂的、多层次的链条式的立体农业系统，既可提高单位土地的产出，生产出种类丰富、营养安全的动植物产品；又能吸纳农村剩余劳动力，增加农民收入。

树林散养是一种颇受欢迎的生态养鸡模式。林下环境好，活动空间人，鸡能跑能飞，抵抗力加强，发病率降低。鸡以害虫、草籽、树叶为食，既节省了饲养成本，又增强鸡肉的美味和安全性。林下生态散养可以解决鸡肉品质、食品安全和环境保护等多重问题，是山区脱贫致富的可靠选择。

◀ **散养**　马雪凤

▼ **林茂粮丰**　周文德

这是20世纪70年代初期的作品。即将成熟的麦田长势良好，一望无际。田里有检查麦熟情况的农民，麦田被石砌渠堰上整齐划一的白杨林带划割，树木挺拔，枝叶茂盛，一直延伸到远方，给人以生机勃勃的兴旺感。林茂粮丰。农业生产不是种植业、养殖业和林业之间的简单组合。作物丰收离不开森林蓄养水源，防洪抗旱。农田防护林可以在一定范围内形成特殊的小气候环境，能降低风速，调节温度，增加大气湿度、土壤湿度，拦截地表径流，调节地下水位，抵御干热风、台风等极端气象灾害，为作物生长营造适宜的小环境，保障稳产丰产。

文学说画

这时候季风从遥远的东方，缓慢地，不可遏制地吹过来了，像一只大手轻抚着这平原。风过处，大平原上掀起一拨又一拨金黄色的麦浪。白天的时候，那麦浪是闪闪发光的，像无数的金箔在闪烁。那是由于太阳的原因，阳光洒在麦穗上，麦穗闪着光，而随着风摇麦穗，这金光一晃一晃的，炫人眼目。

夜来，太阳退了，代替太阳的，是停在平原上空的一轮大月亮。月亮将它的光华洒在平原上。这时候没风了，麦穗不再动，而是齐刷刷地举头向着天空。白天大地所收拢的暑气，现在开始释放了。平原一呼一吸，在尽情地吐纳着。这时候白天被逼得无法散发出的麦香，也随着这平原的一呼一吸，尽情地散发了出来。于是乎大平原沉浸在那铺天盖地的麦香中。

（高建群《大平原》）

第13节　农田灌溉

灌溉，是利用水利工程设施，根据作物水分需求规律和自然降水情况，为作物补充水分的技术措施。有收无收在于水。水利（农田灌溉）是农业的命脉。我国农业水资源总量不足，时空分布不均。西北干旱地区因降水稀少，光热资源优势无法发挥；华北平原农业灌溉水用量大，过度开采地下水，形成大面积漏斗区，存在海水入侵的潜在威胁；东北粳稻发展迅猛，大量抽取井水灌溉，地下水位下降迅速，已威胁到三江平原湿地；南方水资源充沛，为了保障南水北调工程向北方灌区输水，也需要改变当前大水漫灌等低效灌溉方式。发展节水灌溉，提高农业水资源利用效率是我国农业发展的必然选择。

灌溉方法

（1）地面灌溉。 目前应用最广、最主要的灌溉方法。灌溉水通过渠道或管道进入田间地面，在地面流动时借助重力及毛管作用来浸润土壤，有畦灌、沟灌、淹灌和漫灌等方法。地面灌溉投资少，田间工程简单、易行。但对土地平整度要求高，沟渠占地较多，且要求劳力多，不易实现自动化。在水分利用上，田间跑水、流失、蒸发、深层渗漏损失大。

（2）喷灌。 一种新兴的先进灌溉技术。利用水泵加压或自然落差将水通过压力管道输送到田间，再经喷头喷射到空中形成细小的水滴，近似天然降水洒落在农田。喷灌具有灌水均匀、用水量省、省地省工等优点，但存在受风影响大、设备投资高、耗能高等不足。

（3）微灌。 用水最省、灌溉质量最好的现代灌溉技术，包括滴灌、微喷灌、渗灌、涌灌和雾灌等多种方式。滴灌是利用塑料管道和孔口非常小的滴水器（滴头或滴灌带等），降低水的动能，使水一滴一滴地、均匀而又缓慢地滴入作物根区土壤的灌溉形式。微喷灌是利用塑料管道输水，通过很小的喷头（微喷头）将水均匀地喷洒在土壤或作物表面进行局部灌溉的一种灌溉方式。微灌具有省水、节能、灌水均匀等优点，但也有管道容易堵塞、造价偏高等局限。

中国农田水利

我国是世界上从事农业、兴修水利最早的国家。传说中大禹治水，平治水土之后，农业才得以向平原发展。夏商、西周时期的农田沟洫系统，是解决黄河中下游地区农田防洪排涝的有效措施。"水害变水利，治水又治田；有水之处，皆可以兴水利"，成为先民开发水资源的指导思想。北方干旱，多修建引水灌渠灌溉农田；南方地形复杂多山丘，多兴建陂渠结合灌溉工程。在低洼地区修筑圩田、基围[①]，外挡洪水，内捍农田；沿海地区修筑海塘、堰闸等拒咸蓄淡工程，防御海水入侵，蓄积淡水灌溉；北方还发展井灌，新疆修筑坎儿井等。古代兴建的水利工程数以万计，为战胜旱涝灾害，夺取农业稳产高产创造了条件。

新中国成立以来，进行了广泛持久的灌溉排水工程基本建设。2016年末，全国灌溉耕地面积6 189万公顷，46%的耕地得以灌溉。随着工业、居民生活用水量逐年增长，我国农业灌溉水资源用水趋于紧张，但浪费较为严重，利用率只有40%左右，且污染问题较为突出，水质堪忧。江河湖泊普遍遭受污染，湖泊出现了不同程度的富营养化，珠江、长江、辽河等七大水系的污染物种类多达2 000多种，且呈现不断增加的状态。其中，淮河、黄河、海河水环境质最差，70%的河段受到污染。在灌溉水总量一定的前提下，防治污染，改善水质，提高效率，是我国农业水资源利用与灌溉工程技术研发的主攻方向。

---

① 基围，广东近海的田地，为防御水患在周围修筑的堤围，基围虾得名的由来。

▲ 乞雨　张青义

　　干旱是我国农业生产面临的一个主要自然灾害。2015年，我国各类受灾农田面积为2 177万公顷，其中旱灾发生1 061万公顷，成灾586万公顷，绝收105万公顷。

　　旧时水利设施稀缺，干旱是农业生产最大的威胁。持续数月甚至连年的干旱最易对靠天吃饭的先民造成恐慌，向天神乞雨就成了普遍的民间宗教仪式。这幅画展示的是旧时"伐马角"乞雨的场景。马角，是村民信奉的神，包括崇山大王、黑龙大王、开山大王、巡池大王、白马将军、都统杨四将军、太尉、清水童子、白鹤童子等。它们各司一方，关联着百姓生活的各个方面。伐，有请的意思。"伐马角"就是请神灵降临，附体于巫师，在巫师的指引下按照特定的仪轨敬神乞雨。

　　户县大良村的大坛祈雨仪式还要前往太白山祈雨，包括取水、接水、迎水、游水、围坛等五个层次，往往历时半月。画面中赤手拿着烧红铁铧者为马角神附体的巫师，正在进行巫术表演，营造神秘气氛。这种仪式陈忠实先生在《白鹿原》中有详细介绍。

文学说画

　　一场异常的年馑降临到白鹿原上。饥馑是由旱灾酿成的。干旱自古就是原上最常见最普通的灾情，或轻或重几乎年年都在发生，不足为奇。通常的旱象多发生在五六七三个月，一般到八月秋雨连绵就结束了，主要是伏旱，对于秋末播种夏初收获的青稞大麦扁豆豌豆小麦危害不大，凭着夏季这一料稳妥的收成，白鹿原才繁衍着一个个稠密的村庄和熙熙攘攘的人群。这年的干旱来得早，实际是从春末夏初就开始的，麦子上场以后，依然是一天接着一天一月连着一月炸红的天气，割过麦子的麦茬地里，土地被暴烈的日头晒得炸开镢把儿宽的口子，谷子包谷黑豆红豆种不下去。有人怀着侥幸心理在干燥的黄土里撒下谷种，迟早一场雨，谷苗就冒出来了，早稻迟谷，谷子又耐旱；然而他们押的老宝落空了，扒开犁沟儿，捡起谷粒在手心捻搓一下，全成了酥酥的灰色粉末儿。田野里满眼都是被晒得闪闪发亮的麦茬子，犁铧插不进铁板似的地皮，钢刃铁锹也踏扎不下去，强性人狠着心聚着劲扎翻土地，却撬断了锹把儿。

（陈忠实《白鹿原》）

水利工地，大干苦干　　　　竣工通水，庆祝喧天　　　　绿地水田，北国江南　　　　丰收场上，粮棉如山

▲ **大当代愚公绘新图**　　程敏生　张林

　　在降水较少的西北干旱区，兴修水利能充分利用光热资源，实现旱涝保收，粮食稳产高产。户县在20世纪50～60年代掀起了水利建设高潮，修建引水工程59处，干、支渠95条，长147.5公里，最多时可灌溉8.3万亩。

　　这套四条屏的画由程敏生、张林在1973年合作完成。气势恢弘，场面浩大，人物众多，表现了人民公社社员战天斗地、人定胜天的英雄气概。公社社员们响应毛主席"农业学大寨"的伟大号召，在水利工地挥铁锹，舞铁镐，人拉肩扛，大干苦干，改天换地，像愚公移山一样兴修水利工程，使荒地旱田变成了北国江南，取得了粮棉大丰收。

　　在远离河道的高地，打井是唯一可行的灌溉方式。山前地层主要由山洪冲积的砂石构成，质地松散。"宁盖三间厅，不掏一口井"。打井既艰苦又危险，常有伤亡事故。施工时大开挖口径10～20米，每下挖2米，直径缩小2米，并留1米台阶做转土用。到达计划深度后，用砖石自下而上砌成椭圆或长方形的井筒，筒外用滤料回填。1956年户县有土井23 933眼。其后，机井逐渐替代了土井。2005年全县机井10 078眼，其中超过百米深井352眼。

◀ **打井**　　樊志华

"蓑笠朝朝出，沟塍处处通。人间辛苦是三农。要得一犁水足、望年丰。"在秦岭的浅山地区，按等高线修筑梯田，扩大耕地面积，是20世纪50～60年代户县发展粮棉生产的重要举措。为了满足梯田作物的水分需求，要修筑多级泵站，逐步把山谷中的河水提到高处。图中显示了地面灌溉的场景。这种方式对于整地质量要求较高，一定要平整，尽可能减少低洼和凸起，才能保证田块内不同区域灌溉均匀。灌溉过程中还要有专人负责，根据水流大小和农田水分饱和情况统筹开关各个进水闸门，确保各田块均匀灌溉。

大队抽水站　　武生勤 ▶

喷灌几乎适用于除水稻外的所有大田作物，以及蔬菜、果树等。它对地形、土壤等条件适应性强。但在多风的情况下，会出现喷洒不均匀，蒸发损失增大的问题。与地面灌溉相比，大田作物喷灌一般可省水30%～50%，增产10%～30%。最大优点是使农田灌溉从传统的人工作业变成半机械化、机械化，甚至自动化作业，加快了农业机械化的进程。

1980年代前，户县曾建过几处喷灌工程，但因技术不过关而废弃。90年代以后，喷灌技术逐渐成熟，修建了半固定式喷灌工程18处。至2005年，喷灌面积约1.2万亩。

2016年我国喷灌、滴灌和渗灌面积为1 002万公顷，占全部灌溉面积的16%。随着农业水资源的日益紧缺，喷灌等现代化灌溉方式将成为节水农业的主要发展方向。

因地制宜　发展喷灌　　刘知贵 ▶

第14节 传统农具

传统农具是古代先民在农业生产过程中用于改变劳动对象的器具，是古代农业科技进步的直接反映。我国传统农具经历了一个不断丰富发展的过程，具有就地取材、轻巧灵便、一具多用、适用性广等特征。在材质上，由木石发展为青铜，再进而发展为铁制。在功能上，从原始的掘挖、脱粒发展为整地、播种、中耕、灌溉、收获、加工及储藏等多种农具。在动力上，由人力发展为畜力、水力和风力。铁犁、耧车、翻车等传统农具的发明早于其他古代文明，对世界农业科技发展产生了深远影响。

传统农具分类

(1) 耕地整地工具。 耒耜是我国最古老的垦耕农具。犁起源于汉代，隋唐的曲辕犁标志着传统耕犁构造的定型。我国耕犁的一个显著特征是犁壁，安装在犁铧的后方，既可破土、松土，又能翻土、灭茬、开沟、做垄。这种与犁铧结合在一起的铁制犁壁约在18世纪传入欧洲，对欧洲犁的改革起到了推动作用。

(2) 播种栽秧工具。 耧车在汉代又称耧犁，为世界首台畜力条播器，是继耕犁后我国农具发展史上的又一重大发明。元代发明了粪耧，将播种与施肥（过筛后的细小粪肥颗粒）结合起来，堪称当代种肥一体化的起源。秧马发明于北宋，是农民在水田中拔秧时乘坐的木质秧凳，类似小船，人骑在背上以双脚在泥中撑行滑动，能减轻弯腰疲劳，且制作简单，今天仍有不少地方在用。

(3) 中耕除草工具。 铁锄是最常用的旱地除草工具，春秋战国时期开始使用。耘荡是水田除草工具，宋元时期开始使用。耧锄是金元时期在北方使用的畜力牵引中耕农具，为历史上使用畜力中耕的首创。

(4) 灌溉工具。 商代发明桔槔，周初使用辘轳，汉代创制人力翻车（龙骨车、水车），唐代出现筒车（水轮），明朝发明了拔车，即手摇的小型龙骨车。拔车简便灵巧，电灌普及之前一直南方水网地区应用。

(5) 收获工具。 收割用具包括收割禾穗的掐刀，收割茎秆的镰刀、短镢、推镰等。宋元时期，麦钐、麦绰和麦笼组成一套割麦工具，一人每天可收麦数亩，可视为古代版的小麦收割机。脱粒工具南方以稻桶、稻床为主，北方以碌碡为主，梿枷南北通用。清选工具以簸箕、木扬锨、风扇车为主。

(6) 加工工具。 粮食加工工具从远古的杵臼、石磨盘发展而来，汉代杵臼变化形式为踏碓，石磨盘改进为磨、砻。南北朝时期出现了石碾。元代发明了棉搅车、纺车、弹弓、棉织机等棉花加工工具。

(7) 运输工具。 担、筐、驮具、车是农村主要的运输工具。担筐主要在山区或运输量较小时使用；车主要使用在平原、丘陵地区，运载量较大。

传统农具的价值

中华传统文明，农为主体，农器为骨干。传统农具是劳动人民智慧的结晶，也是农业物质文化的重要组成部分。我国古代农具在相当长的历史时期中处于世界领先地位。汉代的耕犁是当时世界最先进的生产工具，耧车是世界上最早的条播机，比西方的条播机早1 700多年。翻车、风扇车、石碾等机具也是我国最先发明的。据英国科学技术史专家李约瑟博士考证，西方使用翻车晚于中国约1 500年，使用风扇车晚于中国1 400年，使用石碾晚于中国1 300年，水碾则晚了900年。回顾中华民族对世界农业机械发展所做出的重要贡献，无疑令人感到自豪与骄傲，获得激励、启示和信心。随着农业机械化的发展，传统农具逐渐退出了农业生产和农村生活的历史舞台，成为人们恋旧、怀旧的农业旅游对象。一辆咯吱作响的独轮车，一盘古朴拙稚的石磨，一幅柔韧灵动的连枷，这些被摩挲出肌肤光泽的老物什，总能让我们感受到来自乡野的温情，瞬间回到祖辈生活过、奋斗过的故乡原野。

▲ **丰收场上**　　杨志贤

　　两幅画较完整展示了收麦、晒麦和碾麦的传统农具。

　　夏收之前，准备工作要十分细致周到。成捆的竹子，扎成打扫、清理场院的扫把。细针密缝的包装袋，确保不漏掉一粒粮食。车胎要检查是否漏气，及时补好。碌碡、发电机、脱粒机和架子车的轮子及其他部件，要及时上油，确保平滑流畅，省时省力。竹杈、木铣、大小推板这些易耗、易坏农具一定要多备，以免用时着急。一切都是为了充分利用晴好天气，抢收抢种，不违农时。

　　在丰收场上，竖立着多种木质或竹制工具。依次为：扫帚、竹杈、小推板、木铣、大推板、跑杈、谷杈、尖杈等。收起的电线用来为电碌碡提供动力，下面是电碌碡。干燥的天气，易燃的麦秆，极易引发火灾，烧掉来之不易的劳动果实。场边三个装满的水缸，则是以防万一，用于灭火。

夏收之前　　张林 ▶

◀ **辣椒丰收**
苏军良

辣椒丰收后，自然晒干。两端用沉重的大碌碡固定，之间连着铁丝作为支撑，上面覆以竹帘，上下透气通风，有助于辣子水分快速散失。

晒麦场上，农民并肩前进，用木锨将麦子梳理成高低间隔的条带，使麦层上部和下部充分混合，晾晒均匀。

传统的农产品晾晒，需要较大的场地，且受制于天气。特别是遇上连续阴雨天气，容易发生粮食发芽、霉烂。20世纪80年代前，我国几乎村村都有晒谷场。如今，晒谷场渐渐变得稀少，公路成了主要晾晒场地。这样不仅妨碍交通，易发生事故，还会因灰尘、砂石污染，降低品质。推广机械化烘干技术，开拓室内晒谷场，是粮食生产的当务之急。

◀ **晒麦场上**　李振华

▲ 四季来风　老风车　　张青义

文学说画

张青义先生以农耕文化题材而著名。他关注旧时农业生产、农村习俗，并用画笔予以准确再现，是农耕文化的忠实记录者和宣传人。他家里陈列着大量20世纪后半叶的传统农具，马车、碌碡、耧车、镰刀、木杈、木锨等，常引来外国游客一试身手，寻找古代东方农夫的感觉。院子里还有一架木质风扇车。把手因操作者常年把握、摩擦而泛起了包浆，光滑瑞泽，闪烁着岁月的光芒。而空置多年的谷仓，仍然散发着陈年谷香，牵引着人们回到那个粮食异常珍贵的年代。

老风车
刘绍文

再见老风车，它孤单地靠在墙角，仿佛触摸久远的日子
日子苍白失血，摇动把手，风缓缓地吹
吹，深陷祖父驼背的干瘪谷壳
吹，揉入父亲皱纹中的清瘦麦粒
吹，安歇在碾米房泥地、墙壁、木窗、瓦缝、箩筐的米尘

那时，村庄刻板得像块石头，几分薄地割下的三五斗
等进了碾房，进了风车的嘴巴，等倒入米缸
一日三餐，母亲扳着手指，米升浅浅地量
清贫的炊烟填不饱失去釉彩的青花瓷
填不饱野茅一样疯长的童年
落寞的表情像风车的叶轮空转叹息

再见老风车，午后的阳光含了米糠的甜味
它落寞地活着，残缺的漏斗，断了的叶片干瘦了曾经的风光
如今活在角落，像惯用的柴刀，锄头，犁，斗笠
被遗忘、冷落，直至消失

▲ **油坊**　　赵生涛

　　土法榨油一般要经过炒籽、磨碾、蒸坯、包饼、压榨等过程。老式油坊利用杠杆作用原理。一根成年人合抱粗的大梁，辅以配重石碌碡，在滑车的牵引下上升到一定高度，突然松开。碌碡和大梁在重力作用下迅速下坠，化成强大的动能，冲击腔室内的菜籽或棉籽饼坯，将油压榨出来。

　　棉籽油是我国第五大油种，曾是关中地区的主要食用油。小作坊生产的毛棉油棉酚含量较高，长期食用会导致不育等问题。采用新工艺精炼，棉酚得到有效去除，含量降到百万分之几，棉籽油产业发展前景再度被看好。

文学说画

　　美味的前世是如画的美景。清明，正是油菜花开的时节。富堨村唯一的油坊主程亚忠，和其他中国人一样，在这一天祭拜祖先。油坊的劳作决定全村人的口福。中国人相信，万事顺遂是因为祖先的庇佑。而与程亚忠在田边的邂逅，对同村的程苟仿来说，意味着用不了多久就能吃到新榨出来的菜籽油了。

　　清晨，春雨的湿气渐渐蒸发，接下来会是连续的晴天，这是收割菜籽的最好时机。五天充足的阳光暴晒过后，菜籽的荚壳干燥变脆，脱粒就变得轻而易举。菜籽的植物生涯已经结束，接下来，它要开始一段奇幻的旅行。

　　一年中，随和的程亚忠只有在收菜籽的时候才会变得严苛起来。30年的经验，使他练就一双火眼。优质的菜籽色泽黝黑发亮，颗粒圆润饱满，不掺任何杂质，程亚忠必须层层把关。尤其是油菜籽的干燥度，更不能有半点马虎，水分含量必须小于11%，只有这样，才能保证全村的菜籽安全储藏一整年。

　　六月，油坊开榨，榨油工来自附近的村庄。……炒籽是第一步，高温破坏菜籽的细胞结构，降低蛋白质对油脂的吸附力，使油脂分离变得容易。随着菜籽爆裂的响声，香味开始渐渐弥漫整个村庄。

　　制坯暗藏玄机，磨碎的菜籽用蒸汽熏蒸，水分和温度的控制全凭经验。坯饼的厚薄压得是否均匀，直接影响出油率。木榨榨油是传承了一千多年的古老工艺。在电力机械时代，血肉和草木之间的对决，依然焕发着原始的生命力。用重达100公斤的撞锤敲打木楔子，对榨膛中的坯饼施加巨大的压力。依靠这种物理压力，迫使油菜籽中的油脂渗出。反复的榨打要持续三个小时。在追求利益和效率的今天，这也许是对祖先智慧最好的继承。

（中央电视台记录频道《舌尖上的中国·第二季》）

大旱之年 ▶
仝延魁

木水车 ▶
张青义

　　上图中的辘轳是我国农村20世纪50年代较为普遍的提水工具，可在较深的井里提水。下图中的木质挂斗水车，又称翻斗水车，其结构有平轮、立轮、大轴、水斗，以铁芯子将数十个斗连成链，搭在立轮上，以畜力拉动平轮，带动立轮汲水。木质挂斗车在清康熙年间由王丰川引进户县，新中国成立前多为富户所有，建国初期全县有103部，50年代末被淘汰。其后，经历了铁水车、电动或柴油机带动水车，最后发展到水泵。

第15节　农业推广

农业推广是人类进入农业社会就出现的一种社会活动，古代把农业推广称为教稼、劝农、课桑。农业推广是农业科研机构与农民、农村连接的纽带，是科技成果由潜在生产力转化成现实生产力的桥梁，更是开发农民智力、改变生产者行为、提高农民科技文化素质的重要途径。

概念

狭义的农业推广是指农业技术推广，即把大学和科学研究机构的研究成果，通过适当的方法介绍给农民，使农民获得新的知识和技能，并在生产中采用，增加经济收入。广义的农业推广是在农业生产发展到一定水平后，适应市场成为主导因素、生活质量作为追求目标的新形势而产生的。它不单指推广农业技术，还包括教育农民、组织农民以及改善农民生活等。

我国将农业推广界定为一种发展农村经济的农村社会教育和咨询活动。通过试验、示范、干预、沟通等方式组织、教育农民增进知识，改变态度，提高技能；既要推动农民采用和传播农业新技术，又要促进他们改变行为，从而改进生产条件，增加收入，改善生活质量，提升智力水平与自我决策能力。农业推广是培养新型农民，促进农村社会经济全面发展的重要途径。

推广程序

农业推广的基本程序包括7个步骤：①项目选择。收集信息，制定计划，选定项目，进行可行性论证，并编制技术实施方案和推广计划。②试验。通过新技术的本地化试验，验证推广项目是否适应当地的自然、生态、经济条件，确定其推广价值和可靠程度。③示范。采用科技示范户和建立示范田的方式进行示范。百闻不如一见，示范的成功与否对项目推广成败有关键影响。④培训。通过培训班、召开现场会、巡回指导、田间传授、建立技术信息市场等方式，催化新技术的传输、推广而成为农民致富的手中利器，同时提高农民科技文化素质，转变农民行为。⑤服务。包括产前市场与价格信息调查，产中技术指导，产后储存、运输、加工、销售等，为农民应用新技术瞻前顾后，保驾护航。⑥推广。采用宣传、培训、讲座、技术咨询、技术承包等手段，并借助行政干预、经济手段等方法扩大新技术应用范围，将科技成果和先进技术转化为生产力。⑦评价。以技术经济效果为主要指标，兼顾社会、生态效益，系统总结推广工作。

存在问题

我国农业科技进步贡献率虽已接近60%，但现有的科研和技术推广体系还不能适应农业生产发展，仍然存在推广机制不健全等重要问题。突出表现在缺乏足够的资金支持，农技推广供给与需求脱节，农技推广队伍专业人员不足，技术推广手段、设备陈旧，平台、展台缺乏。据对某粮食生产大县调查，90%以上的村级组织没有专门的农业技术员岗位。据河北省调查，基层农技推广机构缺少办公用房的达87%，缺少仪器设备的达60%，缺少交通工具的达95%，缺少试验示范基地的达98%。农技推广人员只能依靠感官感觉来判断，用"一张嘴，两条腿"来走村串户搞推广。这一系列问题导致大部分科研成果只留在实验室或试验田里，与农民的技术需求严重脱节。亟待贯彻2012年新修订的《中华人民共和国农业技术推广法》，深刻认识到农业推广工作的公益性和不可替代性，在机构设立、岗位设置、办公条件、工作经费等方面予以倾斜、扶持。

▲ 科技讲座　　　毛育成

　　农业技术推广工作并不简单。农民对技术有着最简单、朴实但也是最难满足的要求，就是一定要实用、管用。纸上得来终觉浅，绝知此事要躬行。书本、文献中得来的农业科技知识是无法打动农民的，关键是要有丰富的实践经验，能将专业知识、技术转换为农民习惯的通俗语言。就像画中描绘的那样，深入到群众中，与他们面对面，用实物、实例和实践真刀真枪地实战，来不得半点含糊和虚假。

　　"远看像个要饭的，近看像个挖炭的，一问才知道是农技站的。"这句话经由潘长江的春晚小品《过河》而举国皆知。搞农业推广不易，需要基层农技人员的无私付出。庄稼地，蔬菜园，养殖场，鱼塘边，他们奉献才智和汗水，为农民传经送宝，解决生产中的关键难题和突发事件。他们奋战在农业生产一线，风雨无阻，随叫随到，但常缺席于农民增收后的喜宴中，甘做农民的好帮手、好朋友。

　　"他们不是农民，却天天与土地庄稼打交道；不是牧民，却经常进牛棚羊圈、到猪场鸡场。他们忙于走村串户，奔波在田间地头，晴天一身汗，雨天一身泥。他们，就是千千万万奋战在农业生产一线的最美农技员。"全国首届最美农技员评审专家顿宝庆如此评价基层农技员的优秀代表。内蒙古鄂托克旗农技站站长黄斌则道出了全体农技推广人员的幸福所在："我觉得秋收时老农脸上的笑容特别甜，那种收获的喜悦能让人忘掉所有的累，只要看到他们的笑容，我就一点也不会觉得苦。"

▲ 夏收画报　　焦西大队文化站

　　本幅画创作于1965年，展现了新中国成立初期的农业推广方法。采用彩色画报的形式，将夏收期间应注意的防火安全、抢收抢种以及天气情况等重要信息传递给农民群众。在没有现代媒体、通讯设备的条件下，主要靠广播、墙报、壁画和画报，不够直观形象，且时效性差。当前，我国农业技术推广方法已演化到线上线下共推的新阶段。在线上，建立专业网站、QQ群、微信群等信息平台，通过图片、视频、音频以及专家互动等多种方式，多角度、形象化地在第一时间传播农业信息和技术。在线下，与种养大户、专业合作社等合作，建立基层农业技术推广试验、示范点，进行示范面对面、效果看得见式的推广，将最新实用技术快速应用到实际生产。

文学说画

　　一九八二年五月。渭北高原。一望无际的麦田，在艳阳下呈现出一派丰收在望的景象。开镰收割已是指日可待了，谁都看得出今年的麦子长得出奇的好。

　　在甘井乡庄子村东南边的一块麦田里，一群村民十分好奇地观看一场挖麦根的稀罕事。地里挖开一道沟，十米长，二米宽，三米深。一位中年的当地农民，从二里远的涝池用架子车拉来水，再装进手压式喷雾器里，把喷头对着坑道的土壁喷洒起来，泥浆浊流流到坑底，麦根一条一缕逐渐显露出来。喷溅的泥水落到人们的头上脸上身上，坑里的泥浆没过脚腕，所有从事这项发掘劳动的人几乎全都成了泥猴儿。这场笨拙的工程整整进行了半个多月，指挥者自己寸步不离，始终和大家一起干在这条坑道里，连吃饭也不离开，唯恐粗心的人或急性子的人简化操作规程而损伤一根毫毛纤丝。这位连裤裆也被泥浆弄湿了半个多月的人，终于如愿以偿，得到了一组完整的小麦根系标本。结果表明，三株施过磷肥的小麦根系全都长到2.70米以上，平均值为2.74米；只施过氮肥而未施磷肥的小麦植株，其根系只有1.40米。正是这一组呈现出巨大差异的小麦根系标本，在渭北高原掀起了一场波澜壮阔的绿色革命。

　　获取这组标本的人，名字叫李立科，陕西省农业科学院前副院长，现为高级农艺师。

（陈忠实、田长山《渭北高原，关于一个人的记忆》）

　　注：本文讲述的是李立科，一位长期扎根渭北高原为民兴利造福却默默无闻的农业科学家，在示范田里以充分、生动的科学事实向农民普及麦田增施磷肥的好处。

第6章
农业未来

　　农业的未来在于充分发挥农业的多重功能，强化农业在经济繁荣、社会稳定、百姓富足、山川秀美、文化传承等方面的基础作用。首先，要做强经济功能和社会功能，发展现代农业，生产出量足质优的农产品，满足居民美好生活需求；增加农业吸纳剩余劳动力的能力，强化其作为社会稳定器的重要作用。同时，拓展生态功能和文化功能，将绿色发展、可持续发展理念运用到农业生产去，呵护自然生态环境，为百姓提供安心静气的居旅场所；发掘、保护和发扬传统农耕文化，打造民族自信的精神家园。

　　鉴于此，本章从三个方面展开对农业未来的讨论。首先，强化农业的经济功能和社会功能，以粮食安全为首要目标和根本保障（第1节，仓廪实），通过以转变经营方式为重点的体制创新（第2节，转方式），以机械化为重点的技术创新（第3节，机械化），以提高从业者素质为核心的要素创新（第4节，新农民）等途径实现。在此基础上，恢复、维系和优化农业的生态功能，以可持续发展的理念经营农业、管理农业（第5节，可持续）。最后，发掘、发扬农业的社会功能，保护、传承农耕文明，为现代化打上鲜明的中国印记（第6节，传文明）。

　　历史照鉴未来。本章所选24幅画作注意时代的跨越，其中19幅为20世纪60、70年代历史画作，或以该时代的农业为题材，旨在通过回顾我国传统农业向现代农业转变的历程，探索农业历史发展的推动力和一般规律。以画为载体，辅以户县案例，深入解读画面背后的粮食安全、经营方式、机械化、可持续发展等至关农业未来的重要社会、经济和技术问题。选择其中10幅画做了文学解读，借助白居易的名篇，管桦、陈忠实、叶广芩等的经典作品，展示我国农业发展的历史脉络及经验教训，预见未来农业的前进方向。

第1节 仓廪实

粮食，古时行道曰粮，止居曰食，后亦通称供食用的谷类、豆类和薯类等原粮和成品粮。国以民为本，民以食为天。粮食是民事之本，安邦之基，强国之首。"社稷"是古代国家的象征，凸显出粮系天下、粮安帮稳的民生要义，彰显了粮食不可替代的特殊地位。手中有粮，心中不慌。粮食作为特殊商品，其安全事关国运民生、经济发展和社会稳定，是国家安全的重要基础。把中国人的饭碗牢牢端在自己手上，立足国内解决我国人民的吃饭问题，是国家粮食安全战略的根本，也是大国粮食主权的体现。解决好13亿多人口的吃饭问题，始终是治国理政的头等大事。严守18亿亩耕地红线，粮食播种面积稳定在16.5亿亩，永久基本农田保持在15.46亿亩以上，是国家粮食安全的基础底线。

粮安天下

吃饭问题是天下安定的根本问题。历史上汉、唐、元、明、清等诸多朝代的盛世危机，往往与贫富分化悬殊导致的下层百姓衣食无着有关。白居易在《轻肥》中描述了一群内臣（宦官）无视百姓饥馑，过着醉生梦死的生活，从中暴露了大唐繁华盛世即将凋零飘落的根由。"意气骄满路，鞍马光照尘。借问何为者，人称是内臣。朱绂皆大夫，紫绶或将军。夸赴军中宴，走马去如云。"华灯初上，一群衣着光鲜，神态骄横，有着大夫、将军等各种头衔的内臣被簇拥着，乘宝马香车赶场赴宴。"尊罍溢九酝，水陆罗八珍。果擘洞庭橘，脍切天池鳞。"华贵觞樽，满注琼浆玉液；朱门盛宴，尽陈水陆珍馐。"食饱心自若，酒酣气益振。"就这样被民脂民膏滋润着，陶醉在天堂般的幸福中，洋洋自得，目空一切。但他们不知道，"是岁江南旱，衢州人食人"，芸芸众生正在炼狱中煎熬挣扎，像涌动着的火山随时都可爆发，毁掉他们的所有。

在汉唐等王朝末世，统治阶级为了维持奢华腐朽的生活更加贪得无厌，卖官鬻爵，受贿贪污，官僚机构日趋臃肿腐化；对下层则横征暴敛，施以名目繁多的苛捐杂税，土地、财富不断向少数人聚集，导致底层百姓缺少基本生存资料，衣食无着，在饥寒中挣扎。"朱门酒肉臭，路有冻死骨。"极端的贫富分化已为秩序崩解埋下伏笔。而大面积的洪灾、旱灾甚至蝗灾等突发天灾则成了压倒垂危王朝的最后一根稻草。看不到活下去希望的民众爆发了，农民起义星火燎原，熊熊大火毁灭了早已摇摇欲坠的帝国大厦，也吞灭了曾经极度骄奢淫逸的统治阶级。据分析，我国历史上所发生的2 000多次内战，多是百姓没有饭吃而被迫造反引发，其中13次大规模农民起义中，有12次直接与灾荒有关。

当代社会，粮食仍然是经济、社会的稳定器和压舱石。粮食短缺和粮价上涨，能触发连锁反应，引起通货膨胀，危及经济稳定。粮食短缺对低收入和贫困阶层影响尤其巨大，诱发社会矛盾，导致社会恐慌、社会骚乱和暴力事件。2008年的世界粮食危机，直接导致了33个国家发生抗议和骚乱事件。据联合国粮农组织、世界卫生组织于2018年联合发布的《世界粮食安全和营养状况》报告，受气候变化、地区冲突和经济发展放缓的影响，2015年以来全球饥饿人口数量上升，2017年饥饿人口达到8.21亿，相当于每9人中就有一人处于饥饿状态，尤以非洲最为严重。据联合国粮农组织评估，世界人口的增速已高于粮食产量的增速并将长期持续下去，即人均粮食占有水平将不断下降。预计到21世纪中叶人口突破90亿时，全球粮食危机形势将更加严峻，局部地区因饥饿引发的动乱可能成为影响世界和平的最大威胁。

警钟长鸣

我国粮食总产从2013开始登上了并稳定在6亿吨的历史台阶，标志着长期困扰我国的粮食等农产品供给难题得到了本质性的缓和。但讲"粮食过剩"为时过早，在全球化大背景下，粮食安全已不再是简单的生产问题，而成为与国际政治、粮食贸易等紧密相关的复杂问题。陈锡文先生认为，我国粮食安全面临以下四个方面的严峻挑战。

（1）**粮食增产步伐放缓**。随着水利基础设施建设的加强以及现代农业科技的发展，我国粮食总产将长期保持在6亿吨以上，并且还会有所增加。但由于水土资源稀缺，部分耕地由于污染治理、生态保护和城镇建设等原因将要退出粮食生产，耕地面积逐年减少；农业科技进步的推力放缓，耕地质量特别是有机质含量持续下降，且全球气候变化下高温、干旱等灾害发生频率增加，持续大幅度增产的情况将很难再现，年际之间还会有所波动。

（2）**农民种粮积极性不高。**粮食生产成本上升的速度超过了产值的增长速度，生产效益降低。2005—2013年，水稻、小麦、玉米亩均成本从425元上升到1 026元，增加了1.14倍。同期，亩均产值从548元增加到1 099元，仅增加了1.01倍，而亩净利润从123元下降到73元，下降了40.5%。2013年底，农民工外出务工每月收入2 609元，1年种3亩地不如外出务工1个月，农民种粮积极性很难调动。

（3）**食物生产不能完全满足需要。**随着需求水平上升和消费结构升级，仅依靠本国生产已不能满足需求。从2011年开始，我国谷物、大豆、食用植物油都呈现净进口局面。2013年净进口粮食8 402万吨，其中进口大豆6 337.5万吨、小麦533.5万吨，玉米326.6万吨。据预测，我国食物自给率将从2015年的94.5%左右下降到2030年的90%～91%，食物安全问题已引起政府的高度关注。

（4）**国际市场影响程度迅速加深。**我国农产品进口的平均关税率为15.1%，远低于世界平均水平（65%）。按2014年8月的到岸价格计算，越南大米到港完税后成本价约为3 329元/吨，而我国产早籼米价格为3 800～3 900元/吨。小麦、玉米、大豆到港成本价分别为2 017元/吨、1 766元/吨、3 943元/吨，国内外差价分别为500元/吨、900元/吨和600元/吨。国际农产品价格低廉，加工企业倾向进口，出现了国内稻谷、小麦销售困难，仓储居高不下等现象。

食物安全

食物安全是粮食安全的扩展和深化，为国际社会广泛采用。食物安全被定义为一种存在状态，即在任何时间，所有人从物质的、社会的、经济的途径获得足够的、安全的、营养的食物，以满足积极、健康生活所需与食物偏好。粮食、食品与食物含义不同。粮食是供人食用的谷物、豆类和薯类的统称。食品是指供人食用或饮用的成品或原料，是人类生存和发展的最基本物质。食物是指供生物（人和动物）摄入的成品或原料，是生物生存和发展的最基本物质。食物是比粮食和食品外延更大的一个概念，它包含但不等同于粮食和食品。例如，动物饲料就不是食品，是食物，饲料不安全，加工出来的食品也难以让人放心。只有强调食物安全，才能从源头上保障食品安全。

根据2015年发布的《中国居民营养与慢性病状况报告》，我国居民每人每天平均能量摄入量为9 079千焦，蛋白质摄入量为65克，脂肪摄入量为80克，碳水化合物摄入量为301克，三大营养素供能充足，能量需要得到满足。值得注意的是，城镇和农村居民膳食中谷类食物的供给比分别为47%和59%，较1978年的82.7%大幅度降低。这一事实表明，我国居民饮食结构发生了质变，已进入动物蛋白质消费高速增长，品种、结构、营养多样化快速发展期，动物性食品在保障食物安全中的作用更加突出。因而，要把粮食安全放在更大的食物安全视野内，统筹规划种植业，建立粮、饲、经三元结构，既重视水稻、小麦等口粮作物种植，又合理布局大豆、玉米等饲料用粮以及苜蓿等饲料作物生产；同时，充分利用天然草场，多途径为畜牧业提供优质、安全饲料，增加动物性食品供应。

▲ **禁烟**　张青义

　　天灾人祸导致的粮食危机是人类历史上最可怕的生存挑战。流离失所，卖儿鬻女，饿殍遍地，这种痛彻心扉的悲惨记忆，梦魇般地一次次坠入历史的轮回，使先人的生活方式和人生价值观中，长久弥漫着饥饿时代的恐慌气息，形成了珍爱粮食、杜绝浪费的优秀传统。

　　据《剑桥中华民国史》记载，民国期间饥荒连年不断。1928—1930年北方八省饥荒弥漫，以旱为主，风、雹、雪、水、蝗、疫诸灾并发，加上军阀混战，山东数百万人被迫"闯关东"。西北军阀为牟取暴利，不顾百姓死活，强制种植罂粟，更使灾情雪上加霜。陕西当时人口1 300万，全省92县悉数蒙难，八百里秦川，赤野千里，尸骨遍地，死亡近300万人。

　　我国基本解决温饱问题已近四十年，岁月的流逝已让人逐渐忘记了饿肚皮的苦日子，年青一代珍惜粮食的观念十分淡薄，粮食浪费现象突出。据中国科学院调查，全国每年约浪费1 700万～1 800万吨粮食，数量惊人，值得国人警醒和深思。

文学说画

　　好多年后，即白嘉轩在自己的天字号水地里引种罂粟大获成功之后的好多年后，美国那位在中国知名度最高的冒险家记者斯诺先生来到离白鹿原不远的渭河流域古老农业开发区关中，看到了无边无际五彩缤纷的美丽的罂粟花。他在他的《西行漫记》一书里对这片使美洲人羞谈历史的古老土地上的罂粟发出喟叹：

　　"在这条从西安府北去的大道上，每走一里路都会勾起他对本民族丰富多彩的绚烂历史的回忆……在这个肥沃的渭河流域，孔子的祖先、肤色发黑的野蛮的人发展了他们的稻米文化，形成了今天在中国农村的民间神话里仍是一股力量的民间传说。……"

　　"在那条新修的汽车路上，沿途的罂粟摇摆着肿胀的脑袋，等待收割……，陕西长期以来就以盛产鸦片闻名。几年前西北发生大饥荒，曾有三百万人丧命，美国红十字会调查人员，把造成那场惨剧的原因大部分归咎于鸦片的种植。当时贪婪的军阀强迫农民种植鸦片，最好的土地都种上了鸦片，一遇到干旱的年头，西北的主要粮食小米、麦子和玉米就会严重短缺。"

（陈忠实《白鹿原》）

送粮路上 ▶
周文德

喜交爱国粮 ▶
葛正民

　　中华人民共和国成立初期，我国人均粮食占有量仅有418斤，远低于800斤的国际粮食安全标准底线。为解决迫在眉睫的温饱问题，国家把粮食作为重中之重的头等大事来抓，形成了计划种植、统一收购、国库储备和定价销售的以政府为主导的粮食产业发展模式。

　　人民公社时代，个人与集体、国家在经济上密不可分，在情感上也紧相连属。收获粮食后交给国家，是应尽的义务，也是光荣的使命。送粮路上红旗飘飘，豪情满怀，粮站院内欢歌笑语，喜气洋洋。虽然生活简陋清贫，但因怀有淳朴的情感，激越的情怀，由此产生的幸福感和归属感是那样的浓烈，穿越半个世纪，展现在当代人的面前。

▲ **丰收之后** 刘知贵

依靠党的好政策，政府、集体的持续投入以及农业科技进步，粮棉生产大获丰收。屋檐下挂满了谷子穗和玉米棒，院子里堆满了一袋袋粮食。忙碌了一秋的脱粒机终于闲了下来，被打理的干干净净，安放在院子的一角。晚饭后，村支书、生产队长、农协代表、大队会计、妇女主任和民兵连长聚在大队部，盘算着今年的收成，规划着来年农业生产。白炽灯映照着幸福的笑脸，空气中弥漫着喜庆祥和。

在粮食紧缺的年代，农业生产的目标相对专一，就是增加粮食产量，解决温饱这一核心问题。如今，粮食要丰产，农民要增收，还要提高水、肥利用效率，保护环境，改善品质。多个目标的平衡和协同已成为粮食生产技术革新的主要挑战。

关中农家 ▶
沈英霞

关中农家院里，就着油泼辣子这道菜，雪白的大馒头一口气吃掉仨。小时候妈妈做的饭最好吃，这固然有感情成分在里面，但那时候大米、白面等细粮特别香甜也是事实。

"醉里吴音相媚好，白发谁家翁媪。"多年的相濡以沫，心有灵犀的眼神，这就是农村老伴版"你懂的"。赶集的路上，老太婆背着轻一点的辣子，重一点的土鸡自然落在老头子肩上。自家种植、自然晾晒的辣子红润，味道必定醇厚。没事在院子里闲转，吃五谷杂粮和虫子长大的土鸡必然味道丰满，非那些在饲料、添加剂等催促下疯长而成的肉食鸡能比。

走进超市或农贸市场，就会感到正处在一个食物极度丰富的时代。但这又是一个缺少滋味，特别是食物本色滋味不足的时代。第一次绿色革命在提高主要农产品数量、解决温饱的同时，也带来了食物单一、口感变差、营养稀释等品质问题。数量和质量的协同提高，是第二次绿色革命的主要目标。

赶集　李克民 ▶

第2节 转方式

转变经营方式是指转变现有的以分散分户、小规模家庭生产为主体的经营方式，通过土地流转，培育种植大户、家庭农场和农业专业合作社等新型经营主体等途径，发展多种形式适度规模经营，实现生产要素重组和聚集，充分发挥新型经营主体在科技成果应用、市场开拓等方面的引领功能，提升农业生产的经营水平和经济效益。21世纪以来，我国农村劳动力大量转移，农业机械化水平不断提高。但传统分散分户经营规模狭小，户均耕地不足10亩，农业组织化程度、市场化程度低，农业廉价化、副业化和老年化的趋势日益突出，比较效益和竞争力不断下降。在稳定家庭联产承包责任制的基础上，落实集体所有权，稳定农户承包权，放活土地经营权，培育、壮大新型经营主体，发展适度规模经营是现阶段深化农业改革、释放农业生产力的主要策略。

历史沿革

我国农业经营方式历经了土地改革与农业合作化，人民公社，家庭联产承包，以及土地流转、适度规模经营等4个阶段。①中华人民共和建立之初，通过土地改革，废除了两千年封建社会的地主阶级土地所有制，让农民"耕者有其田"，极大地调动了农民的生产积极性，促进了生产力的解放，为国民经济恢复和迅速发展奠定了物质基础。②人民公社时期，生产队成为农业生产的基本单位，劳动力归生产队所有，产品由生产队分配。实践证明，它适合当时生产力低下的实际情况，维持了农业三十年的稳定发展。但随着技术的进步，集体经营、统一分配的劣势逐渐显现。③20世纪80年代，改革率先从农村起步，实行了以家庭联产承包责任制为中心的经济体制改革，使农业生产组织方式发生了根本改变。农民具有经营自主权，拥有了属于个人的经营资产，从而再次极大解放了生产力，成功解决了13亿人口的温饱问题，为国家自立、社会稳定和经济发展奠定了坚实基础。④现阶段，我国农业经营体制改革的主攻方向是，在耕地所有权、承包权、经营权"三权分置"的基础上，按照依法自愿有偿原则，引导农民以多种方式流转承包土地的经营权，以及通过土地经营权入股、托管等方式，发展多种形式的适度规模经营，构建现代农业经营体系。

新型农业经营主体

新型农业经营主体是指具有相对较大的经营规模、较好的物质装备条件和经营管理水平，劳动生产、资源利用和土地产出率较高，以商品化生产为主要目标的农业经营组织。一般包括家庭农场、专业大户、农民合作社、农业产业化龙头企业和经营性农业服务组织等。农业部数据显示，截止2016年，全国农户家庭农场已超过87万家，依法登记的农民合作社188.8万家，农业产业化经营组织38.6万个（其中龙头企业12.9万家），农业社会化服务组织超过115万个。今后一个时期新型经营主体培育的重点是，发展以家庭成员为主要劳动力、以农业为主要收入来源、从事专业化集约化农业生产的规模适度的农户家庭农场。

与传统农户"小而全"的经营方式相比，新型农业经营主体具有以下四个重要特征。一是以市场化为导向，生产经营活动以提供农业产品和服务为中心，商品化率和经济效益高。二是以专业化为手段，集中于农业生产的某一个领域、品种或环节。三是以规模化为基础，农业生产技术装备水平的提高和基础设施条件的改善，以及农村劳动力转移后释放出大量土地资源，促进了土地经营规模的扩大，追求规模效益成为新型主体的重要目标。四是以集约化为标志，发挥资金、技术、装备、人才等优势，汇集各类生产要素，增加生产经营投入，生产技术水平高，经营管理意识现代。

▲ 广阔道路　　白绪号

中华人民共和国成立初期，我国农业生产力水平极低。优良作物、畜禽品种缺乏，生产工具简陋，机械装备匮乏，主要依赖人、畜，水利几近空白，化肥、农药、饲料等生产资料紧缺，粮食产量、畜牧产品尚不能满足居民温饱所需。

生产力决定生产关系。实施农业合作化，通过各种互助合作的形式，把以生产资料私有制为基础的个体农业经济，改造为以生产资料公有制为基础的农业合作经济，是适应低生产力水平的必然选择。农业合作化可以将个人的弱小力量汇聚成集体的巨大洪流，进行大规模的兴修水利、治理河道和农田改造等基础建设，从根本上改善农业生产的基础设施和条件。

在改造山河等大规模集体劳动中，培养了"自力更生，艰苦创业，团结协作，无私奉献"等集体主义精神，有力地推动了社会主义精神文明建设。《广阔道路》《金光大道》这两幅作品，生动记录了人民公社时期农民群众热情饱满、乐观向上的精神风貌。

金光大道　　王敏　▶

▲ **饲养室的太阳**　　赵坤汉

集体经济时代，农业生产主要靠马、牛、驴、骡等牲口，每个生产队都有一个宽敞、明亮的饲养室，配以喜欢牲口、责任心强、有耐心和经验的饲养员。当时牲畜因重要、稀缺而价格昂贵，是生产队里最值钱的宝贝。饲养员基本上全天守候在饲养室里，精心照料，保持卫生，及时发现病情医治，并负责繁殖工作。饲养室里有个较大的土炕，既是饲养员休息的地方，也是集体活动的场所，生产队的队委会、社员大会等活动常在这里进行。

文学说画

不管夜里睡得多么迟，饲养员恒老八准定在五点钟醒来。醒来了，就拌草添料，赶天明喂完一天里的第一槽草料，好让牲畜去上套。

他醒来了，屋子里很黑。往常，饲养室里的电灯是彻夜不熄的，半夜里停电了吗？屋里静极了，耳边没有了缰绳的铁链撞击水泥槽帮的声响，没有了骡马踢路的骚动声音，也没有牛倒嚼时磨牙的声音。炕的那一头，喂牛的伙伴杨三打雷一样的鼾声也没有了，只有储藏麦草的木楼上，传来老鼠窸窸窣窣的响动。

唔！恒老八坐起来的时候，猛乍想起，昨日后晌，队里已经把牲畜包养到户了。那两槽骡马牛驴，现在已经分散到社员家里去饲养了。噢噢噢！他昨晚睡在这里，是队长派他看守一时来不及挪走的农具、草料和杂物，怕被谁夜里偷了去。

八老汉拉亮电灯，站在槽前。曾经是牛拥马挤的牲畜圈里，空荡荡的。被牛马的嘴头和舌头舔磨得溜光的水泥槽底，残留着牲畜啃剩的麦草和谷秆。圈里的粪便，冻得邦邦硬，水缸里结着一层麻麻花花的薄冰。

忙着爬起来干什么呢？窗外很黑，隐隐传来一声鸡啼，还可以再睡一大觉呢。屋里没有再生火，很冷。他又钻进被窝，拉灭电灯，和衣躺着，合上眼睛，却怎么也不能再次入睡……

（陈忠实《霞光灿烂的早晨》）

注：陈忠实先生在本篇小说中描写了在联产承包之初牲畜保养到户后的第一个清晨，一位干了19年的大队饲养员恒老八的心路历程，既对新生活满怀希望，又对过去心生眷恋。

农业合作化是中华人民共和国成立初期，通过各种互助合作的形式，把以土地、牲畜、农具等生产资料私有制为基础的个体农业经济，改造为以生产资料公有制为基础的农业合作经济的过程，亦称农业集体化。

现阶段，农业合作化有了新的内涵，农民专业合作社方兴未艾。合作社以农村家庭承包经营为基础，通过提供农产品的销售、加工、运输、贮藏以及与农业生产经营有关的技术、信息等服务来实现成员互助目的。这种新的合作方式有助于提高农民抵御市场风险的能力，发挥品牌和专业聚集效应，提高农业生产专业化水平。

农业合作化　张林等 ▶

文学说画

我确凿记得，横在心头的那个生活大命题获得的转机，发生在夏收我家打完麦子的那个夜晚。无须赘述收割和脱粒的脱皮掉肉的辛苦，就在用土造的脱粒机打完麦子之后，我的新麦装了满满二十袋，每袋按一百斤算，竟有整数两千斤，妻子和孩子人均五百斤，全年尽吃白面可以吃两年。这样令我几乎不敢相信的一大堆麦子，其实在村子里只算得中等水平的收成，那些精于作务而又勤劳的老庄稼把式，收成比我家好得多了。打麦场成为男女老少活动的中心，从早到晚洋溢着喜悦的气氛。即使不识字的人也会算这笔很简单的大帐，今年一料麦子的收成，抵得上生产队三年或四年分配的夏季口粮。这一夜我睡在打麦场上，装在袋子里的新麦明天要晾晒，看着身旁堆积的装满麦子的袋子，尽管很疲劳，我却睡不着。打麦场上堆着好多人家的粮袋，也是等待明天晾晒，我能听到熟悉的同样是守护自家麦子的乡党的说笑声。我已经忘记或者说不再纠缠自己是干部，是作家，还是一个农民的角色了，心头突然冒出一句再通俗不过的话，何必要在一棵树上吊死？

（陈忠实《我与白鹿原》）

注：陈忠实先生的"那个生活大命题"一方面是指他作为基层干部服务人民公社二十年后在集体经济瞬间解体时的沉重和困惑；另一方面是指他作为一位以农村为主题的作家，如何面对三十年前"合作"三十年后又开分的中国乡村历史和现实。他在自家承包田上像农民一样种了一季麦后，得到了这个大命题的答案。

第3节　机　械　化

农业机械化是指运用现代先进设备、机器乃至智能化产品替代传统人力、畜力进行农业生产的技术及生产力改造过程。农业机械化是解放农业劳动力，促进劳动力转移，提高农业经营效益的必然选择，是农业现代化的主要内容和重要标志。现代农业机械整合了工业设计、机电工程学和信息化技术的最新成果，作业精确高效，操作舒适简便，使农业不再是面朝黄土背朝天的辛苦行业，重新定义了农民概念，刷新了农民形象。在农业机械化的推动下，农业逐渐成为效益高、有吸引力的行业，农民成为技术含量高、体面尊严的职业，而农村则成为生活节奏更加舒缓、自在的田园。

农业机械化的发展历程

中华人民共和国成立至1978年，我国农业机械化处于创建起步阶段。在有条件的社、队成立农机站，并投资支持群众性农具改革运动，增加对农机科研教育、鉴定推广、维修供应等系统的投入，基本形成了较为健全的遍布城乡的支持保障体系。农机工业从制造新式农机具起步，从无到有逐步发展，先后建立了一拖、天拖、常拖等一批大中型企业，奠定了我国农机工业的基础。改革开放以来，农业机械化进入了一个新的发展时期，走出了一条适合于中国国情的农业机械化发展道路。特别是从2004年《中华人民共和国农业机械化促进法》公布实施以来，农业机械化发生了历史性巨变。2013年，我国耕种收综合机械化水平接近60%，标志着农业机械化发展由初级阶段跨入了中级阶段，农业生产方式实现了历史性跨越，即从以人畜力为主的传统方式转变为以机械动力为主的现代方式。

农业机械化面临的问题

近年来，我国农业机械装备迅猛发展，但仍然存在高端装备、核心关键技术受制于人，国外品牌主导农机市场等诸多问题，特别是民族农机步履维艰，突出表现在3个方面：①产品类型单一。以播种机、插秧机、收割机等粮食作物种植机械为主，缺少果树、蔬菜、花卉等园艺机械，养殖业专用机械尚处在起步阶段。②产品质量一般。产品的档次、技术含量、附加值偏低。价格虽相对低廉，但可靠性差，配件损耗率、故障率偏高，售后服务费用高，市场口碑不好，与国外农机品牌差距较大。③研发能力薄弱。多数企业新技术、新工艺研发投入严重不足，缺乏独立研发能力，而采取简单模仿、低价跟进的市场策略，产品同质化严重。大型喷雾机（自走式、悬挂式和拖拉式）、水果采摘机械、自动化挤奶系统等关键设备研发进展迟缓，在机电一体化技术、精准智能系统等高新技术研发方面与美、日、德等农机强国差距很大。

农业机械化的未来趋势

从以体力和畜力劳动为主的传统农业，到以农业机械为主要生产工具的现代农业，是世界农业发展的基本历程。未来的农业将在农业机械化的基础上升级为以物联网、大数据、云计算和人工智能为技术支撑，以无人化主要特征的智慧农业。李道亮教授预测，在这个高级阶段，人们充分运用物联网、大数据、云计算、移动互联、空间信息技术、人工智能（以机器人为代表）等新一代信息技术，对土地、劳动力、资金、技术、市场、信息等各种农业要素进行配置、优化，实现大田种植、设施园艺、畜禽养殖、水产养殖、农产品物流等农业行业的数字化设计、在线化处理、智能化控制、精准化运行、科学化管理和无人化作业，并在县、省乃至国家层面实现行业、部门的整体优化，使农业的生产方式、经营方式、管理方式和服务方式跃升到一种新的业态和形态。

▲ **快收快打**　杜志廉

　　六月初，关中平原已进入炎热的夏季，太阳越来越高，白天越来越长。"夜来南风起，小麦覆陇黄。"麦熟一声响，启动了开镰收割大幕。这段时期也是降水较多、较频的季节。为了避开阴雨天，利用为数不多的晴天窗口期，男女老少，起早贪黑，不畏酷热。平板车、马车、手扶拖拉机、简易脱粒机，古老的，现代的，各种农具齐上阵。收割，捆扎，装车，脱粒，晾晒。快收快打，挥汗如雨，开足马力，一刻不闲，与反复无常的龙王赛跑，争夺宝贵的粮食，颗粒归仓。

文学说画

观　刈　麦

白居易

田家少闲月，五月人倍忙。夜来南风起，小麦覆陇黄。

妇姑荷箪食，童稚携壶浆。相随饷田去，丁壮在南冈。

足蒸暑土气，背灼炎天光。力尽不知热，但惜夏日长。

复有贫妇人，抱子在其旁。右手秉遗穗，左臂悬敝筐。

听其相顾言，闻者为悲伤。家田输税尽，拾此充饥肠。

今我何功德，曾不事农桑。吏禄三百石，岁晏有余粮。

念此私自愧，尽日不能忘。

　　赏析："足蒸暑土气，背灼炎天光。"地面水汽热气腾腾如笼蒸，背上炎炎烈日似火烤，农人们尽一切力量挥舞着镰刀一路向前割去，似乎完全忘记了炎热，因为这是"虎口夺粮"。"力尽不知热，但惜夏日长。"农人们趁着夏天日照时间长，在烈日下竭力苦干，绝不浪费一点时间。一个"惜"字，用一种违背人之常情的写法来突出此时此地的情感烈度，与作者另一名句"可怜身上衣正单，心忧炭贱愿天寒"中的"愿"字一脉相通。

▲ 大队买回拖拉机　　陈广飞

　　这两幅画再现了我国农业机械化发展的最初阶段。

　　我国农业机械化起步晚，但发展势头迅猛，有力推进了农业现代化建设。以户县为例。1957年2月，陕西省农业厅给户县调拨捷克轮胎拖拉机1台，链轨拖拉机6台，并配备铧犁、棉花播种机、小麦播种机等机具。同时，从延安等地调来8名驾驶员，2名机务技术员。拖拉机运回户县时，群众鸣炮欢庆。从此，户县开始了农业机械化征程。截至2005年，户县全县有拖拉机6 111台，农业机械动力达37.8万千瓦，小麦机耕机播率95%以上，为陕西农机十强县。

◀ 开门办学　　仝延魁

丰收 ▶
李春利

《丰收》展现了联合收割机的作业场景。谷物联合收割机是在收割、脱粒工具基础上发展起来的一体化收割机械。一次性完成收割、脱粒，并将谷粒集中到储藏仓，然后通过传送带将粮食输送到运输车上。一台大型谷物联合收割机一天可收割小麦400～500亩，且比一般人工收割减少脱粒损失5%，既提高了生产效率，又减轻了劳动强度，使麦收不再紧张劳累，辛苦异常。1978年户县引进第一台东风牌60马力（约44千瓦）联合收割机，2005年全县联合收割机保有量达到1 260台，小麦收割全部实现了机械化。

《龙口夺食》展现了小麦脱粒方式的转变过程。画面上部是传统的碌碡碾麦，只不过动力由牛、马等牲畜进化到了拖拉机，效率得到了提高。画作下半部展示的脱粒机，是由传统碾麦到现代收割脱粒一体化作业的过渡工具。1959年户县购进了2台小麦脱粒机，1978年达到840台，至20世纪末联合收割机普及之前，脱粒机一直是小麦脱粒的主要工具。

龙口夺食　　陈秋娥 ▶

第4节 新农民

　　新农民是指适应农业现代化需求，具有科学文化素质、掌握现代农业生产技能、具备一定经营管理能力，以农业生产、经营或服务作为主要职业，以农业收入作为主要生活来源，居住在农村或集镇的农业从业人员。一般可以分为生产经营型、专业技能型和社会服务型等类型。在农村青壮年劳动力向城市转移，人口老龄化加剧的形势下，培养新农民可有效破解"谁来种地""怎样种地"等现实难题，打造出组成精干、富有活力的现代农业生产、经营主力军，为未来发展提供持久的人力支撑。

农业从业人员概况

　　我国农业从业人员在年龄结构、文化素质和经营能力等方面存在明显不足。①老龄化加剧。3次全国农业普查数据显示，1996年我国农村超过劳动年龄（男性60岁以上，女性55岁以上）的劳动力仅占9.9%，2006年51岁以上劳动力占25.0%，2016年55岁以上劳动力则占33.6%。劳动力老龄化趋势明显，身体素质下降，很难胜任繁重的农活。②文化素质偏低。2016年3.14亿农村劳动力中，小学文化程度和文盲、半文盲占43.4%，初中文化程度占48.4%，高中或中专程度仅占7.1%，大专以上只有1.2%。文化程度低，致使多数农民对现代农业科技的接受和运用能力不强。③经营能力较差。市场观念淡薄，多数农民不懂市场经济运作的规律，缺乏现代化的经营管理能力，经营活动规模小、层次低，自产农产品在市场上缺乏竞争力，基本没有抵抗市场风险的应变能力。

时代呼唤新农民

　　随着工业化和城镇化进程加速，大量农村青壮年劳动力进城务工就业，务农劳动力数量大幅减少，很多地方务农劳动力平均年龄超过50岁，文化程度以小学及以下为主，兼业化、老龄化、低文化的现象十分普遍。另一方面，我国正处于传统农业向现代农业转变的关键时期，现代农业功能及其内涵不断丰富和拓展，大量先进农业科学技术、高端智能农业设施装备、现代化经营理念引入到农业生产的各个部门。而现有的以种植业为主体的农业劳动者在知识结构、操作技能、经营管理等方面已经不适合日新月异的农业生产技术、装备和市场变化形势，迫切需要一大批具有较高科学素养和经营水平的高素质农业从业者，去经营、管理农业，在满足国家需要，为居民提供质优量足农产品的同时，获得可观的经济回报。新农民队伍的健康发展、茁壮成长还有助于传统农业摆脱"劳动密集、效益低下、知识技术含量低"的低端印象，吸引更多的优秀年轻人投身农业，服务农业。

新农民基本内涵

　　农民是新农村建设的主力军，农民素质是决定农村发展质量的核心要素。农业现代化的关键是农民素质的现代化。新农民的基本内涵可概括为3个方面。①专业技能。具备从事作物、畜牧、渔业生产所需的专业技术知识和现代经营管理方法，特别要掌握机械化生产、智慧管理等农业高新技术；掌握互联网等营销新手段，优化整合产销环节；深耕农业文化、乡村文化以及消费文化，发掘农产品的文化内涵。②文化素质。继承传统农耕文化中吃苦耐劳、勤俭持家、自立自强、崇德向善、邻里和睦、友爱互助、尊长爱幼等优秀品质，吸纳工业文明中勇于创新、信誉至上、至诚合作、精益求精等优秀的企业家精神；同时，具备文明礼貌、助人为乐、爱护公物、保护环境、遵纪守法等社会公德。③生活质量。健康生活，朴实自然，开支有度，摒弃攀比之风、大操大办、讲究排场等不良风俗习惯；倡导绿色人居理念，保护农村生态，美化居住环境。

▲ **农家女**　　仝延魁

　　农家女头戴白色围巾，脸色红润，身材健美，肩扛锄头，臂挽柳篮，手持鲜花。这是一个热爱生活、勤劳朴实、健康俊美、人见人爱的农家女。画作背景，相夫、教子、敬老、洗衣、做饭、种田、打药、喂猪、养鸡和打工，农家活"十项全能"，样样精通，多才多艺。

　　勤劳、好学的农家女、庄稼汉曾是主力军，推动着基本解决温饱、迈向小康的农业现代化进程。如今，我们却不得不面对青壮年劳力转移，劳动者年龄老化、科学素养较差的紧迫现实。

文学说画

　　母亲是个农村妇女，细高身材，容貌端庄，脑后梳着圆髻，额前斜抹一绺发穗儿，细长的眼睛，流露着智慧。一身洗得干净的毛蓝裤褂。节日出门走亲戚时才穿一件浅红色花布衣裳，真似雨后天空鲜艳的朝霞。父亲在外教书。家里的生活全靠母亲支撑。她租种着五亩地，播种、锄草、收割、打场。她的髻发沾满草叶和灰土。春天，我跟着母亲下地，她怀里抱着瓢，点种补苗时，满目黄沙，野风吹乱了髻发，在那荒芜的田垄，使我幼小的心灵感到有些悲凉，但是母亲却兴奋而愉快。当她吩咐我拿镐刨坑时，快活地鼓励我道："快刨啊！种点爬豆，秋天给你熬豆粥吃！"她不知疲惫的性格，使生活充满了欢乐。

　　母亲虽然是个农村妇女，却擅长绘画，是个丹青巧手。求画的都是本村的姑娘、媳妇，拿着肚兜、鞋面儿，请母亲在那上面画出花鸟鱼虫、刘海戏金蟾、丹凤朝阳、玉兔捣药。拿回家用五彩丝线刺绣。夏天，她常常坐在院子里铺着的苇席上，柔软的树枝摇摆着的时候，枝头上的清光和叶子在她身上浮动着镂花一般的影子。她一边描画，一边用一种有节调的声音低吟着皮影戏："圣旨到，来拿吾，那是你田一命呜呼，钦差非别者，乃是你的寇盟叔……"

(管桦《只跪大地，只跪母亲》)

一位农村青年光荣参军后复员归来。离家多年，变化的是农业生产方式，大队新购置了拖拉机、脱粒机等现代农机，农民生活也有了显著改善，村村通路，户户通电，住上了三层小楼。不变的是乡音、乡情和乡亲，淳朴厚道，格外亲切，这也是他回乡务农的根本所在。

据估算，我国现有5 000多万退役军人，且以每年几十万的数量增长。退役军人以其在部队锻炼出的顽强毅力、强健体魄、严明纪律，以及奉献精神、冒险精神、进取精神，成为现代农业生产的一支重要力量，涌现出一大批带领乡亲致富的劳动模范。

◀ 志在农村　　苏军良

文学说画

　　或许，你曾在大街上与我擦肩而过，但并不能理解我对祖国的忠诚；或许，你曾在峡谷的某个站所看到我在站岗，但却不能领略我军人的本色。你在商海搏击时，我正守护边关的宁静；你在花前浪漫时，我正对月把心事诉说。你在灯红酒绿中享受生活，我在绿色军营里挥汗如雨。16年，我和战友一起经历最艰难也最难忘的日子，我们互相搀扶，我们一起进步，我们共同成长。而今，就要离开军营，离开战友，离开日日相伴的怒江涛声，太多的眷恋，留待今后的日子来回味；太多的不舍，留给怒江这片深情的土地。

（马世宏《今天，我是退伍兵》）

第5节 可 持 续

可持续发展是指在满足当代人需要的同时，不损害人类后代满足其自身需要的能力。20世纪60～80年代，以化石能源高消耗、掠夺式开发为特征的西方经济高速增长，制造出了极为丰富的物质产品，但带来了淡水、煤、石油和金属矿产等资源消耗过快，以及气温增高、土壤沙化、水体污染、森林锐减和物种灭绝等严重问题，长此以往必将导致资源耗竭和环境恶化，危及子孙后代。为此，1987年联合国将可持续发展作为主导战略，倡导人与环境和谐生存，经济与环境协调统一，积极推行节约资源，提高资源利用效率。我国正处在经济发展方式转变的关键节点，追求数量规模，忽视质量效益，不计资源成本和环境代价的农业发展模式亟待改弦易辙，可持续发展成为必然的战略选择。

历史回顾

人口激增导致的资源、环境压力过大是制约农业可持续发展的历史问题。据记载，明洪武十四年（1381年），我国人口为5 987万人，但到了清道光十四年（1834年），人口激增至40 100万人。在453年中，人口增加了6.7倍，而耕地的增长远落后于人口增长。明洪武十四年，我国耕地为36 677万亩，人均约6亩。清光绪年间，耕地扩大到91 197万亩，但人均仅有2亩左右，人多地少的矛盾十分突出。为此，明清时期加强了土地垦殖，与水争田，向山要地。在内蒙古、新疆、青海、云南和贵州等边疆地区开展了大规模拓荒垦殖，在内地开垦荒山、围湖造田、开发滩涂，进行盐碱地、冷浸田等边际土地的改良利用。这些的高强度土地开发活动有效增加了耕地面积，增加了粮食总产，但也导致森林、草原、湖泊、湿地等自然生态系统的严重破坏，永久改变了我国的自然面貌和农业景观，其影响延续至今。

地力常新壮说、集约经营思想等传统农业遗产为可持续发展提供了指导思想。地力常新壮说由南宋农学家陈旉提出，主张以辩证的发展观点正确看待土壤肥力，采取积极主动的措施改良土壤、培肥地力，实现用养结合，地力永不衰退。这一学说为持续利用土地，发展多熟种植，提高周年产量提供了理论和技术支撑。集约经营思想形成于宋代，倡导精耕细作，反对粗放经营，在耕作上采用深耕、疾耰、易耨等"勤谨治田"的方法，加大人力投入，从而在有限的土地上获得高产。此外，古人还重视多种经营，因地制宜统筹农、林、牧、副、渔各部门生产，以满足社会多方面的需求。在地力常新壮等营农思想、理论的指导下，我国古代农业稳步发展，千百年持续不断耕种的土地不仅没有地力衰竭反而越种越肥沃，乃至在明清时期创造了人均耕地不足2亩，养活4亿人口的奇迹。传统农业的精华也为解决当今资源匮乏、土壤退化等可持续发展难题提供了有益借鉴。

现实问题

现行的以高投入、高产出为特征的农业生产方式在满足人民食物需求、保障国家粮食安全等方面发挥了关键作用，但导致了地下水过度开采、土壤酸化、水体富营养化、农药残留、抗生素残留、重金属超标等制约农业可持续发展的严重问题。我国农业可持续发展面临如下挑战。

（1）**资源硬约束加剧。**人多地少水缺是我国基本国情。全国新增建设用地占用耕地年均约480万亩，守住18亿亩耕地红线的压力越来越大。耕地退化面积较大，部分地区污染较重，南方耕地重金属污染和土壤酸化，北方耕地土壤盐渍化，西北等地农膜残留问题突出。土壤有机质含量较低，特别是东北黑土区有机质含量下降较快，养分失衡、生物群系减少、耕作层变浅等现象比较普遍。农田灌溉水有效利用系数比发达国家平均水平低0.2，华北地下水超采严重。

（2）**环境污染问题突出。**工业"三废"和城市生活等外源污染向农村扩散，镉、汞、砷等重金属向农产品产地环境渗透，全国土壤主要污染物点位超标率为16.1%。农业内源性污染严重，化肥、农药利用率不足1/3，农膜回收率不足2/3，畜禽粪污有效处理率不到一半，秸秆焚烧现象严重。海洋富营养化问题突出，赤潮、绿潮时有发生，渔业水域生态恶化。农村垃圾、污水处理严重不足。

（3）**生态系统退化明显。**全国水土流失面积达295万平方公里，年均土壤侵蚀量45亿吨，沙化土地173万平方公里，石漠化面积12万平方公里。高强度、粗放式生产方式导致农田生态系统结构失衡、功能退化，农林、农牧复合生态系统亟待建立。草原超载过牧问题依然突出，草原生态总体恶化局面尚未根本扭转。湖泊、湿地面积萎缩，生态服务功能弱化。生物多样性受到严重威胁，濒危物种增多。

未来出路

我国农业可持续发展面临着良好的历史机遇。首先，全社会对资源安全、生态安全和农产品质量安全高度关注，绿色发展、循环发展、低碳发展理念深入人心。其次，综合国力和财政实力不断增强，强农惠农富农政策力度持续加大，粮食等主要农产品连年增产，为农业转方式、调结构提供了战略空间和物质保障。再次，传统农业技术精华广泛传承，现代生物技术、信息技术、新材料和先进装备等日新月异、广泛应用，生态农业、循环农业等技术模式不断集成创新，科技支撑力量强劲。最后，农业法律法规体系不断健全，治理能力不断提升，有坚强的法律保障。农业部编制了《全国农业可持续发展规划（2015—2030年)》，明确了我国农业可持续发展的重点任务。

（1）**优化发展布局**。在农业生产与水土资源匹配较好地区，稳定发展有比较优势、区域性特色农业；在资源过度利用和环境问题突出地区，适度休养，调整结构，治理污染；在生态脆弱区，实施退耕还林还草、退牧还草等措施，加大农业生态建设力度，修复农业生态系统功能。

（2）**保护耕地资源**。稳定耕地面积，实行最严格的耕地保护制度，确保基本农田不低于15.6亿亩。采取深耕深松、保护性耕作、秸秆还田、增施有机肥、种植绿肥等多种方式，提升土壤肥力。防治耕地重金属污染和有机污染。实施退耕还林还草，宜乔则乔、宜灌则灌、宜草则草，增加植被覆盖度。

（3）**节约高效用水**。实施水资源红线管理，推进地表水过度利用和地下水超采区综合治理。发展节水农业，推广渠道防渗、管道输水、喷灌微灌等节水技术。发展雨养农业，推广地膜覆盖技术，开展粮草轮作、带状种植。扩大优质耐旱高产品种种植面积，限制高耗水农作物种植。

（4）**治理环境污染**。加强农业面源污染防控，科学合理使用农业投入品，提高使用效率，减少农业内源性污染。综合治理养殖污染，支持规模化畜禽养殖场标准化改造，提高畜禽粪污收集和处理机械化水平，实施雨污分流、粪污资源化利用，控制畜禽养殖污染排放。禁止秸秆露天焚烧，推进秸秆综合利用。

（5）**修复农业生态**。加快西部防沙治沙，推动东部林业发展，开展北方天然林休养生息，提高南方林业质量。保护草原生态，推进退牧还草、京津风沙源治理和草原防灾减灾。恢复水生生态系统，增加重要湿地和河湖生态水量。保护生物多样性，加强畜禽遗传资源和野生植物资源保护，加大野生动植物自然保护区建设力度，开展濒危动植物物种专项救护，完善野生动植物资源监测预警体系。

▲ 从小就把根扎正　　马亚莉

　　户县背倚秦岭，"古称陆海，为九州膏腴"，秦汉时期境内森林密布，物产丰富。自隋唐建都长安以来，宫殿房舍营造，居民烧炭取暖，历经三百年对木材的巨大消耗，户县等秦岭山区的深谷浅山至中唐时期已无大木可伐。于是，便有了白居易在《宿紫阁山北村》中所记述的神策军强砍农家奇树事件。

　　明清时期，为安置山西、河南等地移民，官府鼓励进山垦荒。"深山邃谷，到处有人；寸土皆耕，尺水可灌。"至民国期间，机关、学校、驻军炊事、取暖薪柴需求量大增，沿山甚至深山林木遭到破坏。"户县今则入山三十余里，已成秃山矣。"

　　中华人民共和国成立之初，户县进行了封山育林。但1958年大炼钢铁，1968—1969年文革期间上万人上山砍柴，致使涝峪进山30公里两边的树木全部被砍光，乱砍滥伐达6万多立方米。由于森林植被遭到破坏，浅山水土流失加剧，流失面积200平方公里，侵蚀模数高达3 600吨/平方公里，山体滑坡、泄溜时有发生。森林砍伐也导致野生动植物栖息地的极大缩减，虎、猿猴等珍稀物种绝迹。

　　1980年以后，户县停止了各类商品性采伐，转为公益林建设、森林资源管护，开展大规模的山民搬迁、退耕还林。秦岭再度焕发活力，满目苍翠，山泉潺潺，鸟语花香，四季如歌。生态恢复后建设的朱雀、太平等国家森林公园，是都市人舒缓心灵，寄情山水的最佳去处，更为户县经济发展、民生改善插上了腾飞的翅膀。人类的善行得到了大自然的慷慨回赠，这样的故事也在湖南张家界等地上演。

　　农业的可持续发展离不开森林生态系统的庇护。从小就把根扎正。在我国农业现代化的起步腾飞阶段，一定要保护现有耕地，因地制宜植树造林，扩大森林覆盖度，夯实生态环境这一根本、基础。

文学说画

宿紫阁山北村
白居易

晨游紫阁峰，暮宿山下村。村老见余喜，为余开一尊。

举杯未及饮，暴卒来入门。紫衣挟刀斧，草草十馀人。

夺我席上酒，掣我盘中飧。主人退后立，敛手反如宾。

中庭有奇树，种来三十春。主人惜不得，持斧断其根。

口称采造家，身属神策军。主人慎勿语，中尉正承恩。

▲ **山村供销社**　　马振龙

《山村供销社》创作于20世纪70年代，从中可以一窥当时我国农村日用品消费的情况。台式收音机、半导体收音机、机械座钟、铁皮暖壶、搪瓷缸等标志性日用品，把思绪瞬间拉回到那个物质条件极度贫乏但精神状态昂扬向上的火热时代。值得注意的是墙上挂的虎、豹和狐狸等兽皮，以及山民背上的猎枪、腰间挎的柴刀。这说明在20世纪后半叶，莽莽秦岭山中尚有虎、豹等珍稀动物活动。只是当时尚未意识到生态保护的重要性，在解决人类温饱这件大事面前，其他动物的生命就不得不退居其次，成为提供肉食和毛皮的猎物了。

文学说画

盘龙镇中药材收购店掌柜吴长贵接待了他，像侍奉驾临的皇帝一样殷勤周到无微不至。俩人盘腿坐在终年也不熄火的热炕上，炕上铺着地道的榆林手工毛毯，小炕桌上摆满了热腾腾的菜，全是山地特产珍品。一盘透着一股烟味的熏野猪肉，一盘清蒸锦鸡，一盘红烧娃娃鱼，一盘费尽周折买来的熊掌，还有一盘猴头，白银耳黑木耳百合黄花等山地普通菜自然也不少。

（陈忠实《白鹿原》）

秦岭的最后一只老虎应该是1964年阴历五月初三被打死的。时间离过端阳节还有两天，很多山里的老乡把这个日子都记得很清楚。从那年的端阳节以后，秦岭里是真的没有老虎了。

……乱枪齐射，直冲着老虎，老虎一个趔趄，在半坡停顿了一下。在那片刻的停滞中，人们清楚地看到了老虎那双清纯的、不解的、满是迷茫的眼睛。用后来记者报道的语言说，"那目光一直留在了他们的心里。来光义他们，一定会为这目光而深深地懊悔……"

被击中了的老虎放弃了进攻，转身向东撤退，它跑不动了，它艰难地退着，退着。不知谁的一枪，击中了它的额头，它失去控制，发出最后一声长啸，顺着坡向沟底滑去。

凄厉痛苦的吼声震撼着人们的心灵，石头后面的人许久没有动弹，他们显得十分无力，没有复仇的快感，没有胜利者的喜悦，他们的头脑一片空白。是上苍注定了他们几个要听到秦岭老虎这最后一声告别吗？他们的子孙后代，后代的后代，却永远永远听不到这种声音了，听不到了……

（叶广芩《老县城》）

▲ **鹭鹭顺风**　雒志俭

　　湿地，包括湖泊、河流、沼泽等自然生态系统以及水库、稻田等人工生态系统，有"地球之肾"的美称，具有保护生物多样性、调节径流、净化水质、调节小气候等多种功能。受气候变化影响及农田垦殖，我国湿地面积呈逐年减少趋势。与之相伴的是湿地生物多样性的降低，尤其是鸟类种类、数量的锐减。

　　以户县为例。清代诗人池南《游鄠县》诗："鄠杜南山下，清流散百泉。稻田千顷旷，桑里一川连。"良好的生态环境为野生动物提供了繁衍栖息之所。20世纪50年代，全县尚有湿地、沼泽10万亩左右，稻田2万亩。60年代经济困难时期，"向荒山要粮、向荒滩要粮"，荒滩、沼泽被开垦成田，湿地面积骤减，仅余不足10%，致使鸟类无处栖息，繁殖困难，白鹤、白鹭等水栖鸟类绝迹。

　　近年来，湿地的重要性逐渐被认识。"八水绕长安""渼陂湖水系生态修复"等大项目拉开了西安湿地重建的序幕，显著改善了关中平原的生态环境，鹭鹭等珍贵鸟类也回到了昔日的家园，为人与自然和谐的美好画面填上了点睛之笔。

文学说画

　　在顺流而下大约三十米外，河水从那儿朝南拐了个大弯儿，弯儿拐的不急不直随心所欲，便拐出一大片生动的绿洲，贴近水流的沙滩上水草尤其茂密。两只雪白的鹭鹭就在那个弯头上踯躅，在那一片生机盎然的绿草中悠然漫步；曲线优美到无与伦比的脖颈迅捷地探入水中，倏忽又在草丛里扬起头来；两条峭拔的长腿淹没在水里，举趾移步优然雅然；一会儿此前彼后，此左彼右，一会儿又此后彼前此右彼左；断定是一对儿没有雄尊雌卑或阴盛阳衰的纯粹感情维系的平等夫妻……

　　至今我也搞不清楚鹭鹭突然离去突然绝迹的因由，鸟类神秘的生活习性和生存选择难以揣摸。岂止鹭鹭这样的小河流域鸟类中的贵族，乡民们视作报喜的喜鹊也绝迹了，张着大翅盘旋在村庄上空窥视母鸡的恶老鹰彻底销踪匿迹了，连丑陋不堪猥琐笨拙的斑鸠也再不复现了，甚至连飞起来遮天蔽日的丧婆儿黑乌鸦都见不着一只，只有麻雀种族旺盛，村庄和田野处处都能听到麻雀的叽叽喳喳。到底发生了什么灾变，使鸟类王国土崩瓦解灭族灭种留下一片大地静悄悄？

（陈忠实《又见鹭鹭》）

◀ 美好家园
高蓉

◀ 回家
陈秋娥

现代农业以高产为目标，以水、肥、药高投入为特征，在生产出足量农产品满足居民生活所需的同时，也导致土地退化、水体污染、农药残留等环境问题。另一方面，工业发展、城市扩张等外部因素更加剧了农村环境的恶化。"竹喧归浣女，莲动下渔舟。"工业、生活污水的随意排放，曾经洗衣洗菜、鱼虾成群的河水不再清澈、丰饶。"细雨鱼儿出，微风燕子斜。"旧时呢喃绕梁的堂前燕，已踪迹难觅，不知所终。"稻花香里说丰年，听取蛙声一片。"如今在田间闻到的更多是刺鼻的农药味道。人类和燕子、青蛙等野生动物生活在同一个地球村，保护好土壤、空气和水体环境，放青蛙回家，盼燕子归来，是义不容辞的责任和使命。

▲ **水清岸绿不是梦**　　郭玲

　　水体环境保护、治理是一项复杂的系统工程，涉及上下游、左右岸、不同行政区域和行业。近年来，一些地区探索实施了河长制，即由党政领导担任河长，成为治理某段河流的第一责任人。河长的工作职责是协调、整合各方力量，负责水资源保护、水域岸线管理、水污染防治、水环境治理等，牵头组织对侵占河道、围垦湖泊、超标排污、非法采砂、破坏航道、电毒炸鱼等突出问题依法进行清理整治，协调解决重大问题。根据所负责河湖存在的主要问题，对河长进行绩效评价考核，考核结果作为地方党政领导干部综合考核评价的重要依据。

　　为了加强对河长工作的监督，各地不仅建立了河湖管理保护信息发布平台，通过主要媒体向社会公告河长名单；同时，在河湖岸边显著位置竖立河长公示牌，标明河长职责、河湖概况、管护目标、监督电话等内容，接受社会监督。

　　户县是较早实施河长制的地区。通过扎实高效的工作，汇聚了多方力量开展水体环境治理，形成了社会各界广泛关注、政府各部门齐抓共管的良好工作局面。执行两年来，有效遏制了境内主要河流的污染排放，河道卫生状况发生了扭转，初步恢复了整洁优美、清风拂面的河畔风光。水清岸绿不是梦。户县等地的实践表明，推行河长制是解决水体环境治理难题的有效举措。

第6节　传文明

　　农耕文明，也称农耕文化，是指在我国漫长悠久、光辉灿烂的农业历史中形成的，一种适应农业生产、农村生活需要的，涵盖社会制度、家庭制度、道德规范、宗教信仰、风俗习惯、文学艺术、科技教育等诸多方面的文化集合，是中华传统文化的重要组成部分。"问渠那得清如许？为有源头活水来。"我国当前正处在新的道德精神坐标、价值评判体系形成的关键时期，从农耕文化这一源头活水中汲取不竭的滋养补给，是确立新坐标、构筑新体系的必然选择。

核心理念

　　农耕文化的核心理念是在天、地、人之间建立一种和谐共生的关系。彭金山先生将其概括为"应时、取宜、守则、和谐"八个字，四个方面。

　　（1）**应时**。顺天应时是古人恪守的准则，不违农时是世代农民心中的信条，体现了对自然规律的重视。"夫稼，为之者人也，生之者地也，养之者天也。""是故得时之稼兴，失时之稼约。"应时，体现了古人对日月运行规律的把握和利用。

　　（2）**取宜**。种庄稼最重要的是因地制宜，"取宜"是农业生产的重要措施。古人在农事活动中很早就懂得了取宜的原则，根据土地类型、气候条件的不同而因地制宜发展农、林、牧、渔生产，获得丰富多样的产品。取宜，反映了古人随机应变、趋利避害的智慧。

　　（3）**守则**。农耕文化蕴含着"以农为本、以和为贵、以德为荣、以礼为重"等许多优秀的文化品格，对坚忍不拔、崇尚和谐、顺应自然、因地制宜、勇于创新等处世准则的养成起到了重要作用。守则，是中华民族抵御自然灾害、缓和社会矛盾、对抗外来入侵的精神基础。

　　（4）**和谐**。农耕生活的平实与和谐，塑造了中华民族爱好和平、重视和合的民族性格。农耕文化追求人与自然、社会以及人与人之间的和谐，铸就了以和为贵的理念，塑造了民族的价值趋向、行为规范。和谐，支撑了中华民族的可持续发展。

耕读传家

　　耕读传家久，诗书济世长。"奉祖宗一炷清香，必诚必敬；教子孙两条正路，宜耕宜读。"中国传统文化中，理想的家庭模式是"耕读传家"。在许多古宅老院的匾额上，经常题写着耕读传家四个字。耕田可以事稼穑，丰五谷，养家糊口，以立性命。读书可以知诗书，达礼义，修身养性，以立高德。耕读传家，既要学会做人，通过"读"来提高家庭的文化水平；又要学会谋生，借助"耕"来维持家庭生活。农耕时代，人们普遍怀有朴素的读书热忱，将读书看作是完善人格、改变命运的根本途径，形成了绵延持久的求学苦读和捐资助学传统。今天，提倡耕读传家的深层意义在于，身处底层不坠读书之志，无论贫富仍然克勤克俭，自立自强。发扬耕读文化还能有效抵御读书无用论的腐蚀，营造尊师重教的社会风气，塑造奋发向上的精神面貌。

传承途径

　　在全球化的浪潮中，农耕文化正受到工业化、城市化以及西方文化的强烈冲击。大量传统乡村建筑、人文景观遭受破坏，一个一个古老村庄被从地面上抹掉。在高建群先生心中，这些村庄"古老，古老到地老天荒；斑驳，斑驳到满目疮痍；疲惫，疲惫到不堪重负；温馨，温馨到如同童话"。随着它们的消逝，传统道德、风俗正经受严峻挑战，"讲文明、守秩序、重礼仪"的优良传统逐渐丢失，中华民族自身的文化标记也逐渐模糊，面临着传统中断和特征丧失的威胁，传统文化的继承和发展逐渐得到全社会的关注。夏学禹先生建议通过以下途径传承农耕文化。

　　（1）**传统村落保护**。乡村独特的建筑布局、生活方式、农事活动、节庆习俗是几千年农耕文化的积淀，底蕴深厚，温暖慰藉。"绿树村边合，青山郭外斜。开轩面场圃，把酒话桑麻。""大儿锄豆溪东，中儿正织鸡笼；最喜小儿亡赖，溪头卧剥莲蓬。"原汁原味的乡村景观更具有吸引力。当前乡村旅游接待条件日趋现代化，配备了各种电器和现代设施。但部分地区大兴土木，大拆大建，将传统的青砖土木民居，变成了毫无生机的钢筋水泥建筑，既破坏了原有的自然风貌和农耕情境，也误解了发展乡村旅游的初衷。

（2）**展览馆室建设**。征集、整理和收藏石磨、石缸、犁铧、风车、水车、纺车、连枷等传统农具，建立农耕文化展览馆、展览室，配以使用图片和说明文字，展示悠久的农耕文明历程，以增加游客对农耕文化的直观认识，进而激发出对传统文化的浓厚兴趣和自信自豪。"新筑场泥镜面平，家家打稻趁霜晴。笑歌声里轻雷动，一夜连枷响到明。"在"乱花渐欲迷人眼"的今天，这些被祖辈双手打磨而泛着光芒的旧物件，往往能为烦乱浮躁的都市人带来宁静和深沉，从而洞观沧桑世事，回望行止间的荣辱得失。

（3）**游客深度参与**。增加游客对农耕文化的参与性和体验性，从中获得娱乐、审美、亲历的体验。比如，提供"做一天农民，体验农耕辛劳"的项目；提供传统的水车、石磨、石碾等农具，让游客亲身体验如何使用这些古老的农用器具；充分利用本地乡村的饮食文化，让游客品尝具有农家特色的美酒佳肴，动手参与菜肴烹饪和美酒酿造，了解美食背后的历史故事和风俗习惯。"莫笑农家腊酒浑，丰年留客足鸡豚。山重水复疑无路，柳暗花明又一村。箫鼓追随春社近，衣冠简朴古风存。从今若许闲乘月，拄杖无时夜叩门。"通过深度参与农事活动，可以使游客深入农村生活，走进农民的精神世界，体会耕耘天地间的快乐和满足，深入了解农业、农村，增进与农民的感情。

▲ **家风祖训 世代相传**　　仝延魁

中华文明是世界四大古文明中唯一未曾中断的伟大文明。我们屡遭外部、异族入侵乃至野蛮占领，战火肆虐中，宫殿庙宇灰飞烟灭，经济结构土崩瓦解，社会发展停滞甚至倒退。但中华文明总能以其博大精深、辉煌灿烂，消解、同化外来文化，整合到自身发展的轨道上来，并不断拓展、光大。而由古圣先贤、先民祖辈们开创、践行的传统文化、民族精神维系则是这一波浪式前行的持久动力。

文化是一个国家、一个民族的灵魂。文化自信是一个国家、一个民族发展中更基本、更深沉、更持久的力量。高度的文化自信，文化的繁荣兴盛，是中华民族伟大复兴的重要标志。不忘本来，需要挖掘农耕文化等传统文化蕴含的思想观念、人文精神、道德规范，去其歧视妇女、弱化身心、扼杀创造等种种糟粕，而取其激励心志、坚守美德、智慧深邃、胸怀天下等精华元素，构建有华夏底蕴、中国特色的现代思想、道德和价值体系。这样，在面对纷杂斑斓的西方文明时，既不武断排斥，更不自卑盲从，主动吸收外来优秀文化，将其整合到自身的框架和体系中去，从而清醒认识、判断国情，明晰自身的发展道路，更加自信地面向未来。

文学说画

白嘉轩从父亲手里继承下来的，有原上原下的田地，有槽头的牛马，有庄基地上的房屋，有隐藏在上墙里和脚地下的用瓦罐装着的黄货和白货，还有一个看不见摸不着的财富，就是孝武复述给他的那个立家立身的纲纪。即使白嘉轩自己，对于家族最早的记忆也只能凭借传说，这个村庄和白氏家族的历史太漫长太古老了，漫长古老得令它的后代无法弄清无法记忆。好几代人以来，白家自己的家道则像棉衣里的棉花套子，装进棉衣里缩了瓷了，拆开来弹一回又胀了发了；家业发时没有发得田连阡陌屋瓦连片，家业衰时也没弄到无立锥之地；有限的记忆不可怀疑的是，地里没断过庄稼，槽头没断过畜牲，囤里没断过粮食，庄基地没扩大也没缩小。白嘉轩在孝文事发的短暂几天里除了思索这个意料不及的事件，更多地却是追思家族的历史和前贤，形成家庭这种没有大起也没有大落基本稳定状态的原因，除了天灾匪祸瘟疫以及父母官的贪廉诸种因素之外，根本的原由在于文举人老爷爷创立的族规纲纪。他的立家立身的纲纪似乎限制着家业的洪暴，也抑止预防了事业的破败。

（陈忠实《白鹿原》）

主要参考文献

包满珠, 2003. 花卉学 (第2版). 北京：中国农业出版社.

曹敏建, 2002. 耕作学. 北京：中国农业出版社.

曹卫星, 2006. 作物栽培学总论. 北京：科学出版社.

陈国宏, 王继文, 何大乾, 等, 2013. 中国养鹅学. 北京：中国农业出版社.

陈忠实, 1993. 白鹿原. 北京：人民文学出版社.

陈忠实, 2008. 陈忠实自选集. 海口：海南出版社.

陈忠实, 2009. 李十三推磨. 北京：作家出版社.

陈忠实, 2010. 俯仰关中. 南京：江苏文艺出版社.

陈忠实, 2015. 白鹿原纪事. 成都：四川文艺出版社.

陈忠实, 2016. 白鹿原下. 北京：文化艺术出版社.

陈忠实, 2016. 此身安处是吾乡：陈忠实说故乡. 武汉：华中科技大学出版社.

陈忠实, 2016. 生命对我足够深情. 长春：时代文艺出版社.

陈忠实, 2017. 我与白鹿原. 天津：天津人民出版社.

戴小枫, 2013. 现代农业技术理论与实践. 北京：中国农业科学技术出版社.

董树亭, 2003. 植物生产学. 北京：高等教育出版社.

段景礼, 1999. 户县农民画春秋. 北京：中国档案出版社.

段景礼, 2002. 户县农民画研究. 西安：西安出版社.

费孝通, 2015. 乡土中国；生育制度；乡土重建. 北京：商务印书馆.

冯立三, 梁晓声, 2015. 我们伟大的母亲. 北京：作家出版社.

傅德岷, 2017. 宋词鉴赏辞典. 成都：巴蜀书社.

盖钧镒, 2006. 作物育种学各论 (第2版). 北京：中国农业出版社.

高建群, 2016. 大平原. 北京：北京十月文艺出版社.

高亚平, 2017. 长安物语. 天津：百花文艺出版社.

郭巧生, 2009. 药用植物栽培学. 北京：高等教育出版社.

郭贤才, 2002. 户县休闲旅游手册. 北京：东方出版社.

国务院文化组美术作品征集小组, 1974. 户县农民画选. 北京：人民美术出版社.

韩富根, 2010. 烟草化学 (第2版). 北京：中国农业出版社.

韩利敏, 梁晓冬, 2008. 英国田园诗歌中的"牧羊人"形象研究. 河北北方学院学报 (社会科学版), 28, (5)：38-40.

韩召军, 2012. 植物保护学通论 (第2版). 北京：高等教育出版社.

郝继伟, 王连翠, 2003. 爆裂玉米的经济价值与栽培技术. 中国农学通报, 19 (6)：97-98.

何卫平, 2015. 户县农民画. 西安：西安交通大学出版社.

侯水生, 2016. 中国水禽业发展现状. 中国畜牧兽医文摘, 32 (9)：2-3.

侯文通, 2013. 现代马学. 北京：中国农业出版社.

胡文涛, 2015. 节气. 哈尔滨：哈尔滨出版社.

户县地方志编撰委员会, 1987. 户县志. 西安：西安地图出版社.

户县地方志编撰委员会, 2013. 户县志. 西安：三秦出版社.

黄昌勇, 2000. 土壤学. 北京：中国农业出版社.

黄国清, 吴华东, 2016. 猪生产. 北京：中国农业大学出版社.

黄季焜, 2018. 四十年中国农业发展改革和未来政策选择. 农业技术经济 (3)：4-15.

黄留珠, 徐晔, 2013. 中国地域文化通览 (陕西卷). 北京：中华书局.

惠富平, 2014. 中国传统农业生态文化. 北京：中国农业科学技术出版社.

冀一伦, 2005. 实用养牛科学 (第2版). 北京：中国农业出版社.

贾平凹, 2014. 老西安. 北京：中国社会出版社.

贾平凹, 2016. 自在独行. 武汉：长江文艺出版社.

蒋恩臣，2011. 畜牧业机械化 (第4版). 北京：中国农业出版社.

蒋勋，2014. 蒋勋说宋词. 北京：中信出版社.

蒋勋，2014. 蒋勋说唐诗. 北京：中信出版社.

李佩甫，2012. 生命册. 北京：作家出版社.

李雪艳，2005. 中国的柿——民艺个案研究一例. 南京：南京艺术学院.

李琰君，王西平，2008. 中国户县农民画史略. 西安：陕西人民美术出版社.

刘榜，2007. 家畜育种学. 北京：中国农业出版社.

刘旭，王济民，王秀东 主编. 粮食作物产业可持续发展战略研究. 北京：科学出版社.

刘芝凤，2014. 中国稻作文化概论. 北京：人民出版社.

柳青，2009. 创业史. 北京：中国青年出版社.

娄玉杰，姚军虎，2009. 家畜饲养学. 北京：中国农业出版社.

陆欣，2002. 土壤肥料学. 北京：中国农业大学出版社.

罗丹，陈洁，2017. 中国粮食生产调查. 上海：上海远东出版社，2014

罗其友，陶陶，高明杰，等，2010. 农业功能区划理论问题思考. 中国农业资源与区划，31 (2)：75-80.

骆世明，2009. 农业生态学 (第2版). 北京：中国农业出版社.

马广鹏，2012. 我国重大动物疫病流行现状及防控技术进展. 中国预防兽医学报，34：673-676.

马凯，侯喜林，2006. 园艺学通论 (第2版). 北京：高等教育出版社.

农业部科技教育司，财政部教科文司，2016. 中国农业产业技术发展报告. 2015年度. 北京：中国农业出版社.

农业部市场预警专家委员会，2016. 中国农业展望报告. 2016—2025. 北京：中国农业科学技术出版社.

潘富俊，2016. 草木缘情：中国古典文学中的植物世界. 北京：商务印书馆.

潘佑找，2014. 药用植物栽培学. 北京：清华大学出版社.

曲永利，陈勇，2014. 养牛学. 北京：化学工业出版社.

沈朝建，孙向东，刘拥军，等，2011. 我国动物疫病流行特征及其成因分析. 中国动物检疫，28(11)：53-56.

师高民，2015. 中国粮食史图说. 南京：江苏凤凰美术出版社.

石岩，1995. 兽医临床的有效验方. 当代畜禽养殖业(1)：23.

史仲文，胡晓林，2011. 中国全史·科技卷. 北京：中国书籍出版社.

宋广生，2009. 汇总中国时代"精神"奏出时代最强音. 历史学习，5 (6)：19-21.

宋洪远，赵海，2014. 新型农业经营主体的概念特征和制度创新. 新金融评论，11(3)：122-139.

宋英杰，2017. 二十四节气志. 北京：中信出版社.

孙机，2014. 中国古代物质文化. 北京：中华书局.

汤锦如，2010. 农业推广学 (第3版). 北京：中国农业出版社.

陶陶，罗其友，2004. 农业的多功能性与农业功能分区. 中国农业资源与区划，25(1)：45-49.

田学斌，2015. 文化的力量. 北京：新华出版社.

汪明，2011. 兽医学概论. 北京：中国农业大学出版社.

王潮生，2011. 农业文明寻迹. 北京：中国农业出版社.

王成章，王恬，2003. 饲料学. 北京：中国农业出版社.

王娟娟，冷杨，2015. 中国大中城市蔬菜生产供应现状及发展对策. 中国蔬菜(5)：1- 4.

王明强，2014. 不可不知的24节气常识. 南京：江苏科学技术出版社.

王恬，2011. 畜牧学通论 (第2版). 北京：高等教育出版社.

王西平，2011. 中国户县农民画. 西安：陕西人民美术出版社.

王西平，高从宜，2008. 中国户县农民画大观. 西安：陕西旅游出版社.

王信喜，杨海明，王庆，2010. 特种经济动物养殖的现状与思考. 特种经济动植物(6)：5-6.

王玉生，蔡岳文，2011. 南方药用植物. 广州：南方日报出版社.

卫荣，刘小娟，王秀东，2016. 新时期中国种植业结构调整再思考. 广东农业科学，43 (5)：175-179.

吴方，齐吉祥，1992. 中国文化史图鉴. 太原：山西教育出版社.

夏学禹，2010. 论中国农耕文化的价值及传承途径. 古今农业(3)：88-98.

熊家军, 2018. 特种经济动物生产学（第2版）. 北京：科学出版社.

闫续瑞, 杜文博, 冯宁, 2010. 唐代山水田园诗的生态意蕴研究——以王、孟诗歌为个案. 前沿（24）：178-180.

阎成功, 2014. 陕西风情. 西安：西北工业大学出版社.

杨公社, 2002. 猪生产学. 北京：中国农业出版社.

杨宁, 2010. 家禽生产学（第2版）. 北京：中国农业出版社.

杨文钰, 屠乃美, 2011. 作物栽培学各论（南方本, 第二版）. 北京：中国农业出版社.

杨旭辉, 2011. 唐诗鉴赏大辞典. 北京：中华书局.

杨直民, 2006. 农学思想史. 长沙：湖南教育出版社.

姚振生, 2017. 药用植物学. 北京：中国中医药出版社.

叶广芩, 2015. 老县城. 北京：北京十月文艺出版社.

叶广芩, 梁启慧, 2014. 秦岭有生灵. 西安：陕西人民教育出版社.

于振文, 2003. 作物栽培学各论（北方本）. 北京：中国农业出版社.

喻朝刚, 周航, 2015. 分类两宋绝妙好词. 北京：生活书店出版有限公司.

翟虎渠, 2006. 农业概论（第2版）. 北京：高等教育出版社.

张岱年, 程宜山, 2015. 中国文化精神. 北京：北京大学出版社.

张芳, 王思明, 2011. 中国农业科技史. 北京：中国农业科学技术出版社.

张红宇, 2016. 充分发挥规模经营在现代农业中的引领作用. 农村经营管理（1）.

张天真, 2011. 作物育种学总论（第3版）. 北京：中国农业出版社.

张玉龙, 2004. 农业环境保护（第2版）. 北京：中国农业出版社.

张云华, 2015. 读懂中国农业. 上海：上海远东出版社.

张志春, 2015. 关中民俗文化艺术丛书——三秦古今联语. 西安：西安交通大学出版社.

章镇, 2004. 园艺学各论（南方本）. 北京：中国农业出版社.

章镇, 王秀峰, 2003. 园艺学总论. 北京：中国农业出版社.

赵有璋, 2011. 羊生产学（第3版）. 北京：中国农业出版社.

赵有璋, 2013. 中国养羊学. 北京：中国农业出版社.

中国科学院农业科技领域发展路线图研究组, 2010. 至2050年中国生态高值农业体系建设特征与目标. 生态环境学报, 19（8）：1765-1770.

中国农业科学院蔬菜花卉研究所, 2010. 中国蔬菜栽培学. 北京：中国农业出版社.

中国养殖业可持续发展战略研究项目组, 2013. 中国养殖业可持续发展战略研究：中国工程院重大咨询项目. 综合卷. 北京：中国农业出版社.

中华人民共和国农业部, 2016. 2016中国农业发展报告. 北京：中国农业出版社.

中央电视台记录频道, 2012. 舌尖上的中国. 北京：光明日报出版社.

中央电视台记录频道, 2014. 舌尖上的中国（第2季）. 北京：中国广播电视出版社.

朱鸿, 2014. 长安新考. 北京：中国社会科学出版社.

朱信凯, 2014. 吃饭问题的根本在于食物安全. 农村工作通讯（10）：29-35.

朱信凯, 夏薇, 2015. 论新常态下的粮食安全：中国粮食真的过剩了吗? 华中农业大学学报（社会科学版）, 120（6）：1-10.

左汉中, 1998. 中国现代美术全集（农民画）. 长沙：湖南美术出版社.

左强, 李品芳, 2003. 农业水资源利用与管理. 北京：高等教育出版社.

Cunningham M, Latour M A, Acker D, 编著；张沅, 王楚端, 主译；2008. 动物科学与动物产业（第7版）. 北京：中国农业大学出版社.

Damron W S 著；张沅, 傅金恋 主译；2008. 动物科学概论（第3版）. 北京：中国农业大学出版社.

索 引 表

画作索引表

（续）

（续）

（续）

（续）

（续）

诗词索引表

（续）

（续）

序号	首句	出处	页码
69	一唱雄鸡天下白，万方乐奏有于阗。	毛泽东《浣溪沙·和柳亚子先生》	102
70	竹外桃花三两枝，春江水暖鸭先知。	苏轼《惠崇春江晚景/晓景二首》	104
71	平野无山见尽天，九分芦苇一分烟。	叶绍翁《嘉兴界》	105
72	鹅，鹅，鹅，曲项向天歌。	骆宾王《咏鹅》	106
73	镜湖流水漾清波，狂客归舟逸兴多。	李白《送贺宾客归越》	107
74	闻道磻溪石，犹存渭水头。	苏轼《壬寅二月有诏作诗五百言》	108
75	西塞山前白鹭飞，桃花流水鳜鱼肥。	张志和《渔歌子》	108
76	千山鸟飞绝，万径人踪灭。	柳宗元《江雪》	108
77	渔翁夜傍西岩宿，晓汲清湘燃楚竹。	柳宗元《渔翁》	109
78	七月流火，八月萑苇。	《诗经·国风·豳风·七月》	112
79	遍身罗绮者，不是养蚕人。	张俞《蚕妇》	112
80	陌上柔桑破嫩芽，东邻蚕种已生些。	辛弃疾《鹧鸪天》	112
81	麻叶层层苘叶光，谁家煮茧一村香？	苏轼《浣溪沙》	113
82	不论平地与山尖，无限风光尽被占。	罗隐《蜂》	114
83	北风卷地白草折，胡天八月即飞雪。	岑参《白雪歌送武判官归京》	119
84	羌笛何须怨杨柳，春风不度玉门关。	王之涣《凉州词二首·其一》	119
85	人间四月芳菲尽，山寺桃花始盛开。	白居易《大林寺桃花》	119
86	微雨众卉新，一雷惊蛰始。	韦应物《观田家》	122
87	时雨及芒种，四野皆插秧。	陆游《时雨》	122
88	玉阶生白露，夜久侵罗袜。	李白《玉阶怨》	122
89	邯郸驿里逢冬至，抱膝灯前影伴身。	白居易《邯郸冬至夜思家》	122
90	今夜偏知春气暖，虫声新透绿窗纱。	刘方平《夜月》	128
91	伫倚危楼风细细，望极春愁，黯黯生天际。	柳永《蝶恋花》	128
92	林断山明竹隐墙，乱蝉衰草小池塘。	苏轼《鹧鸪天》	128
93	槛菊愁烟兰泣露，罗幕轻寒，燕子双飞去。	晏殊《蝶恋花》	128
94	东风夜放花千树，更吹落，星如雨。	辛弃疾《青玉案》	128
95	床前明月光，疑是地上霜。	李白《静夜思》	129
96	小离家老大回，乡音无改鬓毛衰。	贺知章《回乡偶书》	129
97	小时候，乡愁是一枚小小的邮票	余光中《乡愁》	129
98	春风得意马蹄疾，一日看尽长安花。	孟郊《登科后》	129
99	云横秦岭家何在，雪拥蓝关马不前。	韩愈《左迁至蓝关示侄孙湘》	129
100	晨兴理荒秽，带月荷锄归。	陶渊明《归园田居·其三》	141
101	唯有牡丹真国色，开花时节动京城。	刘禹锡《赏牡丹》	144
102	一丛深色花，十户中人赋。	白居易《买花》	144
103	上张幄幕庇，旁织笆篱护。	白居易《买花》	144

（续）

其他文学作品索引表

（续）

后 记

献给父亲的礼物

父亲就像一座大山，深沉，厚重，坚韧，为孩子成长撑起一片天。父亲更是榜样和引路人，直接影响了孩子的性格、修养，甚至人生的努力方向。

我的父亲是一位乡村中学的语文教师，农忙时也在家种田，是一个有着教师身份的农民。读万卷书，行万里路。小时候父亲经常这样教导我。虽然家境窘迫，他每次进城都会带回文学、历史或地理等方面的书籍，摆在家里最显著的位置。我从小就受到书的诱惑，养成了爱读书的习惯。以至于小学毕业时，就把《三国演义》《水浒传》和《西游记》半生不熟地读完了，唐诗三百首也差不多都能背诵。三皇五帝、唐宗宋祖等历史人物，"飞流直下三千尺、疑是银河落九天"等唐诗描述的风景名胜，以及五岳三山、大江大河等地理知识，早就印在心中了。在小学阶段打下的文学、历史和地理基础，并初步产生的家国情怀，对后来我个人发展的道路选择影响至深。这也构成了本书的文字功底和情感背景。

我的岳父创办了一家小型机械加工厂，农忙时也种田，是一个有着乡镇企业家身份的农民。2001年暑假，我第一次到位于秦岭脚下、渭河南岸的户县拜访岳父。岳父家里有一本《户县农民画春秋》，让我爱不释手，从此与农民画结缘。书中展现了一个完全不同于渭北旱塬的陕西农村，刷新了我的视界。我惊奇地发现，看似落后、封闭的陕西农村，竟有如此丰富多彩的精神世界。之后，在岳父的推介下，游览了太平国家森林公园、草堂寺、万花山、橡山等风景名胜，品尝了秦镇米皮、户县软面、羊肉泡馍、葫芦头、大肉辣子疙瘩等陕西名吃，更让我彻底抛弃了以前的偏见，热爱上这块风景优美、物产丰盛、民风淳朴、底蕴深厚的中华文明发源地。这是本书创作的最初机缘和另一个情感来源。

作为读者，我感觉一本好书应该是题材、内容、表达和情怀等几个方面的有机整合。读过不少书，但做到以上各方面协调的，非常之少，可见写一本好书真的很难。本书在题材上为农业科普，它与农业科研一样，在科技创新驱动社会、经济发展中具有同等重要的地位，具有一定的社会价值。在内容上，以农业基础知识为主，基本涵盖了农业生产、科研以及与社会生活有关的各个方面，具有系统性和科学性，具有一定的学术价值。在表达上，以有代表性且艺术价值高的农民画为载体和表达形式，生动、具体呈现我国农业由传统向现代的伟大转变；同时，以简洁的文笔对其蕴含的农业问题进行科学解读，并辅以陈忠实等大家的经典名著，力求图、文并茂，多角度、多层次品读农民画背后的科学知识和农耕文化。在情怀上，所选的不同时期画作，能唤起父辈人对火热年代的美好回忆；也可以让同龄人，即今天现代化建设的主力军，了解昨天的来路，认清明日的去向；更能为下一代人提供鲜活的历史资料，了解祖辈们的创业历程，珍惜今天的幸福生活，同时提升对农业、农村的认知水平和归属感。这种情怀，也是我品读农民画作的最大收获，愿与朋友们分享。

　　每代人都有自己的独特使命，去回应时代的新需求，或在先辈构筑的大厦上添砖加瓦，或开辟新天地，做出自己或大或小的特殊贡献。每代人还应有一个共同的使命，去总结、梳理上一代人的精神成果，或著书立作，或言传身教，传递给下一代，实现精神财富的世代传承。我的父辈们已进入晚年，而我已过不惑，即将人到中年。沿着父辈们走过的路，追忆他们年轻时代披荆斩棘、英勇无畏的飒爽英姿和绝代风华，致敬他们在中国农业现代化征程中的伟大贡献，对我而言是义不容辞的重要使命。限于学识和阅历，我尚难以深入父辈们的精神世界，不能完全感知他们对家国的深情厚爱，更无法准确描述他们在美好家园建设中的丰功伟绩。在此，谨以拙作敬献给我的父辈们，是他们托举了我的成长；敬献给如他们一样勤劳、朴实、节俭、可敬的农民，是他们默默支撑着今天的幸福生活。

刘正辉

2019年4月25日于南京

图书在版编目（CIP）数据

画说农业/刘正辉，王文吉编著. —北京：中国
农业出版社，2020.3
　　ISBN 978-7-109-26308-6

　　Ⅰ.①画… Ⅱ.①刘…②王… Ⅲ.①农业技术－基
本知识②农民画－作品集－中国－现代 Ⅳ.①S②J229

中国版本图书馆CIP数据核字（2019）第276188号

中国农业出版社出版
地址：北京市朝阳区麦子店街18号楼
邮编：100125
责任编辑：郭银巧
版式设计：胡至幸　责任校对：吴丽婷
印刷：中农印务有限公司
版次：2020年3月第1版
印次：2020年3月北京第1次印刷
发行：新华书店北京发行所
开本：889mm×1194mm　1/16
印张：14.75
字数：420千字
定价：169.00元